大气污染控制工程

（第二版）

廖 雷　魏建文　梁 燕　王洪强　周小斌　莫胜鹏　樊银明 / 编

中国环境出版集团 · 北京

图书在版编目（CIP）数据

大气污染控制工程 / 廖雷等编. -- 2版. -- 北京 : 中国环境出版集团, 2025. 1. -- ISBN 978-7-5111-6175-8

Ⅰ. X510.6

中国国家版本馆CIP数据核字第2025W0Y867号

责任编辑 董蓓蓓
封面设计 彭 杉

出版发行 中国环境出版集团
（100062 北京市东城区广渠门内大街 16 号）
网 址：http://www.cesp.com.cn
电子邮箱：bjgl@cesp.com.cn
联系电话：010-67112765（编辑管理部）
发行热线：010-67125803，010-67113405（传真）
印 刷 玖龙（天津）印刷有限公司
经 销 各地新华书店
版 次 2025 年 1 月第 1 版
印 次 2025 年 1 月第 1 次印刷
开 本 787×1092 1/16
印 张 19
字 数 400 千字
定 价 68.00 元

前言

《大气污染控制工程》短学时教材（48～60 学时）在一些地方高等院校相关专业得到应用。2012 年第一版结合多年讲授“大气污染控制工程”的经验，在参考各高校使用教材的基础上，章节内容尽量做到简洁而精练，并配上大量的插图，增强学生对课程学习的兴趣和积极性。

十多年来，我国大气污染控制的理论、法律法规、标准和技术不断完善和发展，为了实现一些重点行业烟气超低排放目标，自 2011 年起，陆续修订了火电厂、工业锅炉、水泥工业、钢铁工业等行业的大气污染物排放标准。2012 年修订了《环境空气质量标准》（GB 3095—2012），2013 年颁布了《大气污染防治行动计划》，2015 年修订了《中华人民共和国大气污染防治法》，2018 年发布了《打赢蓝天保卫战三年行动计划》，2020 年提出了“双碳”目标。大气污染防治重点也由传统烟气脱硫、脱硝、除尘转向细颗粒物（$PM_{2.5}$）、挥发性有机物（VOCs）、脱碳等方面的理论探讨与技术攻关。同时，教材作为广西区级一流课程，需要随着广西产业化的不断发展而不断更新。

在此背景下，进一步优化和更新课程体系和内容，促进教学与产业化发展相互融合，对于培养高水平应用型环境工程类专业人才具有重要意义。因此，《大气污染控制工程（第二版）》短学时教材对第一版进行修改、完善和补充，主要修订的内容包括：更新了大气环境保护相关理论、法律法规和标准，在燃料燃烧与大气污染、袋式除尘器等章节增加了案例分析，增加了第十二章“脱碳工艺及其应用案例”，对第一章绪论部分内容进行了精简。

本书由廖雷、魏建文、梁燕、王洪强、周小斌、莫胜鹏、樊银明编写，得到广西环境污染控制理论与技术重点实验室和广西生态环保现代产业学院的资助。同时，得到了广西科穗环保科技有限公司、桂林深能环保有限公司、兴安海螺水泥股份有限公司、桂林南药股份有限公司等企业产业化成果的资料支持。在此一并表示感谢！

由于作者水平有限，书中难免存在不足之处，欢迎读者批评指正。

编　者

2023 年 8 月

目 录

第一章　概　论

第一节　大气与大气污染

一、大气

1．大气与空气

按照国际标准化组织（ISO）对大气和环境空气的定义：

大气（atmosphere），是指环绕地球的全部空气的总和（大气圈厚度平均约 1 250 km）（图 1-1）。

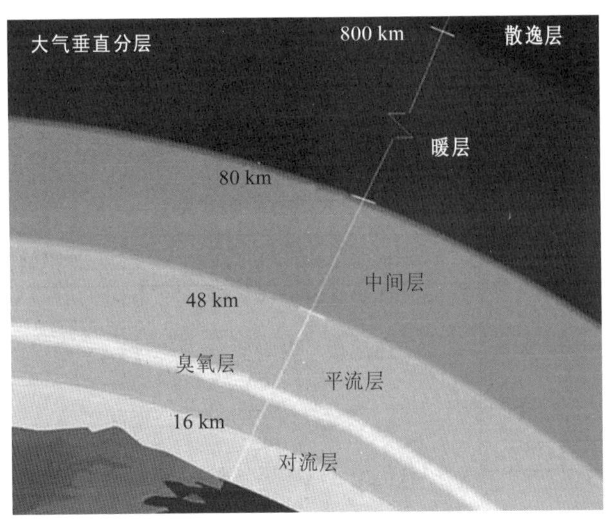

图 1-1　大气圈结构图

环境空气（ambient air），是指人类、植物、动物和建筑物暴露于其中的室外空气，厚度约 90 km。

2．大气的组成

大气是由多种物质混合而成的，其组成可以分为三个部分：干燥清洁的空气、水汽、各种杂质（表 1-1）。

表 1-1 大气各成分及作用

<table>
<tr><th colspan="3">大气的组成</th><th>主要作用</th></tr>
<tr><td rowspan="5">干洁空气</td><td rowspan="2">主要成分</td><td>N_2</td><td>生物体的基本成分</td></tr>
<tr><td>O_2</td><td>维持生物活动的必要物质</td></tr>
<tr><td rowspan="3">次要成分</td><td>CO_2</td><td>植物光合作用的原料；对地面保温</td></tr>
<tr><td>O_3</td><td>吸收紫外线，保护地球生物</td></tr>
<tr><td>惰性组分</td><td>用作保护气和重要载气</td></tr>
<tr><td colspan="3">水 汽</td><td>成云致雨的必要条件；对地面保温</td></tr>
<tr><td colspan="3">固体杂质</td><td>成云致雨的必要条件</td></tr>
</table>

干洁空气是一种自然资源，是生活、生产的必要条件，同时具有有限性。

二、大气污染

1. 大气污染的概念

大气污染通常是指由于人类活动和自然过程引起某些物质进入大气中，呈现出足够的浓度，达到了足够的时间，并因此而危害人体的舒适、健康和福利或危害环境的现象。

大气污染具有以下特点：①污染物的复合性；②污染过程的扩散性；③影响因素的多样性；④工程治理的复杂性。

2. 大气污染的分类

大气污染的分类见表 1-2。其中按污染物的性质可以分为还原型（煤炭型）和氧化型（汽车尾气型）。

表 1-2 大气污染的分类

<table>
<tr><th>按污染范围分</th><th>按污染物的性质分</th><th>按燃料的性质和组成成分分</th></tr>
<tr><td>局部地区污染</td><td rowspan="2">还原型（煤炭型）</td><td>煤烟型</td></tr>
<tr><td>地区性污染</td><td>石油型</td></tr>
<tr><td>广域污染</td><td rowspan="2">氧化型（汽车尾气型）</td><td>混合型</td></tr>
<tr><td>全球性污染</td><td>特殊型</td></tr>
<tr><td></td><td></td><td>沙土型</td></tr>
</table>

（1）还原型（煤炭型）

常发生在以煤炭为燃料的地区。主要污染物是二氧化硫、一氧化碳和颗粒物。在低温、高湿的阴天，风速很小并有逆温存在的情况下，这些一次污染物在低空积聚，生成还原性烟雾，如“伦敦烟雾事件”就属于这种类型。

（2）氧化型（汽车尾气型）

大多发生在以石油为燃料的地区，污染物的主要来源是汽车排气、燃油锅炉以及石油化工生产。

主要的一次污染物是一氧化碳、氮氧化物、碳氢化合物等。这些大气污染物在阳光照射下发生光化学反应，并生成二次污染物——臭氧、醛类、酮类、过氧乙酰硝酸酯等物质。这类物质具有强氧化性，对人眼黏膜等能造成强烈刺激，如洛杉矶的光化学烟雾事件就属于这种类型。

三、全球性大气污染问题

全球性大气污染问题包括温室效应、臭氧层破坏和酸雨等。

1. 温室效应

大气中某些气体对来自太阳的短波辐射吸收很少，而对地面向太空辐射的长波均强烈吸收，使地面及低层大气变暖，这种作用称为温室效应（图 1-2），这些气体即温室气体。主要有二氧化碳、氟利昂（含氯氟烃化合物）、氧化亚氮和甲烷等，二氧化碳是重要的温室气体。

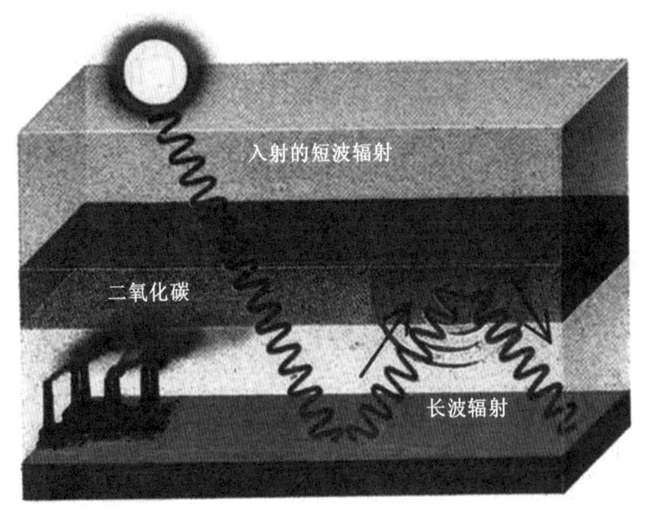

图 1-2 温室效应

2. 臭氧层破坏

人类活动产生大量氮氧化物排入大气，超音速飞机在臭氧层高度内飞行，特别是人类生产活动产生大量氟利昂进入低层大气后溶入臭氧层，与臭氧发生化学反应而降低臭氧浓度，如使南极上空出现“臭氧空洞”。这种使臭氧逐渐耗竭的现象已引起人们极大关注。臭氧层的破坏将使过量的紫外线辐射到达地面，造成对人体健康的危害；使大气平流层温度发生变化，导致地球气候异常。根据《关于消耗臭氧层物质的蒙特利尔议定书》的规定，全世界将全面禁止使用氟利昂产品。

3．酸雨

人们把 pH 小于 5.6 的降水称为“酸雨”。

酸雨的形成是复杂的大气化学和大气物理过程，是由自然排放和人为活动等释放到大气中的 SO_2 或 NO_x 通过氧化反应（气相或液相反应），生成硫酸或硝酸和亚硝酸，附在凝结核上降落到地面上形成的。

第二节　大气污染物及其来源

一、大气污染物

大气污染物是指由于人类活动或自然过程排入大气，并对人和环境产生有害影响的物质。

大气污染物的种类有很多，主要有两种分类方法（表 1-3）。

表 1-3　大气污染物的种类

按存在的形态分	按形成过程分
气态污染物	一次污染物
颗粒/气溶胶状态污染物	二次污染物

①按存在的形态分为气态污染物和颗粒/气溶胶状态污染物（图 1-3）。

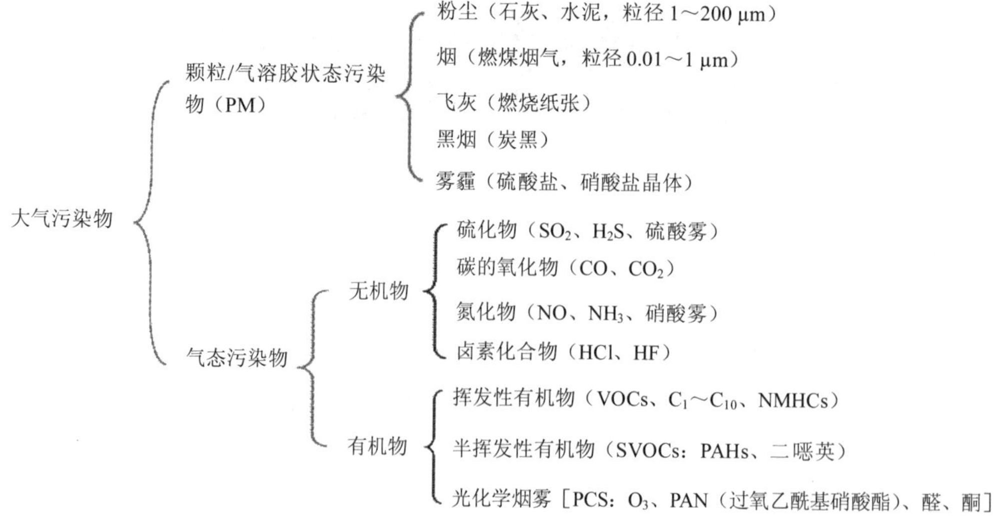

图 1-3　大气污染物分类

在我国的环境质量标准中，还可根据粉尘（烟尘）颗粒的大小，将其分为：

总悬浮颗粒物（TSP）：指能悬浮在空气中，空气动力学当量直径≤100 μm的颗粒物。

可吸入颗粒物（PM_{10}）：指能悬浮在空气中，空气动力学当量直径≤10 μm的颗粒物。

细颗粒物（$PM_{2.5}$）：指环境空气中空气动力学当量直径≤2.5 μm的颗粒物。其中$PM_{2.5}$是灰霾天气的主要污染物。

目前大气质量评价中一个通用的重要污染指标为标准大容量颗粒采样器在滤膜上所收集到的颗粒物的总质量。

②按形成过程分为一次污染物和二次污染物。

一次污染物（原发性污染物）：由人为污染源或自然污染源直接排放至环境中，进入大气后其物理、化学性状均未发生变化的污染物，包括各种气体、蒸汽和颗粒物，最主要的是二氧化硫、一氧化碳、氮氧化物、颗粒物、碳氢化合物等。

二次污染物（继发性污染物）：由污染源排入环境中的一次污染物与大气中原有成分，或几种一次污染物之间，发生一系列化学变化或光化学反应，形成的与原污染物性质不同的新污染物，包括硫酸烟雾、O_3、光化学烟雾等，这类物质的颗粒微小，粒径通常在0.01～1.0 μm，其毒性比一次污染物强。

二、大气污染源

1. 大气污染源分类

大气污染源是指向大气中排放污染物的设备、场所和生产过程。从总体看可分为自然源和人为源。由自然源造成的污染多为暂时的、局部的；由人为源造成的污染通常延续时间长、范围广。当前面临的大气污染，多与人为活动有关。

大气污染源的分类方法有两种：

按空间分：

（1）点源

污染物集中于一点或相当于一点的小范围排放源，如工厂烟囱排放源。

（2）线源

交通干线两侧汽车尾气污染源（车辆行驶的街道、道路等）。

（3）面源

在相当大面积范围内有许多个污染排放源，如一个大城市内的许多污染物排放源（农田）。

按产生的来源分：

（1）生活污染源

城市居民、机关和服务性行业，由于烧饭、取暖、沐浴等生活上的需要，燃烧矿物燃料，向大气排放煤烟、油烟、废气等造成大气污染。如城市生活垃圾在堆放过程中厌氧分解排出二次污染物，垃圾焚烧过程中产生烟气。

（2）工业污染源

包括固定燃烧源和工业工艺过程源。是指燃料燃烧或者各类工业工艺生产过程中排放污染物的烟气排放源，是大气污染的最重要来源。由于工业企业的性质、规模、工艺过程、原料和产品等种类不同，对大气污染的程度也不同。

（3）交通污染源

行驶中的汽车、火车、船舶和飞机等交通工具排放出含有一氧化碳、碳氢化合物、铅等的污染物，又称流动源。近年来，我国的公路交通发展很快，汽车的排放尾气在一些大城市已成为主要的大气污染源。

（4）农业污染源

农田施用化学农药、化肥、有机肥时有害物质直接散逸到大气中，或从土壤中分解后向大气排放有毒、有害及恶臭气态污染物，以及露天燃烧秸秆、树叶等废弃物排放烟气。一般划分为面源。

（5）沙尘污染源

由于农村和城市过度开发，植被和水面遭受破坏而减少或消失，地表裸露，地面沙尘被风力或交通工具扬起，其中一些形成可吸入颗粒物悬浮于大气中，造成大气污染。2000 年 4 月 29 日修订后的《中华人民共和国大气污染防治法》特别加强了对这一污染源的防治要求。

2．我国大气污染情势演变

（1）国外大气污染状况

国外大气污染经历了以下三个发展阶段：

① 18 世纪末到 20 世纪中，煤烟型污染，主要污染物为 SO_2、烟尘；

② 20 世纪 50—60 年代，主要为“石油型”污染和复合型污染；

③ 20 世纪 70 年代以来，环境污染逐步得到控制，环境质量改善。

历史上的大气污染公害事件见表 1-4。

表 1-4　大气污染公害事件

事件名称	发生时间	发生地点	主要污染物	伤亡情况
马斯河谷烟雾事件	1932 年 12 月	比利时马斯河谷	烟尘及二氧化硫	数千人发病，约 60 人死亡
多诺拉烟雾事件	1948 年 10 月	美国多诺拉镇	烟尘及二氧化硫	约 6 000 人患病，17 人死亡
伦敦烟雾事件	1952 年 12 月	英国伦敦	烟尘及二氧化硫	死亡人数较常年约多 4 000 人
洛杉矶光化学烟雾事件	20 世纪 40 年代初期	美国洛杉矶	光化学烟雾	大多数居民患病，65 岁以上老人死亡 400 人

（2）我国大气污染状况

20 世纪 90 年代之后，我国大气污染相当严重，其污染程度相当于发达国家 20 世纪五六十年代最严重的时期，且某些地区和某些污染物还呈发展之势，具体表现为：①二氧化硫排放量大；②大气中总悬浮颗粒物浓度高；③酸雨危害严重；④雾霾天气频发。2013 年国务院制定《大气污染防治行动计划》，又称“大气十条”，经过 5 年重点治理，到 2017 年，大气治理目标全部完成，大气质量明显改善。2018 年，国务院又制定了《打赢蓝天保卫战三年行动计划》，通过查漏补缺，进一步巩固大气污染治理成果，到 2020 年，我国大气质量得到显著改善。2020 年 9 月 22 日，习近平主席在第七十五届联合国大会一般性辩论上宣布：“中国将提高国家自主贡献力度，采取更加有力的政策和措施，二氧化碳排放力争于 2030 年前达到峰值，努力争取 2060 年前实现碳中和。”

第三节 大气污染的影响

大气污染对人体、动植物、器物和材料及大气能见度、气候和自然生态皆有重要影响。

一、对人体的危害

对人体的危害主要通过三条途径：

①通过器官、皮肤表面直接接触；

②食入含有大气污染物的水和食物；

③吸入被污染的空气（最危险，一个正常人每天要吸入 1 万 L 的空气）。

高浓度污染物会引起急性中毒；长期接触低浓度污染物则会引起慢性支气管炎、支气管哮喘、肺气肿及肺癌等。

二、对动植物的危害

使植物生长缓慢、发育受阻、品质变劣、产量下降，作物和森林大片死亡（图 1-4）；使动物发生畸变、癌变，破坏遗传基因。

三、对器物和材料的危害

对机器设备、金属制品、油漆涂料、皮革制品、橡胶制品、纸制品、纺织品和建筑物危害严重，并造成重大经济损失（图 1-5）。

图 1-4 大气污染对植物的危害

图 1-5 大气污染对器物和材料的危害

四、对大气能见度的影响

对大气能见度或清晰度有影响的污染物，一般是气溶胶粒子、能通过大气反应生成二次气溶胶粒子的气体或有色气体，包括：①总悬浮颗粒物（TSP）；②SO_2 和其他气态含硫化合物，这些气体在大气中以较大反应速率生成硫酸盐和硫酸气溶胶粒子；③NO 和 NO_2，这些气体在大气中反应生成硝酸盐和硝酸气溶胶粒子，红棕色的 NO_2 还会形成有色的烟羽和城市霾云；④光化学烟雾，这类污染物反应生成亚微米的气溶胶粒子，造成局部地区空气变浊，能见度降低，交通事故增多，还使太阳光直接照射到地面的数量减少。

五、对气候、自然生态的影响

1）城市的“热岛效应”：在大工业城市的上空，因工厂废热大量排入空中，使城市近地面气温比四周郊区高，形成局部地区环流，即白天工业区热空气上升，郊区冷空气从底层吹入城市，晚上则与之相反，使热量和各种大气污染物长时间在城市上空循环，不易沿下风向扩散，从而加剧了大气污染。

2）出现“拉波特效应”：大工业城市的下风向地区，由于工厂向天空排放大量的烟尘和其他污染物，烟尘对水蒸气有凝结作用，促使下风向雨量增加。

3）出现酸雨：大气中的硫氧化物、氮氧化物、碳氧化物会发生化学变化形成酸雨。

4）对大气层的危害主要表现在全球变暖和臭氧层变薄。

第四节　大气污染防治及控制措施

一、大气污染综合防治的含义

所谓大气污染综合防治，实际上是为了达到区域环境空气质量控制目标，对多种大气污染控制方案的技术可行性、经济合理性、区域适应性和实施可能性等进行最优化选择和评价，从而得出最优的控制技术方案和工程措施。

大气污染综合防治的基本点是防与治的结合，只有纳入区域环境综合防治之中，才能真正解决大气污染问题。

二、大气污染控制措施

实施大气污染综合防治的目的，就是使环境空气质量达标，其控制措施主要有以下五个：

1）进行区域环境规划，实施总量控制。区域排污总量控制：如国家环境保护总局提出2000年削减12种主要污染物的排放总量，其中包含了SO_2、烟尘和工业粉尘三项空气污染物。区域排污总量不应超过区域环境容量。对老工业区、经济已发展的区域、经济开发区等进行大气环境规划；进行环境影响评价。根据地形分布、气候特征进行排放源合理布局。

2）提倡清洁生产，发展无污染和少污染的生产工艺。改变燃料结构：采用清洁能源，考虑二氧化硫和烟尘的排放，燃气和燃轻油是比较清洁的；改变燃烧方式：采用节能、高效、低排放的燃煤设备；采用城市燃料气化和型煤；发展废热利用，集中供热与热电联用。

3）进行废气治理，实现达标排放。安装并运行废气净化装置，是控制大气环境污染的基础，也是实行环境规划与管理等综合防治措施的前提。各种净化装置的结构原理、性能特点和设计计算等，是本教材的重要内容，将在以后各章节中详细介绍。

4）加大排放烟囱的高度，充分利用大气自然净化能力。

5）绿化大地（植树造林），充分利用植物净化能力。

第五节 环境空气质量控制标准

一、环境空气质量控制标准的种类和作用

环境空气质量控制标准是为控制和改善大气环境质量，保护人体健康和生态环境，限制大气环境中的污染物含量而制定的，是执行《中华人民共和国环境保护法》和《中华人民共和国大气污染防治法》、实施环境空气质量管理及防治大气污染的依据和手段。

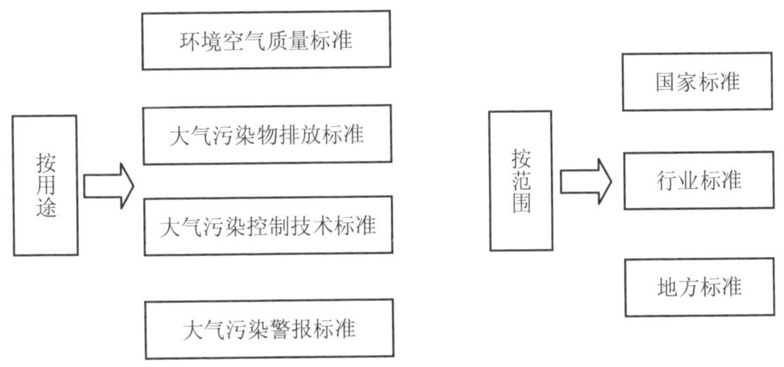

图 1-6 环境空气质量控制标准分类

二、环境空气质量标准

《环境空气质量标准》（GB 3095—2012）由环境保护部、国家质量监督检验检疫总局于2012年2月29日发布并于2016年1月1日实施。

该标准规定了环境空气功能区分类、标准分级、污染物项目、平均时间及浓度限值、监测方法及数据统计的有效性规定及实施与监督等，适用于全国范围的环境空气质量评价与管理。

该标准将环境空气质量功能区分为两类：

一类区：自然保护区、风景名胜区和其他需要特殊保护的区域。

二类区：居住区、商业交通居民混合区、文化区、工业区和农村地区。

其中一类区适用一级浓度限值，二类区适用二级浓度限值。

三、工业企业设计卫生标准

我国于2002年颁布实施《室内空气质量标准》（GB/T 18883—2002），于2010年重新修订公布了《工业企业设计卫生标准》（GBZ 1—2010），规定了适用于人的生活和工作环境的标准。一些污染物在国家没有制定它们的大气环境质量标准时，可以使用这一标准。

在生产岗位，为了保护长期进行生产劳动的工人不受职业病的危害，《工业企业设计卫生标准》（GBZ 1—2010）还规定了车间空气中有害物质的最高容许浓度标准。

四、大气污染物排放标准

大气污染物排放标准是以实现环境空气质量标准为目标，对污染源排入大气的污染物所规定的允许排放量或排放浓度。它是控制污染物的排放量和进行净化设计的依据，是控制大气污染的关键，也是环境管理部门的执法依据。

1）制定方法：有最佳适用技术确定法和污染物在大气中的扩散规律推算法两种。最佳适用技术确定法是根据污染现状、最佳控制技术的效果和对现有控制得好的污染源进行损益分析来确定排放标准；污染物在大气中的扩散规律推算法是以环境空气质量标准为依据，应用污染物在大气中的扩散模式推算出不同烟囱高度时的污染物允许排放量或排放浓度，或者根据污染物排放量推算出最低烟囱高度。

2）大气污染物综合排放标准：我国于1996年制定的《大气污染物综合排放标准》（GB 16297—1996）规定了33种大气污染物的排放限值。该标准规定，任何一个排气筒必须同时遵守最高允许排放浓度（1 h浓度平均值）和最高允许排放速率（1 h排放污染物的质量）以及无组织排放监控浓度限值。

3）行业和地方大气污染物排放标准：如近年来针对火电、冶金、建材、石油化工、工业锅炉等高污染行业或设备，相继出台（或修订）了一系列行业性大气污染物排放标准。

其中，火电、钢铁等行业还实施了超低排放要求（排放限值低于多数发达国家的同类标准）。针对流动源，我国也颁布了《轻型汽车污染物排放限值及测量方法（中国第六阶段）》（GB 18352.6—2016）、《城市车辆用柴油发动机排气污染物排放限值及测量方法（WHTC工况法）》（HJ 689—2014）、《非道路移动机械用柴油机排气污染物排放限值及测量方法（中国第三、四阶段）》（GB 20891—2014）等。

北京、上海和广东等省（市），还出台了一系列地方大气污染物排放标准。按照综合排放标准与行业和地方排放标准不交叉执行原则，对应这些行业和地区，优先执行地方和行业排放标准。

五、空气污染指数及报告

空气污染指数（API）是一项可以定量和客观评价空气环境质量的指标，是将若干项主要大气污染物的监测数据参照一定的分级标准，经过综合换算后得到的量纲为一的相对数。

表 1-5 空气污染程度级别的划分

等级	API 值（x）	空气质量
一级	$x \leqslant 50$	优
二级	$50 < x \leqslant 100$	良
三级	$100 < x \leqslant 200$	轻度污染
四级	$200 < x \leqslant 300$	中度污染
五级	$x > 300$	重度污染

表 1-6 空气污染指数分级浓度限值

空气污染指数	污染物质量浓度（标态）/（mg/m^3）				
API	PM_{10}（日均值）	SO_2（日均值）	NO_2（日均值）	CO（小时均值）	O_3（小时均值）
50	0.050	0.050	0.080	5	0.120
100	0.150	0.150	0.120	10	0.200
200	0.350	0.800	0.280	60	0.400
300	0.420	1.600	0.565	90	0.800
400	0.500	2.100	0.750	120	1.000
500	0.600	2.620	0.940	150	1.200

空气污染指数计算公式如下：

$$I_k = \frac{\rho_k - \rho_{k,j}}{\rho_{k,j+1} - \rho_{k,j}}(I_{k,j+1} - I_{k,j}) + I_{k,j} \tag{1-1}$$

式中：I_k——第 k 种污染物的污染分指数；

ρ_k——第 k 种污染物平均质量浓度的监测值（标态），mg/m^3；

$I_{k,j}$——第 k 种污染物 j 转折点的污染分指数；

$I_{k,j+1}$——第 k 种污染物 j+1 转折点的污染分指数；

$\rho_{k,j}$——第 j 转折点上第 k 种污染物的质量浓度限值（标态，对应于 $I_{k,j}$），mg/m^3；

$\rho_{k,j+1}$——第 j+1 转折点上第 k 种污染物的质量浓度限值（标态，对应于 $I_{k,j+1}$），mg/m^3。

空气污染指数的计算结果只保留整数，小数点后的数值全部进位。

习 题

1 解释大气污染、一次污染、二次污染、温室效应的含义。

2 全球性大气污染问题包括哪些？

3 简述主要气态污染物的特征和来源。

4 干洁空气中 N_2、O_2、Ar 和 CO_2 气体所占的质量分数分别是多少？

5 根据我国《环境空气质量标准》（GB 3095—2012）的二级浓度限值，求出 SO_2、NO_2、CO 三种污染物日平均浓度限值的体积分数。

6 CCl_4 气体与空气混合形成 CCl_4 体积分数为 1.50×10^{-4} 的混合气体，标准状态下在管道中流动的流量为 10 m^3/s，试确定：①标准状态下 CCl_4 在混合气体中的浓度 ρ（g/m^3）和 c（mol/m^3）；②每天流经管道的 CCl_4 的质量（kg）。

7 成人每次吸入的空气量平均为 500 cm^3，假设每分钟呼吸 15 次，空气中颗粒物的浓度为 200 $\mu g/m^3$，试计算每小时沉积于肺泡内的颗粒物质量。已知该颗粒物在肺泡中的沉降系数为 0.12。

8 设人体肺部气体中 CO 体积分数为 2.2×10^{-4}，平均含氧量为 19.5%。如果这种浓度保持不变，求 COHb 浓度最终将达到饱和水平的百分率。

9 设人体内有 4 800 mL 血液，每 100 mL 血液中含 20 mL 氧。从事重体力劳动的人的呼吸量为 4.2 L/min。受污染空气中 CO 体积分数为 10^{-4}。如果血液中 CO 水平最初为：①0%；②2%，计算血液达到 7%的 CO 饱和度需要多少分钟。设吸入肺中的 CO 全部被血液吸收。

10 粉尘浓度 1 400 kg/m^3，平均粒径 1.4 μm，在大气中的浓度为 0.2 mg/m^3，对光的散射率为 2.2，计算大气的最大能见度。

11 我国城市大气污染日趋严重，主要由化石燃料燃烧、工业生产过程、交通运输造成，控制大气污染应采取哪些措施？

第二章　燃烧与大气污染

第一节　燃料的性质

一、燃料的定义

燃料指在燃烧过程中，能够放出热量，且在经济上可以取得效益的物质。

二、燃料的组成

燃料由 C、H、O、N、S 等元素，灰分和水等组成，可用分子式 $C_xH_yS_zO_w$ 表示。

三、燃料的分类

燃料的分类见表 2-1。

表 2-1　燃料的分类

按物理状态分	按获得方法分	
	天然燃料	人工燃料
固体燃料	木柴、煤、油页岩	木炭、焦炭、煤粉等
液体燃料	石油	汽油、煤油、柴油、重油
气体燃料	天然气	干馏煤气、气化煤气、沼气
非常规燃料	天然存在的含碳和碳氢的资源	固体废物

1．固体燃料（以煤为例）

煤是最重要的固体燃料，它是一种复杂的物质聚集体。煤的可燃成分主要是由碳、氢及少量氧、氮和硫等一起构成的有机聚合物，各种聚合物之间由不同的碳氢支链互相连接成更大的颗粒。

2．液体燃料

石油是主要的液体燃料。原油是天然存在的易流动的液体，相对密度为 0.78～1.00，是多种化合物的混合物，主要含碳和氢，还有少量的硫、氮和氧，它们的含量因产地而异。

3．气体燃料

天然气是典型的气体燃料，它的组成一般为甲烷 85%、乙烷 10%、丙烷 3%；含碳更高的碳氢化合物也可能存在于天然气中。天然气还含有碳氢化合物以外的其他组分，如水、二氧化碳、氮气和硫化氢等。

4．非常规燃料

（1）非常规燃料的定义

除了煤、石油和天然气等常规燃料外，所有可燃性物质都包括在非常规燃料之列。某些较低级别的化石燃料，如泥炭、焦油砂、油页岩，也作为非常规燃料对待。

（2）非常规燃料的分类

非常规燃料可分为以下几类：①城市固体废物；②商业和工业固体废物；③农作物及农村废物；④水生植物和水生废物；⑤污水处理厂废物；⑥可燃性工业和采矿废物；⑦天然存在的含碳和含碳氢的资源；⑧合成燃料。

四、煤

1．煤的基本分类

褐煤：最低品位的煤，形成年代最短，热值较低。特点：①挥发分较高，析出温度低；②燃烧热值低，不能制炭。干燥后 C 含量 60%～75%，O_2 含量 20%～25%。

烟煤：形成年代较褐煤长，C 含量 75%～90%。成焦性较强，适宜工业一般应用。

无烟煤：煤化时间最长，C 含量最高（高于 93%），成焦性差，发热量大。

2．煤的工业分析

煤的工业分析包括测定煤中水分、挥发分、灰分和固定碳，估测含硫量和热值，这些是评价工业用煤的主要指标。

水分：取一定重量粒径在 13 mm 以下的煤样，在干燥箱内 318～323 K 温度下干燥 8 h，取出冷却，称重为外部水分。将失去外部水分的煤样保持在 375～380 K 下，约 2 h 后，称重为内部水分。

挥发分：失去水分的试样密封在坩埚内，放在 1 200 K 的马弗炉中加热 7 min，放入干燥箱中冷却至常温再称重。

固定碳：失去水分和挥发分后的剩余部分（焦炭）放在（800±20）℃的环境中灼烧到重量不再变化时，取出冷却。焦炭所失去的重量为固定碳。

灰分：煤中不可燃物质的总称。主要包括硅氧化物、各种金属氧化物等。

3．煤的元素分析

碳和氢：通过燃烧后分析尾气中 CO_2 和 H_2O 的生成量测定。

氮：采用开氏法，在沸腾的浓硫酸作用下，经过催化剂（如硫酸铜）的作用使煤中的氮转化为氨，随后，加入过量的氢氧化钠中和硫酸，氨从氢氧化钠溶液中蒸发，被硼酸或硫酸溶液吸收。用碱液吸收，滴定。

硫：采用艾士卡法，煤样与氧化镁和无水硫酸钠混合物反应，在 850℃灼烧，生成硫酸盐，然后使硫酸根离子生成硫酸钡沉淀。通过测量硫酸钡的质量，计算硫含量。

4．煤中硫的形态

煤中硫的形态见图 2-1。

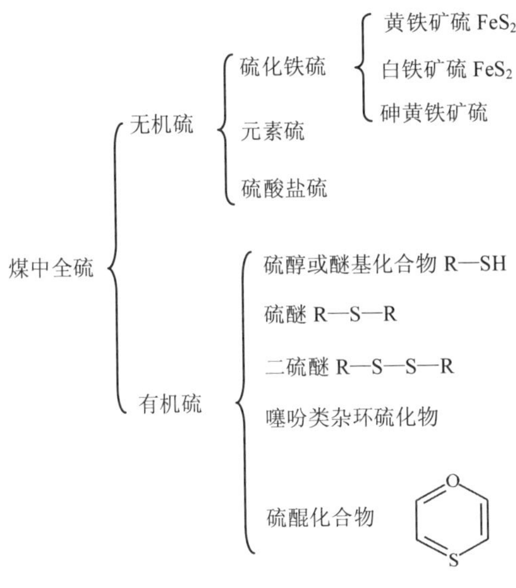

图 2-1　煤中硫的形态

第二节　燃料燃烧过程

一、影响燃料燃烧过程的主要因素

燃烧是可燃混合物的快速氧化过程，并伴随着能量的释放，同时使燃料的组成元素转化为相应的氧化物。要使燃料完全燃烧，必须具备以下条件：

①空气条件：燃料完全燃烧必须通入足够的空气量（提供充足的氧气）。

②温度条件：燃料燃烧必须先将燃料加热到着火点温度（表 2-2）。

表 2-2　燃料的着火点温度

燃料	着火点/K
木炭	593～643
无烟煤	713～773
重油	803～853
发生炉煤气	973～1 073
氢气	853～873
甲烷	923～1 023

③时间条件：燃料完全燃烧必须保证燃料在燃烧器内有一定的停留时间。

④燃料与空气的混合条件：燃料完全燃烧必须保证燃料与空气充分混合。

适当地控制四个因素——空气与燃料之比、温度、时间和湍流度，是在大气污染物排放量最低条件下实现有效燃烧所必需的，评价燃烧过程和燃烧设备时，必须认真地考虑这些因素。通常把温度、时间和湍流度称为燃烧过程的“三 T”。

二、燃料燃烧的理论空气量

1. 理论空气量

燃料燃烧所需要的氧，一般从空气中获得。单位量燃料按燃烧反应方程式完全燃烧所需要的空气量称为理论空气量 V_a^0，它由燃料的组成决定，可根据燃烧反应方程式计算求得。

建立燃烧反应方程式时，通常假定：

①空气仅是由氮和氧组成的，其体积比为 79.1/20.9=3.78；

②燃料中的固定态氧可用于燃烧；

③燃料中的硫主要被氧化为二氧化硫；

④热型氮氧化物的生成量较小（不计），燃料中含氮量也较低（燃烧后一般计为 N_2）；

⑤燃料的化学式为 $C_xH_yS_zO_w$，其中下标 x、y、z、w 分别代表碳、氢、硫和氧的原子数。

燃料与空气完全燃烧的化学反应方程式为：

$$C_xH_yS_zO_w+\left(x+\frac{y}{4}+z-\frac{w}{2}\right)O_2+3.78\left(x+\frac{y}{4}+z-\frac{w}{2}\right)N_2\longrightarrow xCO_2$$

$$+\frac{y}{2}H_2O+zSO_2+3.78\left(x+\frac{y}{4}+z-\frac{w}{2}\right)N_2+Q \qquad (2\text{-}1)$$

式中：Q——燃烧热。

则

$$V_a^0=22.4\times4.78(x+y/4+z-w/2)/(12x+1.008y+32z+16w) \quad (2\text{-}2)$$

2. 空气过剩系数

燃料完全燃烧时所需的实际空气量取决于所需的理论空气量和“三 T”条件的保证程度。在理想的混合状态下，理论空气量即可保证完全燃烧。但在实际的燃烧装置中，“三 T”条件不可能达到理想化的程度，因此为使燃料完全燃烧就必须供给过量的空气。

一般将超过理论空气量多供给的空气量称为过剩空气量，并把实际空气量 V_a 与理论空气量 V_a^0 之比定义为空气过剩系数 α。

$$\alpha=V_a/V_a^0 \quad (2\text{-}3)$$

通常 $\alpha>1$，α 值的大小取决于燃料种类、燃烧装置及燃烧条件等因素。

部分炉型的空气过剩系数见表 2-3。

表 2-3　部分炉型的空气过剩系数

炉型	烟煤	无烟煤	重油	煤气
手烧炉和抛煤机炉	1.3～1.5	1.3～2.0	—	—
链条炉	1.3～1.4	1.3～1.5	—	—
悬燃炉	1.2	1.25	1.15～1.2	1.05～1.1

3. 空燃比

单位质量燃料燃烧所需要的空气质量即空燃比（AF）。

例如：汽油（C_8H_{18}）完全燃烧时：

$$C_8H_{18}+\left(8+\frac{18}{4}\right)O_2+3.78\left(8+\frac{18}{4}\right)N_2 \longrightarrow 8CO_2+9H_2O+3.78\left(8+\frac{18}{4}\right)N_2$$

汽油的相对分子质量：$12\times8+1.008\times18=114.14$；

空气的相对分子质量：$32\times12.5+28\times3.78\times12.5=1\ 723$；

则空燃比 AF=15.11。

三、燃烧过程中产生的污染物

燃烧可能产生的污染物包括 CO_2、CO、SO_x、NO_x、CH、烟、飞灰、金属及其氧化物。温度对燃烧产物的绝对量和相对量都有影响；燃料种类和燃烧方式对燃烧产物也有影响。燃烧产物与温度的关系如图 2-2 所示。

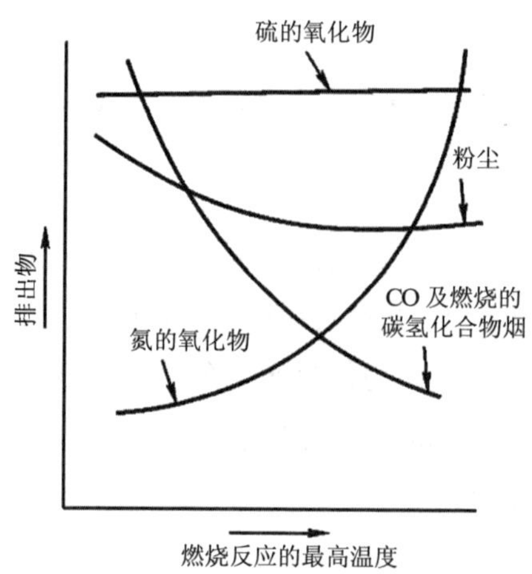

图 2-2 燃烧产物与温度的关系

四、热化学关系式

1. 发热量

发热量为单位燃料完全燃烧时所放出的热量，即在反应物开始状态和反应产物终了状态相同下的热量变化，单位为 kJ/kg（固体燃料、液体燃料）或 kJ/m^3（气体燃料）。

高位发热量（q_H）：包括燃料生成物中水蒸气的汽化潜热。

低位发热量（q_L）：燃烧产物中的水蒸气仍以气态存在时，完全燃烧过程所释放的热量。

$$q_L = q_H - 25(9W_H + W_W) \tag{2-4}$$

式中，W_H、W_W 分别为燃料中氢和水分的质量分数。

2. 燃烧设备的热损失

燃烧设备的热损失包括排烟热损失、不完全燃烧热损失和散热损失。

燃烧设备的热损失与空燃比的关系为：在充分混合的条件下，热损失在理论空气量条件下最低；不充分混合时，热损失最小值出现在空气过剩一侧，如图 2-3 所示。

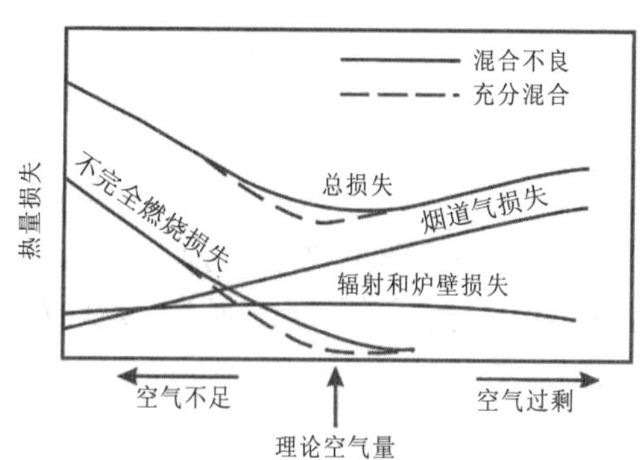

图 2-3 燃烧设备的热损失与空燃比的关系

第三节　烟气体积及污染物排放量计算

一、烟气体积计算

1. 理论烟气体积计算公式

在理论空气量下，燃料完全燃烧所生成的烟气体积称为理论烟气体积，以 V_{fg}^{0} 表示，烟气成分主要是 CO_2、SO_2、N_2 和水蒸气。

干烟气：除水蒸气以外的成分。

湿烟气：包括水蒸气在内的烟气。

$$V_{fg}^{0}=V_{\text{理论干烟气}}+V_{\text{理论水蒸气}}$$

$$V_{\text{理论水蒸气}}=V_{\text{燃料中氢燃烧后的水蒸气}}+V_{\text{燃料中所含的水蒸气}}+V_{\text{由供给理论空气量带入的水蒸气}}$$

2. 烟气体积及密度校正

燃烧装置产生的烟气的温度和压力总是高于标准状态（273 K、1 atm*），在烟气体积和密度计算中往往需要换算成为标准状态。

大多数烟气可以视为理想气体，所以在烟气体积和密度换算中可以应用理想气体状态方程。若观测状态下（温度 T_s、压力 P_s）烟气体积为 V_s、密度为 ρ_s，在标准状态下（温度 T_n、压力 P_n）烟气体积为 V_n、密度为 ρ_n，则由理想气体状态方程可以得到标准状态下的烟气体积

$$V_n=V_s\times(P_s/P_n)\times(T_n/T_s) \tag{2-5}$$

及标准状态下烟气的密度

$$\rho_n=\rho_s\times(P_n/P_s)\times(T_s/T_n) \tag{2-6}$$

应指出，美国、日本和全球环境监测系统的标准态是 298 K、1 atm，在作数据比较时应注意。

3. 过剩空气校正

因为实际燃烧过程是有过剩空气的，所以燃烧过程中的实际烟气体积应为理论烟气体积与过剩空气量之和。

以碳在空气中的完全燃烧为例

$$C+O_2+3.78N_2\longrightarrow CO_2+3.78N_2$$

烟气中仅含有 CO_2 和 N_2，若空气过量，则燃烧方程式变为

---

* 1 atm=101.325 kPa，全书同。

$$C+(1+\alpha)O_2+(1+a)3.78N_2 \longrightarrow CO_2+\alpha O_2+(1+a)3.78N_2$$

其中 a 是过剩空气中 O_2 的过剩摩尔数。

根据定义，空气过剩系数

$$\alpha = \frac{V_a}{V_a^0} = \frac{(1+a)\times(O_2+3.78N_2)}{O_2+3.78N_2} = 1+a \tag{2-7}$$

若燃烧是完全的，过剩空气中的氧仅能够以 O_2 的形式存在，假如燃烧产物以下标 p 表示

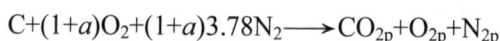

$$C+(1+a)O_2+(1+a)3.78N_2 \longrightarrow CO_{2p}+O_{2p}+N_{2p}$$

其中，$O_{2p}=aO_2$，表示过剩氧量，N_{2p} 为实际空气量中所含的总氮量。假定空气的体积组成为 20.9%O_2 和 79.1%N_2，则实际空气量中所含的总氧量为

$$20.9/79.1N_{2p}=0.264N_{2p}$$

理论需氧量为 $0.268N_{2p}-O_{2p}$，因此空气过剩系数

$$\alpha = 1+\frac{O_{2p}}{0.264N_{2p}-O_{2p}} \tag{2-8}$$

假如燃烧过程产生 CO，过剩氧量必须加以校正，即从测得的过剩氧中减去氧化 CO 为 CO_2 所需要的氧。因此

$$\alpha = 1+\frac{O_{2p}-0.5CO_p}{0.264N_{2p}-(O_{2p}-0.5CO_p)} \tag{2-9}$$

式中，各组分的量均为奥萨特仪所测得的各组分的百分数。

考虑过剩空气校正后，实际烟气体积

$$V_{fg} = V_{fg}^{\ 0} + V_a(\alpha-1) \tag{2-10}$$

二、污染物排放量计算

通过测定烟气中污染物的浓度，根据实际排烟量，很容易计算污染物的排放量。但在很多情况下，需要根据同类燃烧设备的排污系数、燃料组成和燃烧状况，预测烟气量和污染物浓度。

例 2-1 某燃烧装置采用重油作燃料，重油成分分析结果如下（按质量）：C 88.3%；H 9.5%；S 1.6%；H_2O 0.05%；灰分 0.10%。若燃料中硫转化为 SO_x（其中 SO_2 占 97%），试计算空气过剩系数 α=1.20 时烟气中 SO_2 及 SO_3 的浓度，以 $\times10^{-6}$ 表示，并计算此时烟气中 CO_2 的含量，以体积百分比表示。

解：以 1 kg 重油燃烧为基础，则

	重油/g	物质的量/mol	需氧数/mol
C	883	73.58	73.58
H	95	47.5	23.75
S	16	0.5	0.5
H_2O	0.5	0.027 8	0

所以理论需氧量为 73.58+23.75+0.5=97.83 mol/（kg 重油）。

假定干空气中氮和氧的摩尔比（体积比）为 3.78，则 1 kg 重油完全燃烧需要的理论空气量为

$$97.83\times(3.78+1)=467.63\ \text{mol/（kg 重油）}$$

即标准状态下理论空气量为 $467.63\times\dfrac{22.4}{1\,000}=10.47\ \text{m}^3$/（kg 重油）

理论空气量条件下烟气组成（mol）为：

CO_2：73.58　　H_2O：47.5+0.027 8

SO_x：0.5　　N_x：97.83×3.78

理论烟气量：73.58+0.5+(47.5+0.027 8)+(97.83×3.78) =491.41 mol/（kg 重油）

即　491.41 mol/kg×22.4 m^3/1 000 mol =11.01 m^3/（kg 重油）

空气过剩系数 α=1.20 时，实际烟气量为

$$11.01+10.47(1.2-1)=13.10\ \text{m}^3\text{/（kg 重油）}$$

烟气中 SO_2 的体积为

$$\frac{0.5\times0.97\times22.4}{1\,000}=0.010\,9\ \text{m}^3\text{/（kg 重油）}$$

烟气中 SO_3 的体积为

$$\frac{0.5\times0.03\times22.4}{1\,000}=3.36\times10^{-4}\ \text{m}^3\text{/（kg 重油）}$$

所以，烟气中 SO_2、SO_3 的浓度分别为

$$C_{SO_2}=\frac{0.010\,9}{13.10}\times10^6=832\times10^{-6}$$

$$C_{SO_3}=\frac{3.36\times10^{-4}}{13.10}\times10^6=25.6\times10^{-6}$$

α=1.20 时，干烟气量为

$$[491.7-(47.5+0.278)]\times\frac{22.4}{10\,000}+10.47\times(1.2-1)=12.04\ \text{m}^3\text{/（kg 重油）}$$

CO_2的体积为：$73.58\times\dfrac{22.4}{1\,000}=1.648\ \mathrm{m^3}/(\mathrm{kg}$ 重油$)$

干烟气中 CO_2的体积分数为：$\dfrac{1.648}{12.04}\times100\%=13.69\%$

例 2-2 已知某电厂烟气温度为 473 K，压力为 96.93 kPa，湿烟气量 Q=10 400 m^3/min，含水汽 6.25%（体积），奥萨特仪分析结果为：烟气中 CO_2占 10.7%，O_2占 8.2%，不含 CO，污染物排放的质量流量为 22.7 kg/min。求：

（1）污染物排放的质量速率（t/d）；

（2）污染物在烟气中的浓度；

（3）烟气中的空气过剩系数；

（4）校正至空气过剩系数 α=1.8 时污染物在烟气中的浓度。

解：（1）污染物排放的质量速率为

$$22.7\frac{\mathrm{kg}}{\mathrm{min}}\times\frac{60\ \mathrm{min}}{\mathrm{h}}\times24\frac{\mathrm{h}}{\mathrm{d}}\times\frac{\mathrm{t}}{1\,000\ \mathrm{kg}}=32.7\ \mathrm{t/d}$$

（2）测定条件下的干空气量为

$$Q_{\mathrm{d}}=10\,400\times(1-0.062\,5)=9\,750\ \mathrm{m^3/min}$$

测定状态下干烟气中污染物的浓度：

$$C=\frac{22.7}{9\,750}\times10^6=2\,328.2\ \mathrm{mg/m^3}$$

标态下的浓度：

$$C_{\mathrm{N}}=C\left(\frac{P_{\mathrm{N}}}{P}\frac{T}{T_{\mathrm{N}}}\right)=2\,328.2\times\frac{101.33}{96.93}\times\frac{473}{273}=4\,217.0\ \mathrm{mg/m^3}$$

（3）空气过剩系数

$$\alpha=1+\frac{\mathrm{O_{2p}}}{0.264\mathrm{N_{2p}}-\mathrm{O_{2p}}}=1+\frac{8.2}{0.264\times81.1-8.2}=1.613$$

（4）校正至 α=1.8 条件下的浓度

$$C_{校}=C_{\mathrm{N}}\frac{\alpha}{1.8}=4\,217.0\times\frac{1.613}{1.8}=3\,778.9\ \mathrm{mg/m^3}$$

第四节　燃烧过程硫氧化物的形成

一、燃料中硫的氧化机理

燃料中硫的氧化机理：有机硫的分解温度较低，无机硫的分解速度较慢，含硫燃料燃烧的特征是火焰呈蓝色，由于存在反应：

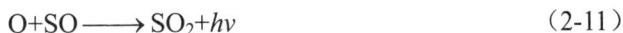

$$O+SO \longrightarrow SO_2+h\nu \tag{2-11}$$

在所有的情况下，硫都可作为一种重要的反应中间体。

二、SO_2 和 SO_3 的转化

反应方程式为

$$SO_2 + O + M \longrightarrow SO_3 + M \tag{2-12}$$

$$SO_3 + O \longrightarrow SO_2 + O_2 \tag{2-13}$$

$$SO_3 + H \longrightarrow SO_2 + OH \tag{2-14}$$

$$SO_3 + M \longrightarrow SO_2 + O + M \tag{2-15}$$

在炽热反应区，[O] 浓度很高，反应式（2-12）和式（2-13）起支配作用

SO_3 生成速率

$$\frac{d[SO_3]}{dt} = k_1[SO_2][O][M] - k_2[SO_3][O] \tag{2-16}$$

当 $d[SO_3]/dt = 0$ 时，SO_3 浓度达到最大

$$[SO_3]_{max} = \frac{k_1[SO_2][M]}{k_2} \tag{2-17}$$

在富燃料条件下，[O]浓度低得多，SO_3 的去除反应主要为反应式（2-14），SO_3 的最大浓度：

$$[SO_3]_{max} = \frac{k_1[SO_2][M][O]}{k_3[H]}$$

燃烧后烟气中的水蒸气可能与 SO_3 结合生成 H_2SO_4，转化率为

$$\chi = 100 p_{H_2SO_4} / (p_{SO_3} + p_{H_2SO_4})\% \tag{2-18}$$

式中 k_1、k_2、k_3 为化学反应平衡常数；M 表示催化剂； p_{SO_3} 和 $p_{H_2SO_4}$ 分别代表 SO_3 和

H_2SO_4气体分子的分压。

转化率与温度的关系见图 2-4。

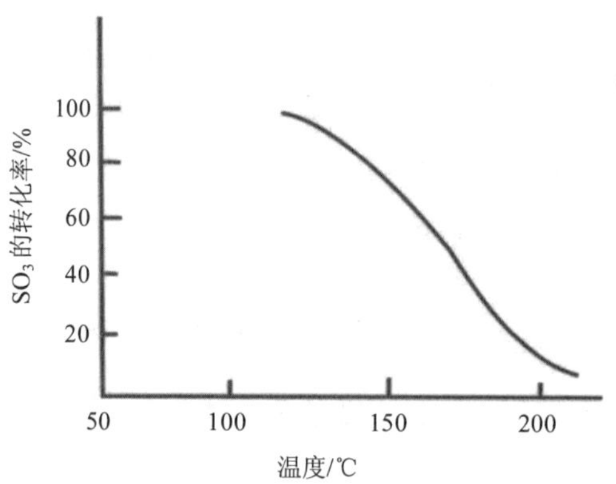

图 2-4 SO_3向H_2SO_4的转化率与温度的关系

三、硫氧化物的控制

燃料中的可燃性硫（元素硫、硫化物和有机硫）在燃烧过程中与氧反应，主要产物是SO_2和SO_3。燃烧过程中硫的氧化产物不仅会造成大气污染，而且由于具有腐蚀性，还会引起燃气轮机和其他工业动力装置的一些严重的物理问题，也可能影响氮氧化物的形成。

控制燃烧生成的SO_2的办法有：采用低硫燃料，燃料脱硫，燃烧过程中脱硫和烟气脱硫。

控制技术有：①洗煤技术；②煤炭的转换，即气化和液化；③型煤固硫技术；④循环流化床（CFBC）燃烧脱硫技术。

第五节 燃烧过程中颗粒污染物的形成

固体燃料燃烧过程中产生的颗粒污染物主要是燃烧不完全形成的炭黑、结构复杂的有机物、烟尘和飞灰等，通常称为烟尘，它包括黑烟和飞灰两部分，黑烟主要是未燃尽的炭粒，飞灰则主要是燃料所含的不可燃矿物质微粒，是灰分的一部分。

在“三 T”条件不够理想时，固体燃料在高温发生热解，形成多环化合物（黑烟），含有苯并[*a*]芘、蒽等芳香族化合物，极其有害，气态和液态燃料由于局部或短时缺氧，燃烧会形成积炭和结焦。

颗粒污染物的形成与燃料性质、燃烧方式、烟气流速、炉排和炉膛的热负荷、锅炉运行负荷以及锅炉结构等多种因素有关，应当从这些方面加以控制，并且保证理想的“三 T”条件，使碳氢化合物与氧充分接触。

第六节 燃烧过程中其他污染物的形成

燃料燃烧过程还可能产生有机物、CO、汞等重金属和砷化物、氟化物等污染物。

一、有机物的形成

有机物形成的主要历程有：

①链烃分子氧化脱氢形成乙烯和乙炔；

②延长乙炔的链形成各种不饱和基；

③不饱和基进一步脱氢形成聚乙炔；

④不饱和基通过环化反应形成 C_6～C_2 型芳香族化合物；

⑤ C_6～C_2 基逐步合成为多环有机物。

比较活泼的碳氢化合物可能是产生光化学烟雾的直接原因。

碳氢化合物的产生量与燃料组成密切相关。

燃料中高分子碳氢化合物浓度与多核有机化合物排放水平具有相关性。

燃料与空气的充分混合可降低有机物的含量，但不利于 NO_x 的控制。

要同时满足减少碳氢化合物和 NO_x 排放量的要求，只能通过控制混合的形式、温度水平和在整个系统内的停留时间分布来实现。

二、CO 的形成

CO 是所有大气污染物中量最大、分布最广的一种。

CO 的全球排放量为 200×10^6 t/a。

燃料中的碳都先形成 CO，再进一步氧化：

$$CO+OH \longrightarrow CO_2+H$$

在火焰温度下有足够的氧并且停留时间足够长，可以降低 CO 含量。

CO 的形成和破坏都由动力学控制，反应路线为：

$$RH \longrightarrow R \longrightarrow RCHO \longrightarrow RCO \longrightarrow CO$$

一维预混层流火焰中气体的浓度分布见图 2-5。

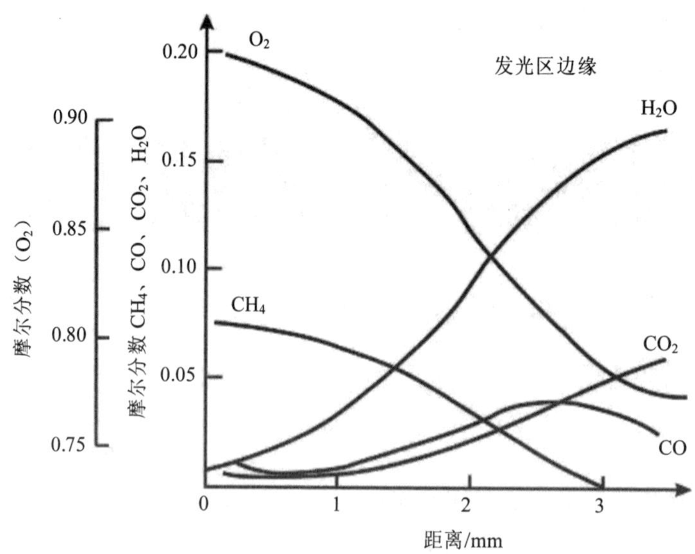

图 2-5　一维预混层流火焰中气体的浓度分布

三、Hg 的形成与排放

Hg 对人的肾和神经系统有危害，煤炭燃烧是 Hg 的一大来源，煤中 Hg 的析出率与燃烧条件有关，燃烧温度>900℃时，析出率>90%，还原性气氛的析出率低于氧化性气氛，Hg 排放控制是燃煤污染控制的课题之一。

四、二噁英的来源

二噁英是无色无味的脂溶性物质。二噁英实际上是一个简称，它指的并不是一种单一物质，而是结构和性质都很相似的包含众多同类物或异构体的两大类有机化合物，全称分别叫多氯二苯并-对-二噁英（简称 PCDDs）和多氯二苯并呋喃（简称 PCDFs），我国的环境标准中把它们统称为二噁英类。

二噁英的来源：一是在制造包括农药在内的化学物质的过程中产生，如杀虫剂、除草剂、木材防腐剂、落叶剂；二是来自对垃圾的焚烧，焚烧温度低于 800℃，塑料之类的含氯垃圾不完全燃烧，极易生成二噁英。

【案例】生活垃圾焚烧发电工程

桂林市山口生活垃圾焚烧发电厂，投资额为 8.9 亿元人民币，采用世界先进设备和技术，日处理垃圾量 1 500 t，日发电量约 60 万 kW·h。

一、垃圾焚烧发电工艺

生活垃圾由垃圾封闭运输车运至发电厂，经给料斗送进焚烧炉，在焚烧炉内高温燃烧，焚烧产生的烟气将水加热，并生成蒸汽，蒸汽驱动汽轮机组发电，焚烧产生的烟气经尾气处理装置净化后达标排放，焚烧产生的炉渣可以作为一般废物处理，布袋除尘器处理的飞灰作为危险废物与螯合剂固化处理后运至填埋场填埋处理。

1. 烟气处理

烟气处理工艺为 SNCR（炉内喷尿素）+旋转雾化器半干式反应塔（石灰浆）系统+活性炭喷射系统+布袋除尘系统+湿式洗涤塔+SCR 反应器系统（图 2-6）。

（1）SNCR：将尿素溶液喷入焚烧炉燃烧后的烟气中，尿素在最佳温度（850～1 000℃）下与烟气中的氮氧化物反应，生成氮气、水和二氧化碳。

（2）半干法：由石灰浆系统喷出的石灰浆经雾化器雾化后在反应塔中与烟气反应，从而达到除酸和降温的目的。

（3）活性炭喷射：粉状活性炭被喷射到半干式反应塔与袋式除尘器之间的烟气管道中，随后，烟气被引入袋式除尘器内。吸附主要在袋式除尘器滤袋上进行。

（4）布袋除尘：在滤袋的表层上会形成滤饼层。滤饼层含有大量的未反应消石灰和活性炭，可以对烟气中的酸性有害气体和重金属等发挥去除效果。

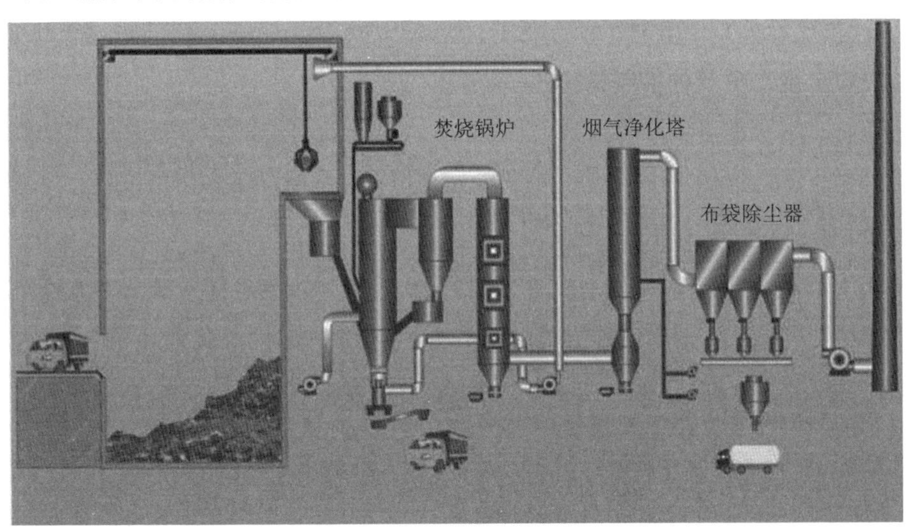

图 2-6　垃圾焚烧烟气处理工艺

2. 飞灰处理

飞灰因含有高浸出浓度的重金属和高毒性当量的二噁英等而被列入《国家危险废物名录》（HW18），HW18 第一项就是生活垃圾焚烧飞灰。目前国内垃圾焚烧发电厂的飞灰一般需经固化/稳定化后才能达到入场要求。

该厂主要采用重金属离子螯合剂对飞灰中的重金属离子进行固化处理并达到国家相关排放标准。

处理流程：飞灰经飞灰输送系统输送至灰仓，经飞灰称重斗进入混炼机与螯合剂进行搅拌混炼，然后输送至飞灰暂存间。

二、垃圾焚烧过程中二噁英的产生与治理

已被证实的垃圾焚烧过程中二噁英产生的主要途径有 4 条。因为固体废物焚烧过程中二噁英的形成具有复杂性，其产生机理目前尚不完全清楚。

1. 垃圾焚烧过程中二噁英的产生

1）生活垃圾中存在的二噁英：生活垃圾产生的途径不同，垃圾成分复杂，有的垃圾产生过程中会生成二噁英，有文献显示生活垃圾中含有二噁英 0.03～0.1 ngTEQ/kg，这部分二噁英在高温焚烧阶段不能彻底分解，将进入后部烟气中。

2）高温气相生成的二噁英：在 500～800℃高温下，气相中氯苯、氯酚等前驱物反应生成二噁英。

3）前驱物合成二噁英：在 250～650℃温度下，多环芳烃（PAH）、氯酚等前驱物在催化剂（铜、铁氯化物等）作用下合成二噁英。

4）低温从头合成二噁英：在 250～400℃温度下，碳源、氯源、氧源等物质，在催化剂（铜、铁氯化物等）作用下合成二噁英。

2. 垃圾焚烧二噁英的控制措施

1）抑制二噁英的产生：安排人员抽查入厂垃圾，禁止含铜、铁较多的工业和生活垃圾进入垃圾池；控制入炉垃圾品质，不允许将大件铜、铁制品送入炉内燃烧，以减少二噁英在尾部烟道内再生成所需要的催化剂。

2）控制垃圾在炉排上的燃烧：垃圾均衡进料，炉排上垃圾厚度均匀，燃烧稳定；减少炉排翻动次数可以减少烟气中的飞灰量，有利于减少二噁英的高温气相生成。

3）省煤器清灰：检修期间彻底清除水平烟道受热面、烟道底部、烟道出口变径处的积灰；运行期间激波清灰、振打清灰、蒸汽清灰运行正常；省煤器出口温度不宜超过 220℃。

4）控制“3T+E”：焚烧温度（temperature）大于 850℃，烟气在炉膛内停留时间（time）大于 2 s，湍流（turbulence）适当，过量空气量（excessive）为 6%～8%；垃圾热值在设计范围内，过低时投入辅助燃烧器，过高时减少入炉垃圾量；烟气量在设计范围内；检修期间炉膛内壁清焦彻底，一、二次风各进风口结焦清理，更换变形、磨损的风口，运行时一、二次风分配合理；过量空气量控制在 6%～8%范围内，依据一氧化碳的浓度调节氧量。炉膛内温度场、烟气流场、氧量分布均衡，是整个炉膛内实现“3T+E”的前提。烟气中的二噁英含量可以降到 2～7 ngTEQ/m^3。

3. 活性炭喷射吸附＋袋式过滤器组合工艺

1）活性炭投加：活性炭每次入厂检测吸附碘值、颗粒度，质量不合格的不予接收；安装活性炭在线计量装置，每吨垃圾活性炭投加量不低于 0.3 kg；定期检查活性炭喷枪，更换磨损的喷头，保证活性炭在烟气内喷洒均匀。

2）布袋除尘器：布袋除尘器及滤袋严密不泄漏是关键，采购质量好的滤袋，滤袋使用年限不宜超过 5 年；布袋除尘器定期清灰，保持压差稳定，定期查漏，更换泄漏的滤袋；采用活性炭+布袋除尘器，二噁英脱除率可达 98%。

3）催化分解：SCR 脱硝催化剂在一定条件下有一定的分解气相二噁英的功能；SCR 脱硝运行工况稳定，催化剂也会吸附固态二噁英，但在运行工况（烟气压力、流速变化）波动时吸附的二噁英会再次释放。

习　题

1　解释空气过剩系数、空燃比。

2　简述燃料完全燃烧的条件有哪些？“3T”指的是什么？

3　空燃比对燃烧过程形成的污染物种类和总量有什么影响？

4　已知某种无烟煤的收到基水分含量为 5.0%，干燥基灰分含量为 26%，干燥无灰基元素分析结果如下：C：91.7%；H：3.8%；O：2.2%；N：1.3%；S：1.0%。试求该种煤的收到基组成和干燥基组成。

5　已知重油成分分析结果（质量分数）如下：C：85.5%；H：11.3%；O：2.0%；N：0.2%；S：1.0%。试计算：（1）燃油 1 kg 所需的理论空气量和产生的理论烟气量；（2）干烟气中 SO_2 的浓度和 CO_2 的最大浓度；（3）当空气的过剩量为 10%时，所需的空气量及产生的烟气量。

6　普通煤的成分分析结果（质量分数）如下：C：65.7%；灰分：18.1%；S：1.7%；H：3.2%；水分：9.0%；O：2.3%；含 N 量不计。（1）计算燃煤 1 kg 所需要的理论空气量和 SO_2 在烟气中的浓度（以 10^{-6} 计）；（2）假定烟尘的排放因子为 80%，计算烟气中灰分的浓度（以 mg/m^3 表示）；（3）假定用流化床燃烧技术加石灰石脱硫，石灰石中含 Ca 35%，当 Ca/S 为 1.7（摩尔比）时，计算燃煤 1 t 需加石灰石的量。

7　煤的成分分析结果（质量分数）如下：S：0.6%；H：3.7%；C：79.5%；N：0.9%；O：4.7%；灰分：10.6%。在空气过剩 20%条件下完全燃烧，计算烟气中 SO_2 的浓度。

8　某锅炉燃用煤气的成分分析结果（质量分数）如下：H_2S：0.2%；CO_2：5%；O_2：0.2%；CO：28.5%；H_2：13.0%；CH_4：0.7%；N_2：52.4%。空气含湿量（标态）为 12 g/m^3，α=1.2，试求实际需要空气量和燃烧时产生的实际烟气量。

9　干烟道气的组成（体积分数）为：CO_2：11%；O_2：8%；CO：2%；SO_2：120×10^{-6}；

颗粒物：30.0 g/m^3（测定状态下）。烟道气流流量在 700 mmHg 和 443 K 条件下为 5 663.37 m^3/min，水汽含量 8%（体积分数）。试计算：（1）过量空气量（%）；（2）SO_2的排放浓度（μg/m^3）；（3）在标准状态下（1 atm 和 273 K）干烟道气的体积；（4）在标准状态下颗粒物的浓度。

10　煤炭的成分分析结果（质量分数）如下：氢：5.0%；碳：75.8%；氮：1.5%；硫：1.6%；氧：7.4%；灰分：8.7%。燃烧条件为空气过量 20%，空气的湿度为 0.011 6 mol（H_2O）/mol（干空气），并假定完全燃烧，试计算烟气的组成。

11　燃料油的成分组成（质量分数）为：C：86%，H：14%。在干空气下燃烧，烟气分析结果（基于干烟气）为：O_2：1.5%；CO：600×10^{-6}（体积分数）。试计算燃烧过程的空气过剩系数。

12　某车间内同时有 SO_2和 CO 散发。SO_2散发量为 500 mg/s，CO 散发量为 140 mg/s。车间内 SO_2允许浓度为 15 mg/m^3，CO 允许浓度为 30 mg/m^3。试计算该车间所需的全部换气量。

第三章　大气稳定度

本章主要介绍与大气污染传输和扩散有关的大气圈层结构、气象要素、大气的热对流、大气的运动和风场。

第一节　大气圈及其基本结构

一、大气圈垂直结构

大气是指包围在地球外围的空气层。大气圈是地球表面到 1 400 km 的高空。之外就是宇宙空间了。

大气圈的总质量约为 5.3×10^{15} t，只占地球总质量的百万分之一。大气质量在垂直方向上的分布是不均匀的，由于受重力的影响，大气质量主要集中在下部，越往高空，空气就越稀薄，90%的大气质量集中在地面以上 30 km 以下，所以大气并不是无限的。

根据大气在垂直方向上温度、化学成分、荷电等物理性质的差异，同时考虑大气的垂直运动状况，将大气分为五层，即对流层、平流层、中间层、暖层、散逸层。如图 3-1 所示。

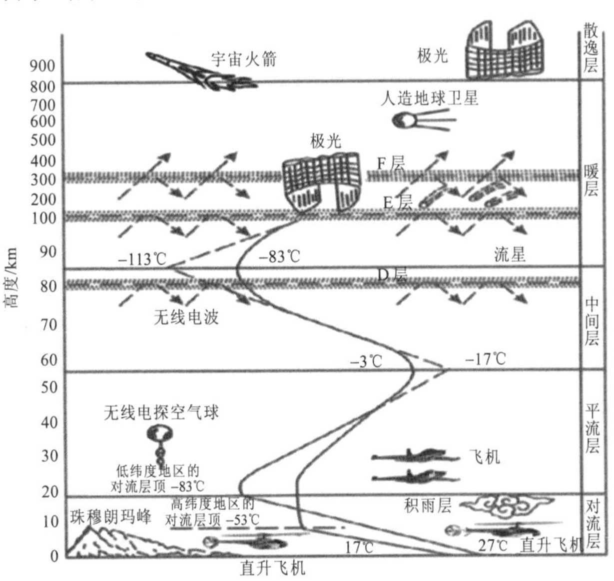

图 3-1　大气垂直方向的分层

（1）对流层

大气的最低层，底界是地面，其厚度随纬度和季节变化。在赤道低纬度地区厚度为 17～18 km，在中纬度地区为 10～12 km，两极附近高纬度地区为 8～9 km（平均厚度为 12 km）；夏季较厚，冬季较薄。整个大气圈质量有 80%～90%集聚在这一层。

从地面到 100 m 左右的一层又称近地层。地面以上厚度 1 km 多（1～2 km）的大气称为大气边界层。大气边界层以上称为自由大气。

对流层有以下特点：

1）温度变化大，气温随高度增加而下降，上冷下热，下降速率为 0.65℃/100 m。

2）空气具有强大的对流运动。主要是由下垫面受热不均及其本身特性不同造成的。

3）温度和湿度的水平分布不均匀。

4）存在极其复杂的气象条件，形成云、雾、雨、雪、雹、霜、露等一系列天气现象。

大气污染主要也是在这一层发生，该层与人类关系最密切，是我们进行研究的主要对象。不同地表面处的低层空气的温度也千差万别，从而形成了垂直和水平方向的对流。这是对流层的一个重要特性。

（2）平流层

平流层指对流层顶到约 55 km 的大气层，其厚度约为 38 km。35～40 km 的一层称为同温层，气温几乎不随高度变化，为 –55℃。该层集中了地球大气中大部分的臭氧，并在 20～25 km 高度上达到最大值，形成臭氧层，而臭氧能强烈吸收太阳的紫外线（200～300 nm）能量，从而使臭氧层气温随高度的增加而上升。40～55 km 为逆温层，温度由 –55℃上升到 –3℃。

平流层有以下特点：

1）平流层内的空气主要做水平运动，对流十分微弱，几乎没有水蒸气和尘埃，所以大气透明度好，极少出现狂风暴雨等现象，是超音速飞机飞行的理想场所。

2）气温随高度增加而上升。

3）污染物停留时间长。大气污染物进入平流层后，一般难以消除，会较长时间地存在。

（3）中间层

中间层为从平流层顶到 85 km 高度的大气层，其厚度约为 30 km。由于该层缺少加热机制，气温随高度增加而下降，中间层顶温度降至 –83～–113℃。

中间层有以下特点：

1）气温随高度增加而下降。

2）垂直对流运动强烈。

（4）热成层

又称暖层或电离层（85～800 km）。上界达 800 km，厚度约为 715 km。该层的下部基本上由分子氮组成，上部由原子氧组成。在太阳辐射的作用下，大部分气体分子发生电离，而且有较高密度的带电离子的稠密带，称为电离层。电离层能将电磁波反射回地球，对全球性的无线电通信有重大意义。电离后的氧能强烈地吸收太阳的短波辐射，温度随高度增加而迅速增加。本层会出现独特的极光现象。

热成层有以下特点：

1）温度随高度增加而迅速升高。

2）存在大量的离子和电子。

（5）散逸层

大气圈的最外层，高度在 800 km 以上，厚度有 600 km。在太阳紫外线和宇宙射线的作用下，大部分分子发生电离。空气极为稀薄，地心引力减弱，气体及微粒之间很少相互碰撞，很容易被碰出地球重力场而向太空散逸。

散逸层有以下特点：

1）温度随高度增加而升高。

2）地心引力小，气体分子易逃逸，故空气稀薄。

二、主要气象要素

表示大气状态的物理量和物理现象，通称为气象要素。气象要素主要有气温、气压、气湿、风向、风速、云况、能见度等。这些气象要素都是从观测中直接获得的。

（一）气温

气象上讲的地面气温一般是指距地面 1.5 m 高度处在百叶箱中观测到的空气温度。

单位一般用摄氏度（℃）或热力学温度（K）表示，℃、K 和℉（华氏度）之间的关系为

$$\begin{cases} ℃ = \dfrac{5}{9}(℉ - 32) \\ K = ℃ + 273.15 \\ ℉ = \dfrac{9}{5}℃ + 32 \end{cases} \tag{3-1}$$

（二）气压

气压指单位面积上所承受的大气柱重量。

气压即大气的压强。气象上常用的气压单位是毫巴（mbar），其与其他气压单位的关系为

$$1\ \text{atm}=101\ 326\ \text{Pa}=1\ 013.26\ \text{mbar}=760\ \text{mmHg} \tag{3-2}$$

气压与高度的关系为

$$\ln\frac{P_2}{P_1}=-\frac{g}{R_d T_m}(z_2-z_1) \tag{3-3}$$

式中：P_1、P_2——分别为气层 1 和气层 2 的气压，Pa；

g——重力加速度，m/s^2；

z_1、z_2——分别为气层 1 和气层 2 的高度，m；

R_d——干空气气体常数，287.1J/（kg·K）；

T_m——z_1 到 z_2 之间的平均温度，K。

（三）气湿

空气的湿度简称气湿，反映了空气中的水汽含量和空气的潮湿程度。常用的表示方法有绝对湿度、水汽压力、相对湿度、含湿量、饱和气压、露点等。

（1）绝对湿度

单位体积（1 m^3）的湿空气中含有水汽的质量（kg）。由理想气体状态方程可得到：

$$\rho_w=\frac{P_w}{R_w T} \tag{3-4}$$

式中：ρ_w——空气绝对湿度，kg/m^3（湿空气）；

P_w——水蒸气分压，Pa；

R_w——水汽气体常数，461.4J/（kg·K）；

T——空气温度，K。

（2）相对湿度

空气的绝对湿度 ρ_w 与同温度下饱和空气的绝对湿度 ρ_v 之比，等于空气的水汽分压 P_w 与同温度下饱和空气的水汽分压 P_v 之比。

（3）含湿量

湿空气中 1 kg 干空气所包含的水汽质量（kg），气象中也称为比湿。等于水汽质量（kg）除以干空气质量（kg）。

$$d=0.622\times\frac{\varphi P_v}{P-P_v} \tag{3-5}$$

式中：d——含湿量，kg（水汽）/kg（干空气）；

P_v——水汽饱和蒸气压，Pa；

φ——相对湿度，%；

P——湿空气总压，Pa。

例题 3-1　已知大气压力 p=101 325 Pa，气温 t=28℃，空气相对湿度 φ =70%，确定空气的含湿量、水汽体积分数。

解：由附录四查得，t=28℃时，水汽饱和蒸气压 P_v=3.746 5 kPa=3 746.5 Pa，由式（3-5）求得空气含湿量：

$$d = 0.622 \times \frac{0.7 \times 3\,746.5}{101\,325 - 3\,746.5} = 0.016\,5 \text{ kg（水汽）/kg（干空气）}$$

由式 d=$0.804 \times \dfrac{\varphi P_v}{P - P_v}$ 得饱和湿含量：

$$d_0 = 0.804 \times \frac{0.7 \times 3\,746.5}{101\,325 - 3\,746.5} = 0.021\,4 \text{ kg（水汽）/m}^3\text{（干空气）}$$

由式 $y_w = \dfrac{\varphi P_v}{P} = \dfrac{d\rho_{Nd}}{0.804 + d\rho_{Nd}}$ 得水汽体积分数：

$$y_w = \frac{0.7 \times 3\,746.5}{101\,325} = 0.025\,9 = 2.59\%$$

或

$$y_w = \frac{0.021\,4}{0.804 + 0.021\,4} = 0.025\,9 = 2.59\%$$

其中 ρ_{Nd} 为标准状态下的空气密度。

（四）风向和风速

风的形成：风主要由气压的水平分布不均而引起，而气压的水平分布不均是由温度分布不均造成的。

风的形成除有热力原因外，还有动力原因，自然界的风是这两种原因综合作用的结果，只要有温差存在，空气就不会停止运动。

气象上把水平方向的空气运动称为风。风是一个矢量，具有大小和方向。风向是指风的来向。水平运动的风，用 16 个方向表示（图 3-2）。例如，风从东方来称为东风。

风速（u）是指单位时间内空气在水平方向运动的距离，单位用 m/s 或 km/h 表示。

$$u \approx 3.02\sqrt{F^3} \tag{3-6}$$

式中，F——风力等级，包括 1～12 级。

通常气象台站测定的风向、风速，都是指一定时间（如 2 min 或 10 min）的平均值。有时也需要测定瞬时风向、瞬时风速。风向风速仪见图 3-3。

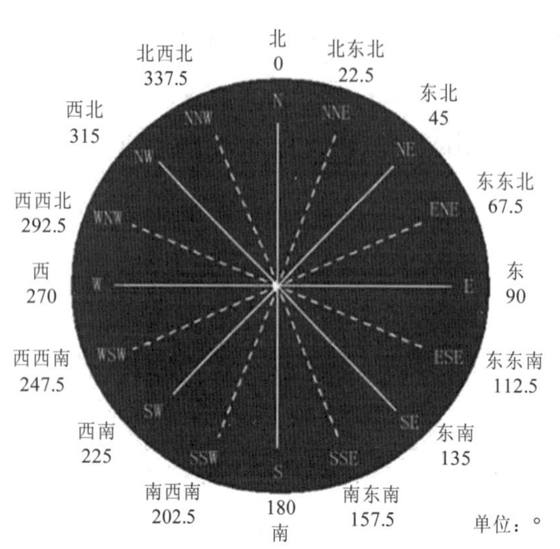

图 3-2　风向的十六方位

图 3-3　风向风速仪

（五）云况

云是大气中的水汽凝结现象，它是由飘浮在空中的大量小水滴、小冰晶或两者的混合物构成的。云的生成、外形特征、量的多少、分布及演变，不仅反映了当时大气的运动状态，而且预示着天气演变的趋势。

云量是指云遮蔽天空的成数。我国将天空分为 10 等份，云遮蔽了天空的等分数与 10 的比值，称为云量。国外云量与我国云量的换算关系为：

$$国外云量 \times 1.25 = 我国云量$$

云高是云底距地面的高度：

低云（2 500 m 以下）

中云（2 500～5 000 m）

高云（5 000 m 以上）

云状分卷云（线）、积云（块）、层云（面）、雨层云（无定形）。

（六）能见度

能见度是指视力正常的人在当时的天气条件下，能够从天空背景中看到或辨认出目标物（黑色、大小适度）的最低水平距离，单位为 m 或 km。能见度表示大气清洁、透明的程度。观测值通常分为 10 级。

表 3-1　能见度级数与白日视程

能见度	白日视程/m
0	＜50
1	50～200
2	200～500
3	500～1 000
4	1 000～2 000
5	2 000～4 000
6	4 000～10 000
7	10 000～20 000
8	20 000～50 000
9	＞50 000

第二节　大气的热对流过程

一、太阳、大气和地面的热交换

太阳是一个炽热的球形体，表面温度约为 5 727℃，不断以电磁波方式向外辐射能量。过程为太阳（热核辐射波长 0.15～4 μm）→地面吸收（以 3～120 μm 波长向大气辐射）→大气（水汽、二氧化碳等温室气体吸收长波辐射能力很强）。而且，地面发射的长波辐射被近地面 40～50 m 厚的气层全部吸收，然后又以热辐射的方式传给上部气层，地面的热量就这样以长波辐射方式一层一层地向上传递，致使大气自下而上增热，从而使大气层之间产生热对流运动。

二、气温的垂直变化

1. 大气的绝热过程与泊松方程

大气的升降运动总是伴有不同形式的能量交换。如果大气中某一空气块做垂直运动时与周围空气不发生热量交换，则将这样的状态变化过程称为大气的绝热过程。

一般可以将没有水相变化的空气块的垂直运动近似地看作绝热过程。

由热力学第一定律和理想气体状态方程，可以推导出描述大气热力过程的微分方程。

泊松方程为

$$\frac{T}{T_0}=\left(\frac{P}{P_0}\right)^{R/C_P}=\left(\frac{P}{P_0}\right)^{0.288} \tag{3-7}$$

式中：T_0、T——分别为气块升降前后的温度，K；

P_0、P——分别为气块升降前后的压强，10^2 Pa；

C_p——干空气定压比热，C_p=1 005 J/（kg·K）；

R——干空气的气体常数，J/（kg·K）。

2. 干绝热直减率

干空气块（包括未饱和的湿空气块）绝热上升或下降单位高度（通常取 100 m）时温度降低或升高的数值，称为干空气块温度绝热垂直递减率，简称干绝热直减率，以γ_d表示。其定义式为

$$\gamma_d = -\left(\frac{dT_i}{dz}\right)_d = \frac{g}{C_p} \tag{3-8}$$

式中：g——重力加速度，9.81 m/s^2；

i——空气块；

d——干空气。

$\gamma_d \approx 0.98$ K/100 m，通常取$\gamma_d \approx 1$ K/100 m，它表示干空气块（或未饱和的湿空气块）每升高（或下降）100 m，温度降低（或升高）约 1 K。

3. 气温的垂直分布

气温随高度的变化特征可以用气温垂直递减率$\gamma = -\partial T / \partial z$来表示，简称气温直减率。它是指单位（通常取 100 m）高差气温变化率的负值。若气温随高度增加是递减的，γ 为正值，反之γ 为负值。

$$\gamma = -\frac{\partial T}{\partial z} \begin{cases} \gamma > 0, & \text{正常分布层结} \\ \gamma = \gamma_d, & \text{中性层结（干绝热直减率）} \\ \gamma = 0, & \text{等温层结} \\ \gamma < 0, & \text{逆温层结} \end{cases}$$

大气中的温度层结有四种类型：

1）气温随高度增加而递减，即$\gamma > 0$，称为正常分布层结或递减层结（图 3-4 曲线 1）。

2）气温直减率等于或近似等于干绝热直减率，即$\gamma = \gamma_d$，称为中性层结（图 3-4 曲线 2）。

3）气温不随高度变化，即$\gamma = 0$，称为等温层结（图 3-4 曲线 3）。

4）气温随高度增加而增加，即$\gamma < 0$，称为气温逆转层结，简称逆温层结（图 3-4 曲线 4）。

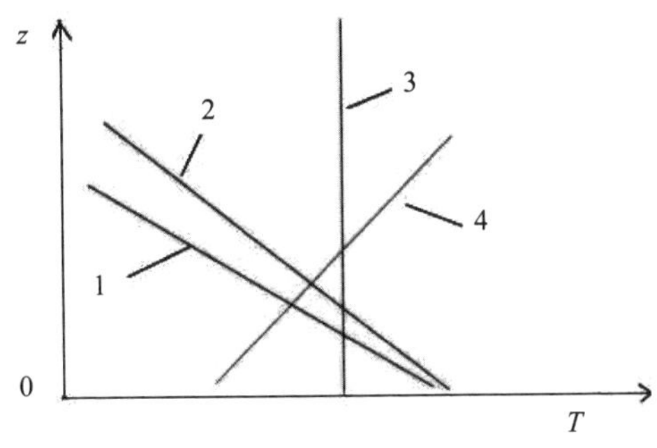

图 3-4　温度层结曲线

三、大气稳定度

1. 大气稳定度的概念

大气在垂直方向上稳定的程度，反映其是否容易对流。

外力使气块上升或下降

气块去掉外力 $\begin{cases} \text{气块减速，有返回趋势，稳定} \\ \text{气块加速上升或下降，不稳定} \\ \text{气块停在外力去掉处，中性} \end{cases}$

不稳定条件下有利于扩散。

2. 大气稳定度的判别

根据牛顿第二定律和准静力条件及理想气体状态方程，得

$$a = g\frac{\gamma - \gamma_d}{T}\Delta z \tag{3-9}$$

式中：a——气团运动加速度，m^2/s。

判据：

混合层←	$\gamma - \gamma_d > 0$，	$a > 0$	不稳定
	$\gamma - \gamma_d < 0$，	$a < 0$	稳定
中性层←	$\gamma - \gamma_d = 0$，	$a = 0$	中性
稳定层←	$\gamma < 0$，	$a < 0$	逆温，非常稳定

（$\gamma - \gamma_d$）的正负决定了气块加速度与其位移的方向是否一致，也就决定了大气是否稳定。稳定条件常出现在晴天日落后至翌日日出前；中性条件常出现在阴天和大风时；不稳定条件常出现在晴天中午。

四、逆温

$\gamma < r_d < 0$，气温随高度增加而增加。逆温层是一种强稳定大气层，又称阻挡层，某一高度上的逆温层像一个盖子一样阻碍着气流的垂直运动。由于污染的空气不能穿过逆温层，而只能在其下面积聚或扩散，所以可能造成严重污染。空气污染事件多数发生在存在逆温层和静风条件下，因此对逆温应予以足够重视。

1. 逆温层的定义

大气温度层结一般是$\gamma>0$，即气温随高度增加是递减的。但在特定条件下也会发生$\gamma=0$或$\gamma<0$的现象，即气温随高度增加而不变或增加。一般将气温随高度增加而增加的气层称为逆温层。逆温既可发生在近地层中，也可发生在较高气层（自由大气）中（图 3-5）。

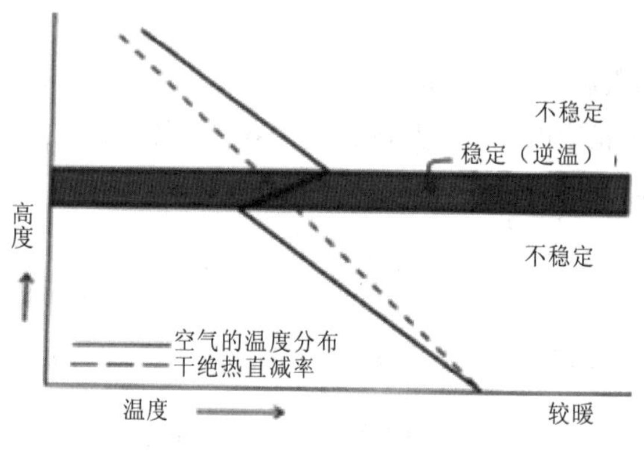

图 3-5　逆温示意图

2. 逆温的分类

根据逆温生成的过程，可将逆温分为辐射逆温、下沉层逆温、平流逆温、湍流逆温及锋面逆温等 5 种。

（1）辐射逆温

太阳→地球：短波 ⎫
地球→大气层：长波 ⎭ 大气吸收长波强

辐射逆温的特征为：地面白天增温，大气自下而上变暖；地面夜间变冷，大气自下而上冷却。晴空无云（或少云）的夜晚，风速较小（小于 3 m/s）时，易发生辐射逆温（图 3-6）。

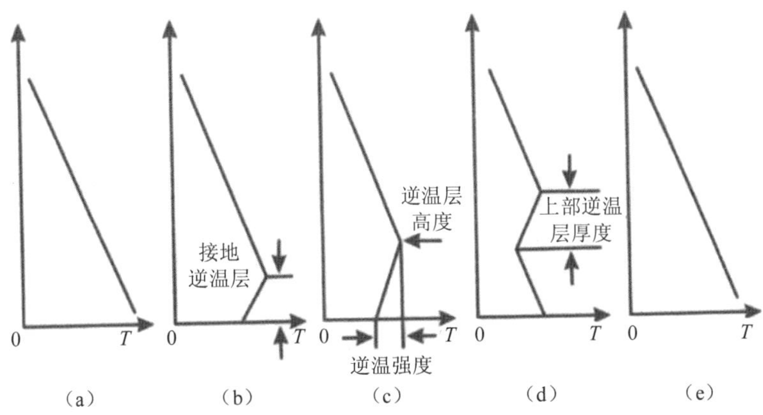

图 3-6 辐射逆温的生消过程

(2) 下沉层逆温

某一厚度为 h 的气层 $ABCD$ 下沉时，由于低空气压增大及气层向水平方向扩散，气层被压缩成 $A'B'C'D'$，厚度减小为 h'（$<h$）。这样气层顶部 CD 比底层 AB 下降距离大（$H>H'$），因而气层顶部增温比底部多，形成逆温，多发生在高压控制区的高空大气中，范围广，厚度可达数百米。如图 3-7 所示。

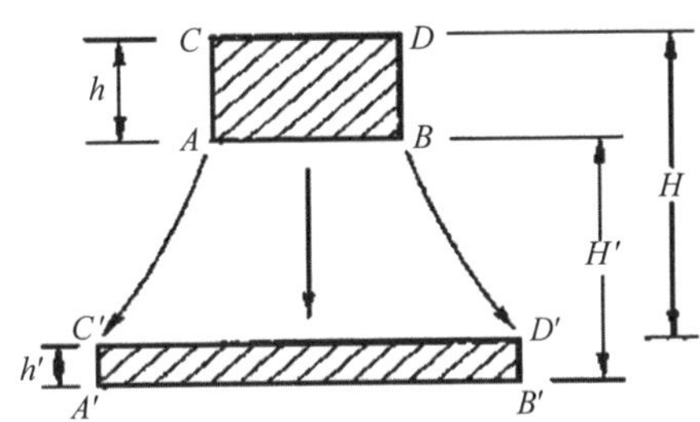

图 3-7 下沉逆温示意图

(3) 平流逆温

暖空气平流到冷地面上，下部降温而形成。暖空气与地面温差越大，逆温越强。

(4) 湍流逆温

$\gamma<\gamma_d$→下层湍流混合→上层出现过渡层→逆温（图 3-8）。AB 线是气层在湍流混合前的气温分布（$\gamma<\gamma_d$），低层空气经湍流混合后形成混合层，其温度分布接近干绝热直减率（γ_d），如图 3-8 中 CD 线。但在混合层以上不受影响的空气层与混合层之间出现了一个过渡层 DE 段，即为逆温层。湍流逆温层厚约为几十米。

(5) 锋面逆温

冷、暖气团相遇→暖气上爬到冷空气团上面，形成一个倾斜的过渡区，即为锋面，冷暖空气温差很大，即可形成锋面逆温（图 3-9）。

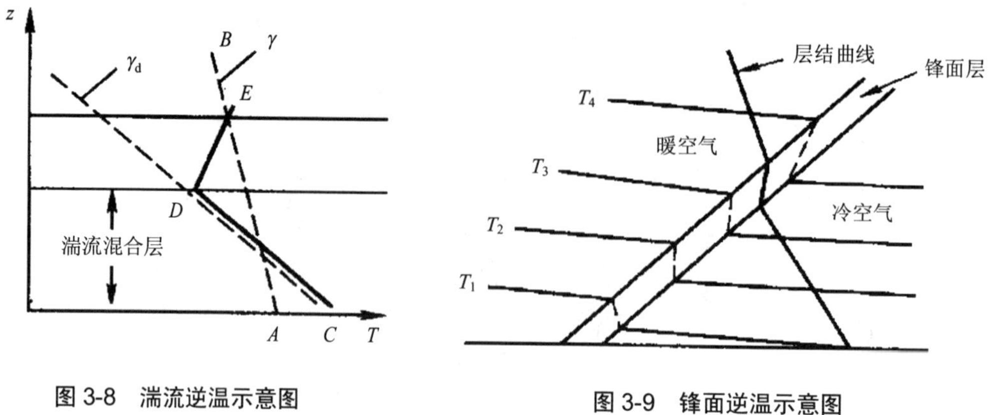

图 3-8 湍流逆温示意图

图 3-9 锋面逆温示意图

在实际大气层中出现的逆温，一般由多种因素共同形成，必须进行具体分析。

五、烟流形状与大气稳定度的关系

烟流扩散的形状与大气稳定度有密切关系，大气稳定度不同，高架点源烟流扩散形状和特点不同，造成的污染状况差别很大。共有 5 种典型的烟流形状。

（1）波浪形

特点：烟云上下摆动很大（图 3-10）。

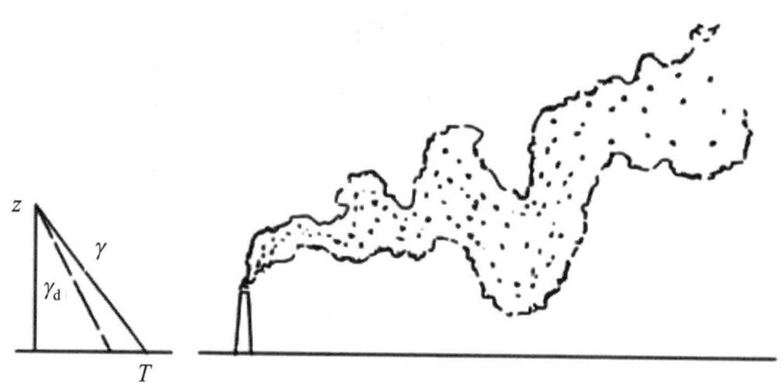

图 3-10 波浪形

大气状况：$\gamma>0$，$\gamma>\gamma_d$，大气处于不稳定状态，对流强烈。

发生条件：多出现于太阳光照较强的晴朗中午。

与湍流的关系：伴随较强的热扩散；微风。

地面污染状况：由于扩散速度快，靠近污染源地区污染物落地浓度高，对附近居民有害，一般不会造成烟雾事件。

（2）锥形

特点：烟云离开排放口一定距离后，云轴仍基本保持水平，外形似一个椭圆锥。烟云比波浪形规则，扩散能力比它弱（图 3-11）。

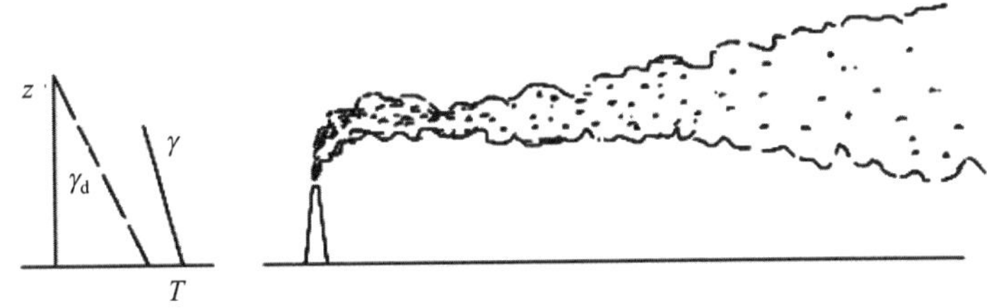

图 3-11　锥形

大气状况：$\gamma>0$ 或$\gamma=\gamma_d$，大气处于中性和弱稳定状态。

发生条件：多出现于多云或阴天的白天、强风的夜晚或冬季夜间。

与湍流的关系：高空风较大，扩散主要靠热和动力因子的作用。

地面污染状况：污染物输送得较远。

（3）扇形（长带形）

特点：烟云在垂直方向上扩散速度很小，在水平方向有缓慢扩散（图 3-12）。

大气状况：$r<0$，$r<r_d$，出现逆温层，大气处于稳定状态。

发生条件：多出现于弱晴朗的夜晚和早晨。

与湍流的关系：微风，几乎无湍流发生。

地面污染状况：污染物可传送到较远的地方，遇山或高大建筑物阻挡时，污染物不易扩散，在逆温层的污染物浓度较大。

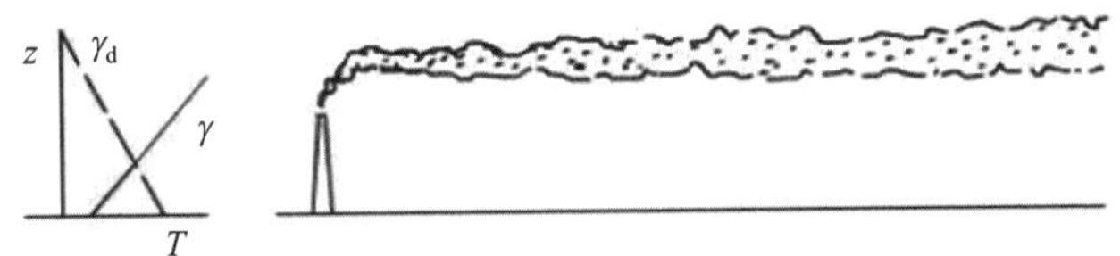

图 3-12　扇形

（4）爬升型（上扬型）

特点：烟云的下侧边缘清晰，呈平直状，而其上部出现湍流扩散（图 3-13）。

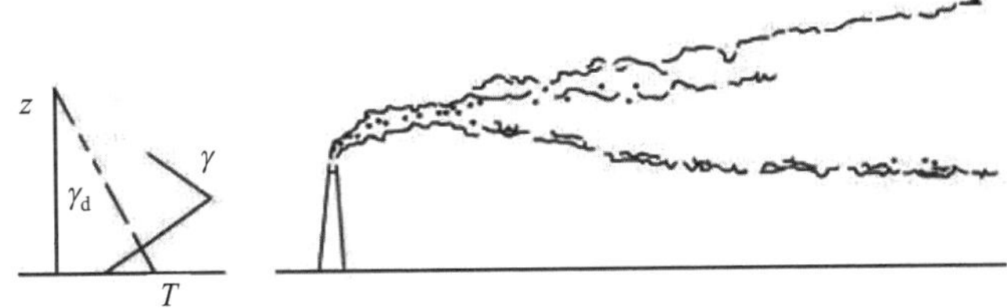

图 3-13　爬升型

大气状况：排出口上方，$\gamma>0$ 或 $\gamma>\gamma_d$，大气处于不稳定状态；排出口下方，$\gamma<0$，$\gamma<\gamma_d$，大气处于稳定状态。

发生条件：多出现于日落后，因地面有辐射逆温，大气稳定。高空受冷空气影响，大气不稳定。

与湍流的关系：排出口上方有微风，伴有湍流；排出口下方几乎无风，无湍流。

地面污染状况：如烟囱高度处于不稳定层时，烟气中的污染物不向下扩散，只向上方扩散，这种烟型对地面影响较轻。

（5）漫烟型（熏烟型）

特点：与爬升型相反，烟云的上侧边缘清晰，呈平直状，而其下部出现较强的湍流扩散，烟云上方有逆温层，从烟囱排出的烟云上升到一定程度就受到逆温层的控制（图 3-14）。

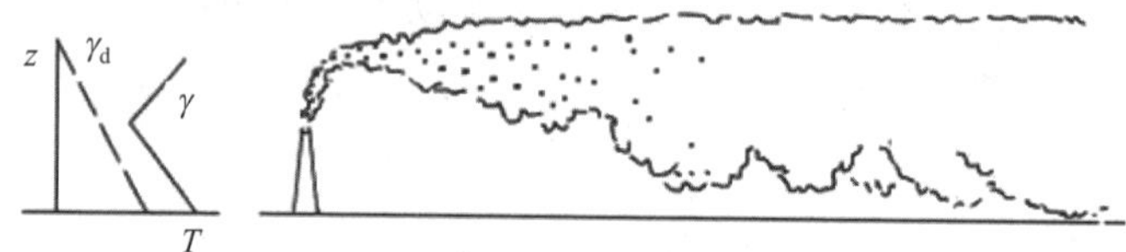

图 3-14　漫烟型

大气状况：排出口上方，$\gamma<0$，$\gamma<\gamma_d$，大气处于稳定状态；排出口下方，$\gamma>0$，$\gamma>\gamma_d$，大气处于不稳定状态。

发生条件：日出后，地面低层空气被日照加热使逆温自下而上逐渐破坏，但上部仍保持逆温。

与湍流的关系：烟云的下部有明显的热扩散，烟云的上部热扩散很弱，风在烟云之间流动。

地面污染状况：当烟囱高度不能超过上部稳定气层时，烟云就好像被盖子盖住，只能向下部扩散，像熏烟一样直扑地面。在污染源附近污染物的浓度很高，地面污染严重，这是最不利于扩散和稀释的气象条件。

第三节　大气的运动和风场

一、引起大气运动的作用力

大气的运动是在各种力的作用下产生的，包括气压梯度力、重力、地转偏心力、摩擦力（即黏滞力）和惯性离心力。这些力之间的不同结合，构成了不同形式的大气运动和风。

二、大气边界层中风随高度的变化

爱克曼（Ekman）螺旋线：在大气边界层中，风速受到的摩擦力随高度而减小，受到的气压梯度力不随高度而变化，故风向与等压线的交角随高度而减小。把边界层中风矢量图投影到同一水平面上，并将矢量顶点连接成矢量迹线，即为爱克曼螺旋线（北半球下视，地转偏心力指向运动右方，故呈顺时针；南半球则相反）。高度增高，风速增大，方向逐渐接近地转风。

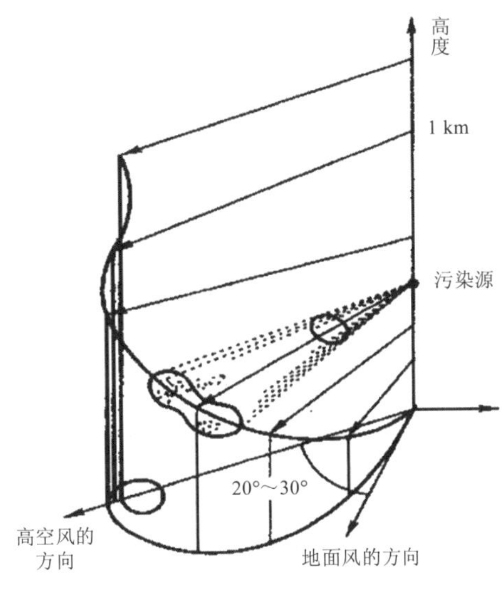

图 3-15　爱克曼螺旋线

三、近地层风速廓线模式

平均风速随高度的变化曲线称为风速廓线，其数学表达式称为风速廓线模式。近地层的风速廓线模式有多种，下面介绍两种根据湍流半经验理论推导出的模式。

1. 对数律风速廓线模式

$$\bar{u}=\frac{u^*}{k}\ln\frac{Z}{Z_0} \tag{3-10}$$

式中：$\bar{u}$——高度 Z 处的平均风速，m/s；

u^*——摩擦速度，m/s；

k——卡门（Karman）常数，常取 0.4；

Z——离地面高度，m；

Z_0——地面粗糙度，m。

在近地层（从地面到 50～100 m 的一层）中性层结（气温直减率γ=γ_d=1 K/100 m，即

a=0，大气是中性的）条件下应用对数律风速廓线模式的精度较高，但在非中性层结（$\gamma>\gamma_d$、$a>0$ 的递减层结，即大气不稳定层结；$\gamma<\gamma_d<0$、$a<0$ 的逆温层，即大气稳定层结；$\gamma=0$ 的等温层结）条件下应用此模式，将会产生较大误差。

表 3-2 有代表性的地面粗糙度

地面类型	Z_0/cm	有代表性的 Z_0/cm
草原	1～10	3
农作物地区	10～30	10
村落、分散的树林	20～100	30
分散的大楼（城市）	100～400	100
密集的大楼（大城市）	400	>300

2. 指数律风速廓线模式

实测资料分析表明，非中性层结时的风速廓线可以用指数律模式描述：

$$\bar{u}=\bar{u}_1\left(\frac{Z}{Z_1}\right)^m \tag{3-11}$$

式中：$\bar{u}_1$——已知高度 Z_1 处的平均风速，m/s；

m——稳定度参数。欧文（Irwin）给出了 6 种稳定度、2 种粗糙度情况下的 m 值。m 值的变化取决于温度层结和地面粗糙度，为 $0<m<1$ 的分数，层结越不稳定，m 值越小，一般实测，在高度 500 m 以下可按《制定地方大气污染物排放标准的技术方法》（GB/T 3840—91）选取，见表 3-3。

表 3-3 推荐的 m 值

稳定度		A	B	C	D	E、F
m	城市	0.10	0.15	0.20	0.25	0.30
	乡村	0.07	0.07	0.10	0.15	0.25

不同地面粗糙度地区平均风速随高度的变化见图 3-16。

一般认为在中性条件下，指数律模式不如对数律模式准确，特别是在近地层时。但指数律模式在中性条件下，能较好地应用于 300～500 m 的气层，而且在非中性条件下应用也较为准确和方便，所以在大气污染浓度估算中应用指数律模式较多。

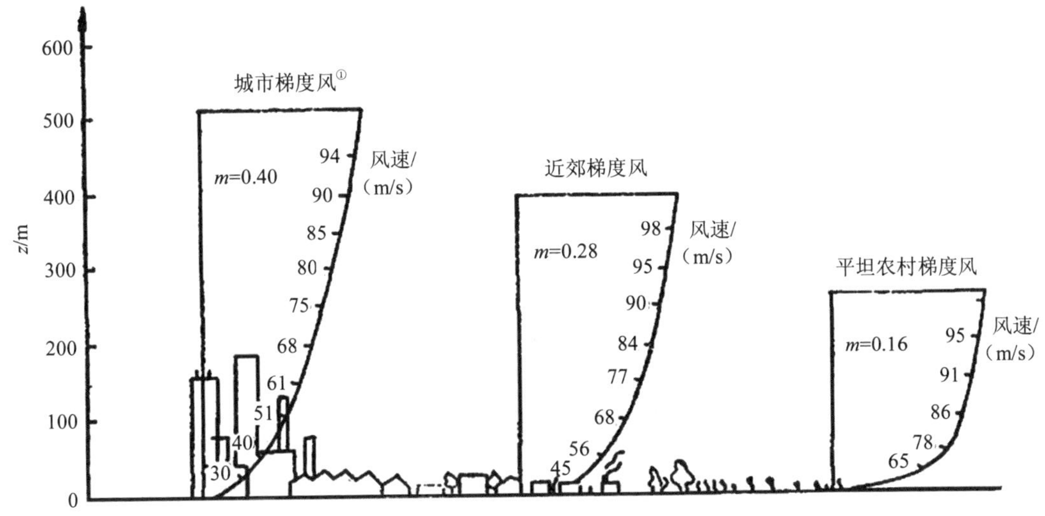

图 3-16 不同地面粗糙度地区平均风速随高度的变化

注：图中数字是占梯度风的比例；

①自由大气的圆形气压场中，当气压梯度力、地转偏向力和惯性离心力达平衡时，空气沿曲线等压线的水平等速运动，称为梯度风。

四、地方性风场

1．海陆风

海风和陆风的总称。它发生在海陆交界地带，是以 24 h 为周期的一种大气局地环流。低空白天吹海风（低温→高温流动），晚上吹陆风（图 3-17）。

2．山谷风

山风和谷风的总称。它发生在山区，是以 24 h 为周期的一种大气局地环流。白天吹谷风，低空是由谷地吹向山坡的风，高空是由山坡吹向谷地的反谷风。山风和谷风的方向是相反的，但比较稳定。在山风与谷风的转换期，风向是不稳定的，山风和谷风均有机会出现，时而山风时而谷风。这时若有大量污染物排入山谷中，由于风向的摆动，污染物不易扩散，在山谷中停留时间较长，有可能造成严重的大气污染（图 3-18）。

图 3-17 海陆风环流

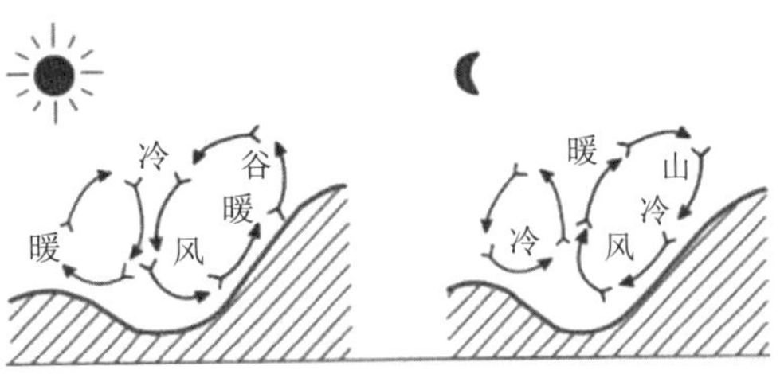

图 3-18 山谷风环流

如1930年12月比利时马斯河谷事件、1948年10月美国多诺拉烟雾事件的出现条件即为：山谷，无风，有逆温层、烟雾，工厂区有铁厂、锌厂、硫酸厂等。

3. 城市热岛环流

由城乡温度差引起的局地风。平均温差一般为0.4～1.5℃，有时可达3～4℃。由于城市温度经常比乡村高（特别是夜间），气压比乡村低，所以可以形成一种从农村吹向城市的特殊的局地风，称为城市热岛环流或城市风（图3-19）。

图3-19　城市热岛环流

这种风在市区会合就会产生上升气流，并在300～500 m高度向四周辐射。因此，若城市周围有较多排放污染物的工厂，就会使污染物在夜间向市中心输送，造成严重污染，特别是夜间城市上空有逆温存在时。

习　题

1　简述大气稳定度、能见度的概念，并进行大气稳定度的判别。

2　逆温可分为哪几种？

3　一登山运动员在山脚处测得气压为100 kPa，登山到达某高度后又测得气压为50 kPa，试问登山运动员从山脚向上爬了多少米？

4　在铁塔上观测的气温资料如下表所示，试计算各层大气的气温直减率：$\gamma_{1.5\sim10}$，$\gamma_{10\sim30}$，$\gamma_{30\sim50}$，$\gamma_{1.5\sim30}$，$\gamma_{1.5\sim50}$，并判断各层大气稳定度。

高度 Z/m	1.5	10	30	50
气温 T/K	298	297.8	297.5	297.3

5　在气压为40 kPa处，气块温度为230 K。若气块绝热下降到气压为60 kPa处，气块温度变为多少？

6　试用下列实测数据计算这一层大气的幂指数 *m* 值。

高度 *Z*/m	10	20	30	40	50
风速 *u*/（m/s）	3.0	3.5	3.9	4.2	4.5

7　某市郊区地面 10 m 高度处的风速为 2 m/s，估算 50 m、100 m、200 m、300 m、400 m 高度处在稳定度为 B、D、F 时的风速，并以高度为纵坐标、风速为横坐标作出风速廓线图。

8　一个在 30 m 高度处释放的探空气球，释放时记录的气温为 11.0℃，气压为 102.3 kPa。释放后陆续发回相应的气温和气压记录如下表所示。（1）估算每一组数据发出的高度；（2）以高度为纵坐标、气温为横坐标，作出气温廓线图；（3）判断各层大气的稳定情况。

测定位置	2	3	4	5	6	7	8	9	10
气温/℃	9.8	12.0	14.0	15.0	13.0	13.0	12.6	1.6	0.8
气压/$\times 10^2$ Pa	1 012	1 000	988	969	909	878	850	725	700

9　用测得的地面气温和一定高度的气温数据，按平均温度梯度对大气稳定度进行分类。

测定编号	1	2	3	4	5	6
地面温度/℃	21.1	21.1	15.6	25.0	30.0	25.0
高度/m	458	763	580	2 000	500	700
相应温度/℃	26.7	15.6	8.9	5.0	20.0	28.0

第四章　大气扩散污染物浓度估算

本章讲述湍流扩散理论、高斯扩散模式及污染物浓度估算（烟气抬升高度的确定及扩散参数确定）、在特殊气象条件下的扩散模式、烟囱高度的设计、厂址的选择。

大气的无规则运动称为大气湍流。风速的脉动（或涨落）和风向的摆动就是湍流作用的结果。

按照湍流形成的原因可将湍流分为两种：一是由于垂直方向温度分布不均匀引起的热力湍流，其强度主要取决于大气稳定度；二是由于垂直方向风速分布不均匀及地面粗糙度引起的机械湍流，其强度主要取决于风速梯度和地面粗糙度。实际湍流是上述两种湍流的叠加。

第一节　湍流扩散理论简介

大气扩散的基本问题，是研究湍流与烟流传播和物质浓度衰减的关系问题。目前处理这类问题有三种广泛应用的理论：①梯度输送理论；②湍流统计理论；③相似理论。

第二节　高斯扩散模式

一、高斯扩散模式的有关假设

1．坐标系

高斯扩散模式的坐标系如图 4-1 所示，其原点为排放点（无界点源或地面源）或高架源排放点在地面的投影点，x 轴正向为平均风向，y 轴在水平面上垂直于 x 轴，正向在 x 轴的左侧，z 轴垂直于水平面 xoy，向上为正向，即为右手坐标系。

2．高斯扩散模式的四点假设

大量的实验和理论研究证明，特别是对于连续源的平均烟流，其浓度分布是符合正态分布的。因此我们可以作如下假定：

①污染物浓度在 y、z 轴上的分布符合高斯分布（正态分布）；

②在全部空间中风速是均匀的、稳定的；

③源强是连续均匀的；

④在扩散过程中污染物质量是守恒的。

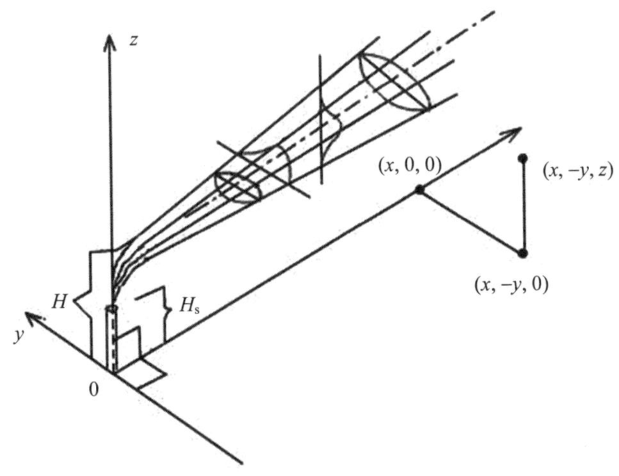

图 4-1　高斯扩散模式坐标系

二、无限空间连续点源扩散的高斯扩散模式

$$\rho(x,y,z)=\frac{Q}{2\pi\bar{u}\sigma_y\sigma_z}\exp\left[-\left(\frac{y^2}{2\sigma_y^2}+\frac{z^2}{2\sigma_z^2}\right)\right] \tag{4-1}$$

式中：σ_y，σ_z——污染物在 y、z 方向分布的标准差，m；

ρ——任一点处污染物的浓度，g/m^3；

$\bar{u}$——平均风速，m/s；

Q——源强，g/s。

三、高架连续点源扩散模式（有界空间）

实际的污染物排放源多位于地面或接近地面的大气边界层内，污染物在大气中的扩散必然会受到地面的影响，这种大气扩散称为有界大气扩散。所以在建立大气扩散模式时，必须考虑地面的影响。根据前述高斯扩散模式的第④点假设，污染物在扩散中质量守恒，即污染物在扩散过程既不增加也不减少。

根据无界空间点源扩散的高斯扩散模式，可以推导出高架连续点源在正态分布假设下的高斯扩散模式。

$$\rho(x,y,z,H)=\frac{Q}{2\pi\bar{u}\sigma_y\sigma_z}\exp\left(-\frac{y^2}{2\sigma_y{}^2}\right)\left\{\exp\left[-\frac{(z-H)^2}{2\sigma_z{}^2}\right]\left[+\exp[-\frac{(z+H)^2}{2\sigma_z{}^2}\right]\right\} \tag{4-2}$$

式中：σ_y，σ_z——污染物在 y、z 方向分布的标准差，m；

ρ——任一点处污染物的浓度，g/m^3；

$\bar{u}$——平均风速，m/s；

H——有效源高，m；

Q——源强，g/s。

由此模式可以求出下风向任一点的污染物浓度。下面介绍几种常用的大气扩散模式。

1．地面浓度模式

我们最关心的是地面上污染物的浓度，而不是空间任一点的污染物浓度。令 Z=0，由高架点源扩散模式，得

$$\rho(x,y,0,H)=\frac{Q}{\pi\bar{u}\sigma_y\sigma_z}\exp\left(-\frac{y^2}{2\sigma_y^2}\right)\exp\left(-\frac{H^2}{2\sigma_z{}^2}\right) \tag{4-3}$$

2．地面轴线浓度模式

地面浓度是以 x 轴对称的，轴线 x 上具有最大值，向两侧（y 方向）逐渐减小，由地面浓度模式，令 y=0 时，得到地面轴线浓度模式：

$$\rho(x,0,0,H)=\frac{Q}{\pi\bar{u}\sigma_y\sigma_z}\exp\left(-\frac{H^2}{2\sigma_z{}^2}\right) \tag{4-4}$$

3．地面最大浓度模式

$$\rho_{\max}=\frac{2Q}{\pi\bar{u}H^2\mathrm{e}}\cdot\frac{\sigma_z}{\sigma_y}\qquad \sigma_{z|x=x_{\rho_{\max}}}=\frac{H}{\sqrt{2}} \tag{4-5}$$

四、地面连续点源扩散模式

可由高架连续点源模式，令其有效源高 H=0 而得，即

$$\rho(x,y,z,0)=\frac{Q}{\pi\bar{u}\sigma_y\sigma_z}\exp\left[-\left(\frac{y^2}{2\sigma_y{}^2}+\frac{z^2}{2\sigma_z{}^2}\right)\right] \tag{4-6}$$

比较上面两式可发现，地面连续点源造成的污染物浓度恰是无界空间连续点源所造成的浓度的两倍。令 z=0，则地面源的地面浓度模式为

$$\rho(x,y,0,0)=\frac{Q}{\pi\bar{u}\sigma_x\sigma_y}\exp\left(-\frac{y^2}{2\sigma^2{}_y}\right) \tag{4-7}$$

令 $y=0$，则地面源的地面轴线浓度模式为

$$\rho(x,0,0,0)=\frac{Q}{\pi\bar{u}\sigma_x\sigma_y} \tag{4-8}$$

第三节　污染物浓度估算

一、烟气抬升高度的计算

应用大气扩散模式估算大气污染物浓度，必须解决烟云有效高度（又称有效源高）H 和扩散参数（σ_y，σ_z）的求取问题。

1. 有效源高 H 的计算

有效源高 H 是指从烟囱排放的烟云距地面的实际高度，就是烟流中心线完全水平时距地面的高度，它等于烟囱（排放筒）几何高度 H_s 与烟流抬升高度 ΔH 之和。即

$$H=H_s+\Delta H$$

对某一烟囱来说，几何高度 H_s 已定，只要能计算出烟流抬升高度 ΔH，有效源高 H 即随之确定了。从地面最大浓度模式中可以看到，最大浓度与有效源高的平方成反比。因此，正确估算有效源高，对大气环境质量控制和烟囱高度的设计具有重要意义。

2. 烟气抬升高度的计算

烟气抬升高度的确定可用实测法、经验公式和我国国家标准推荐公式。

产生烟气抬升有两方面的原因：一是烟囱出口的烟气具有一定的初始动量；二是由于烟温高于周围气温而产生一定的浮力。此外，平均风速、风速垂直切变及大气稳定度等，对烟气抬升都有影响。由于影响烟气抬升的因素多而复杂，所以至今还没有一个通用的计算公式，现在所有的经验公式或半经验公式，都有一定适用条件或局限性。下面仅介绍几种。

（1）霍兰德（Holland）公式

$$\Delta H=\frac{\upsilon_s\times D}{\bar{u}}(1.5+2.7\frac{T_s-T_a}{T_s}\times D)=\frac{1}{\bar{u}}(1.5\upsilon_s D+9.6\times10^{-3}Q_H) \tag{4-9}$$

式中：υ_s——烟气出口流速，m/s；

D——烟囱出口内径，m；

$\bar{u}$——烟囱出口处的平均风速，m/s；

T_s——烟囱出口处的烟气温度，K；

T_a——环境大气温度，K；

Q_H——烟气的热施放率，kW。

上式适用于中性大气条件。用于非中性大气条件时，霍兰德建议作以下修正：对不稳定大气，烟流抬升高度增加 10%～20%；对稳定大气，减少 10%～20%。普遍认为，霍兰德公式比较保守，特别是当烟囱热施放率高时偏差更大。

（2）我国国家标准中推荐的公式

我国的《制定地方大气污染物排放标准的技术方法》（GB/T 3840—91）中对烟气抬升计算公式作了以下规定：

①当 $Q_H \geqslant 2\,100$ kW 且 $T_s - T_a \geqslant 35$ K 时

$$\Delta H = \frac{n_0 \cdot Q_H^{n_1} \cdot H_S^{n_2}}{\bar{u}} \tag{4-10}$$

$$Q_H = 0.35 P_a Q_v \frac{\Delta T}{T_s} \tag{4-11}$$

$$\Delta T = T_s - T_a \tag{4-12}$$

式中：n_0、n_1、n_2——系数，按表 4-2 选取；

P_a——大气压力，10^2 Pa，取邻近气象站年平均值；

Q_v——实际排烟量，m^3/s。

表 4-1　系数 n_0、n_1、n_2 的值

Q_H/kW	地表状况（平原）	n_0	n_1	n_2
$Q_H \geqslant 21\,000$	农村或城市远郊区	1.427	1/3	2/3
	城区及近郊区	1.303	1/3	2/3
$2\,100 \leqslant Q_H < 21\,000$ 且 $T_s - T_a \geqslant 35$ K	农村或城市远郊区	0.332	3/5	2/5
	城区及近郊区	0.292	3/5	2/5

②当 1 700 kW＜Q_H＜2 100 kW 时

$$\Delta H = \Delta H_1 + (\Delta H_2 - \Delta H_1)\frac{Q_H - 1\,700}{400} \tag{4-13}$$

$$\Delta H_1 = \frac{1}{\bar{u}}\left[2(1.5\upsilon_s \times D + 0.01 Q_H) - 0.048(Q_H - 1\,700)\right] \tag{4-14}$$

ΔH_2 按式（4-10）计算。

③当 Q_H<1 700 kW 或 $T_s - T_a \leqslant 35$ K 时

$$\Delta H = \frac{2}{\bar{u}}(1.5\upsilon_s \times D + 0.01 Q_H) \tag{4-15}$$

④当 10 m 高处的平均风速≤1.5 m/s 时

$$\Delta H = 5.5Q_{\text{H}}^{1/4}\left(\frac{\mathrm{d}T_{\text{a}}}{\mathrm{d}z}+0.098\right)^{-3/8} \tag{4-16}$$

式中：$\mathrm{d}T_{\text{a}}/\mathrm{d}z$——排放源高度以上气温直减率，取值不得小于 0.01 K/m。

二、扩散参数的确定

扩散参数可以现场测定，方法有经验估算法、照相法、等容（平衡）气球法、示踪剂扩散法、激光雷达测烟以及定点观测风脉动标准差等。经验估算法应用最多的是 P-G 扩散曲线法，此外还有一些其他的经验估算法。

1. 帕斯奎尔扩散曲线法

应用前述的大气扩散模式估算污染物浓度时，需要确定源强 Q、平均风速 $\overline{u}$、有效源高 H、扩散参数 σ_y 和 σ_z。Q 值可由计算或实测得到，$\overline{u}$ 值可由多年风速观测资料得到，H 的计算如上所述，余下的问题仅是如何确定 σ_y 和 σ_z。帕斯奎尔（Pasquill）于 1961 年推荐了一种仅需常规气象观测资料就可估算出 σ_y 和 σ_z 的方法。吉福德（Gifford）进一步将它作成应用更方便的图表，所以这种方法又简称 P-G 曲线法。

这一方法首先根据太阳辐射情况（云量、云状和日照）和离地面 10 m 高处的风速（帕斯奎尔称其为地面风速），将大气的扩散稀释能力划分为 A～F 六个稳定度级别（表 4-2）。然后根据大量扩散实验的数据和理论上的考虑，用曲线来表示每一个稳定度级别的 σ_y 和 σ_z 随距离的变化。这样就可用前面导出的扩散模式进行浓度估算了。

表 4-2 稳定度级别划分

地面风速 $\overline{u_{10}}$（距地面 10 m 处）/（m/s）	白天太阳辐射			阴天的白天或夜间	有云的夜间	
	强	中	弱		薄云或低云 ≥5/10	云量≤4/10
<2	A	A—B	B	D	E	F
2～3	A—B	B	C	D	E	F
3～5	B	B—C	C	D	D	E
5～6	C	C	D	D	D	D
>6	C	D	D	D	D	D

2. 帕斯奎尔扩散曲线法的应用

（1）根据常规气象资料确定稳定度级别

帕斯奎尔划分稳定度级别的标准如表 4-2 所示。对该标准的几点说明如下：①稳定度级别中，A 为强不稳定，B 为不稳定，C 为弱不稳定，D 为中性，E 为较稳定，F 为稳定；②稳定度级别 A—B 表示按 A、B 级别内插；③夜间定义为日落前 1 h 至次日凌晨日出后 1 h；④无论何种天气状况，夜间前后各 1 h 定为中性（D 级）；⑤强太阳辐射对应于碧空下太阳高度角大于60°的条件；而弱太阳辐射对应于碧空下太阳高度角为15°～35°的条件。在中纬度地区，仲夏晴天中午为强太阳辐射，冬季晴天中午为弱太阳辐射。云量会减弱太阳辐射，如碧空下太阳高度角大于60°，为强辐射等级；但若有碎中云（云量6/10～9/10），为中等辐射强度；有碎低云时辐射等级定为弱；这种划分稳定度方法对开阔的乡村较为合适，而城市因下垫面粗糙和热岛效应等原因，会偏差较大，尤其是静风晴夜。

上述大气稳定度级别判定法较为主观。为此，特奈尔（Turner）提出了一套较为客观的确定方法，后又经我国气象工作者修订形成了依据太阳高度角、云高、云量确定太阳辐射等级，再由辐射等级和地面风速确定稳定度级别的方法（表4-3、表4-4）。

表4-3　太阳辐射等级

总云量/低云量	夜间	太阳高度角			
		$h_0 \leqslant 15°$	$15° < h_0 \leqslant 35°$	$35° < h_0 \leqslant 65°$	$h_0 > 65°$
≤4/≤4	−2	−1	+1	+2	+3
（5～7）/≤4	−1	0	+1	+2	+3
≥8/≤4	−1	0	0	+1	+1
≥7/（5～7）	0	0	0	0	+1
≥8/≥8	0	0	0	0	0

表4-4　大气稳定度级别

地面风速/（m/s）	太阳辐射等级					
	+3	+2	+1	0	−1	−2
≤1.9	A	A—B	B	D	E	F
2～2.9	A—B	B	C	D	E	F
3～4.9	B	B—C	C	D	D	E
5～5.9	C	C	D	D	D	D
≥6	C	D	D	D	D	D

太阳高度角用下式计算：

$$h_0 = \arcsin[\sin\varphi\sin\delta + \cos\varphi\cos\delta\cos(15t + \lambda - 300)] \tag{4-17}$$

式中：h_0——太阳高度角；

φ——当地地理纬度；

λ——当地地理经度；

t——观测时的北京时间；

δ——太阳倾角，可按当时的月份和日期查表4-5求得。

表 4-5　太阳倾角的概略值

旬	月份											
	1	2	3	4	5	6	7	8	9	10	11	12
上	−22	−15	−5	6	17	22	22	17	7	−5	−15	−22
中	−21	−12	−2	10	19	23	21	14	3	−8	−18	−23
下	−19	−9	2	13	21	23	19	11	−1	−12	−21	−23

（2）利用扩散曲线确定σ_y和σ_z

图 4-2 便是帕斯奎尔和吉福德给出的不同稳定度时σ_y和σ_z随下风距离 x 变化的经验曲线，简称 P-G 曲线图。在按表 4-2 确定了某地某时属于何种稳定度级别后，便可用这两张图得出相应的σ_y和σ_z值。

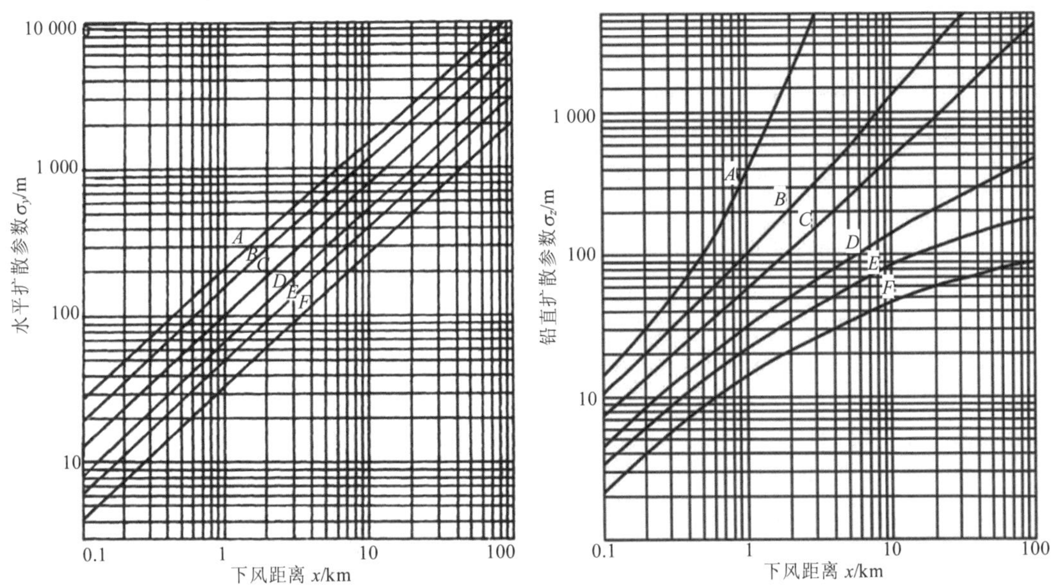

图 4-2　下风距离和水平扩散参数的关系

为了便于计算机计算，可将 P-G 扩散参数曲线用近似的幂函数式表示：

$$\sigma_y = \gamma_1 x^{\alpha_1} \qquad \sigma_z = \gamma_2 x^{\alpha_2} \tag{4-18}$$

式中，γ_1、γ_2、α_1、α_2一般情况下随 x 变化，但在较大区间内可看作常数。有风情况下 30 min 取样时间的扩散参数 σ_y、σ_z幂函数式中γ和 α 值列于表 4-6 中。小风（$1.5\ \text{m/s} > \bar{u}_0 \geqslant 0.5\ \text{m/s}$）和静风（$\bar{u}_0 < 0.5\ \text{m/s}$）情况下取样 30 min 的扩散参数值按表 4-7 选取。

表 4-6 P-G 曲线近似幂函数数据（采样时间 30 min）

$\sigma_y=\gamma_1 x^{\alpha_1}$				$\sigma_z=\gamma_2 x^{\alpha_2}$			
稳定度	α_1	γ_1	下风向距离 x /m	稳定度	α_2	γ_2	下风向距离 x /m
A	0.901 074 0.850 934	0.425 809 0.602 052	0～100 ＞1 000	A	1.121 54 1.513 60 2010881	0.079 990 4 0.008 547 71 0.000 211 545	0～300 300～500 ＞500
B	0.914 370 0.865 014	0.281 846 0.396 353	0～1 000 ＞1 000	B	0.964 435 1.093 56	0.127 190 0.057 025	0～500 ＞500
B—C	0.919 325 0.875 086	0.229 500 0.314 238	0～1 000 ＞1 000	B—C	0.941 015 1.007 70	0.114 682 0.057 025	0～500 ＞500
C	0.924 279 0.885 157	0.177 154 0.232 123	0～1 000 ＞1 000	C	0.917 595	0.106 803	＞0
C—D	0.926 849 0.886 940	0.143 940 0.189 396	0～1 000 ＞1 000	C—D	0.838 628 0.756 410 0.815 575	0.126 152 0.235 667 0.136 659	0～2 000 2 000～10 000 ＞10 000
D	0.929 418 0.888 723	0.110 726 0.146 669	0～1 000 ＞1 000	D	0.826 212 0.632 023 0.555 360	0.104 634 0.400 167 0.810 763	0～1 000 1 000～10 000 ＞10 000
D—E	0.925 118 0.892 794	0.098 563 1 0.124 308	0～1 000 ＞1 000	D—E	0.776 864 0.572 347 0.499 149	0.111 771 0.528 992 1.038 10	0～2 000 2 000～10 000 ＞10 000
E	0.920 818 0.896 864	0.086 400 1 0.101 947	0～1 000 ＞1 000	E	0.788 370 0.565 188 0.414 743	0.092 752 9 0.433 384 1.732 41	0～1 000 1 000～10 000 ＞10 000
F	0.929 418 0.888 723	0.055 363 4 0.733 348	0～1 000 ＞1 000	F	0.784 400 0.525 969 0.322 659	0.062 076 5 0.370 015 2.406 91	0～1 000 1 000～10 000 ＞10 000

表 4-7 小风和静风下扩散参数的回归系数

稳定度等级	γ_1		γ_2	
	静风	小风	静风	小风
A	0.93	0.76	1.57	1.57
B	0.76	0.56	0.47	0.47
C	0.55	0.35	0.21	0.21
D	0.47	0.27	0.12	0.12
E	0.44	0.24	0.07	0.07
F	0.44	0.24	0.05	0.05

大气扩散模式估算的污染物浓度是一定时间（取用时间）内的平均值。随取样时间的增加，风摆动范围增大，σ_y 增大，估算的平均浓度减小。竖向扩散受地面限制，σ_z 也随取

样时间增加而增大，但当采样时间增大到 10～20 min 后就不再变化。污染物平均扩散浓度随采样时间增加而减小的作用称为稀释作用，其变化如下式描述。

$$\sigma_{y\tau_2}=\sigma_{y\tau_1}\left(\frac{\tau_2}{\tau_1}\right)^q \qquad \gamma_{1\tau_2}=\gamma_{1\tau_1}\left(\frac{\tau_2}{\tau_1}\right)^q \tag{4-19}$$

式中：$\sigma_{y\tau_1}$、$\sigma_{y\tau_2}$——对应于取样时间 τ_1、τ_2 时的横向扩散参数，m；

$\gamma_{1\tau_1}$、$\gamma_{1\tau_2}$——对应于取样时间 τ_1、τ_2 时横向扩散参数的回归系数；

q——时间稀释指数，当 $1\leqslant\tau<100$ 时，q=0.3；当 $0.5\leqslant\tau<1$ 时，q=0.2。

（3）浓度计算

在确定了 σ_y 和 σ_z 值之后，扩散方程中其他参数也相应确定下来，利用前述的一系列扩散模式，就可估算出各种情况下的浓度值。

当估算地面最大浓度 $C_{\max}$ 和它出现的距离 $x_{C\max}$ 时，虽然从曲线或表中查出的 σ_y 和 σ_z 之比值不满足不随距离而变化的条件，但作为粗略的估算，一般仍用式（4-18）计算。

第四节　特殊气象条件下的扩散模式

一、封闭型扩散模式

封闭型扩散模式推导思路为：

首先假定，扩散到逆温层中的污染物可忽略不计，把逆温层底看成是和地面一样能起全反射作用的镜面。这样，污染物就在地面和逆温层底之间受到这两个镜面的全反射作用而进行扩散，其浓度分布可用像源法处理。这时，污染源在两镜面上形成的像不止一个，而是无穷多个像对。污染物的浓度可看作实源和无穷多对像源贡献之和，于是地面轴线上的污染物浓度可表示为图 4-3：

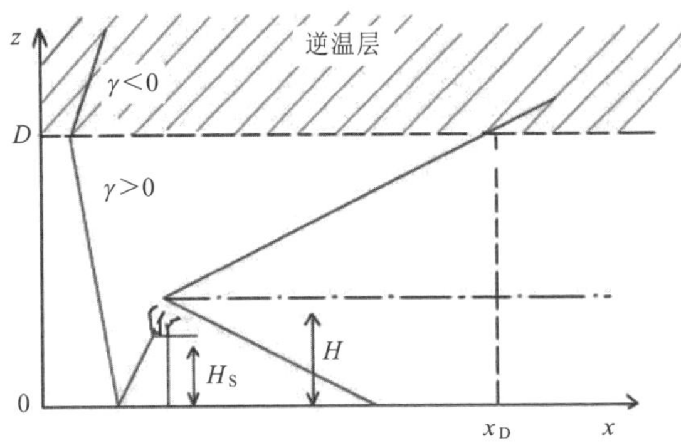

图 4-3　有上部逆温的扩散示意图

注：x_D 为烟流垂直扩散高度恰好达到逆温层底时的水平距离。

由此得出地面轴线上的污染物浓度计算公式：

$$\rho(X,0,0,H)=\frac{Q}{\pi\bar{u}\sigma_y\sigma_z}\sum_{-\infty}^{\infty}\exp\left[-\frac{(H-2nD)^2}{2{\sigma_z}^2}\right] \tag{4-20}$$

式中：D——逆温层底高度，即混合层高度，m；

n——烟流在两界之间的反射次数。

1）当 $x\leqslant x_D$ 时，烟流扩散还未受到上部逆温层的影响，其浓度仍可按一般扩散模式估算。根据烟羽半宽的定义：

$$\sigma_z=\frac{D-H}{2.15}\ \text{（烟流半宽度）} \tag{4-21}$$

由上式求出垂直扩散参数后，查 P-G 曲线，得出 x_D；再用表 4-6 计算出 σ_y；然后由式（4-8）计算地面轴线浓度。

2）当 $x\geqslant 2x_D$ 时，多次反射混合，Z 向浓度混合均匀，分布函数为

$$\frac{1}{D}=\int_0^D\frac{1}{D}\mathrm{d}z=1$$

$$c(x,y)=\frac{q}{\sqrt{2\pi}\bar{u}D\sigma_y}\exp\left(-\frac{y^2}{2\sigma_y^2}\right) \tag{4-22}$$

3）当 $x_D<x<2x_D$ 时

$$\left.\begin{array}{l}x=x_D\\x=2x_D\end{array}\right\}\rightarrow \text{内插（假定为线性变化）}$$

二、熏烟型扩散模式

在夜间发生辐射逆温时，清晨太阳升起后，逆温从地面开始破坏而逐渐向上发展。当逆温破坏到烟流下边缘以上时，便发生了强烈的向下混合作用，使地面污染物浓度增大。这个过程称为熏烟（或漫烟）过程，如图 4-4 所示。熏烟过程可一直进行到烟流上边缘的逆温被破坏为止。熏烟过程多发生在早晨 8：00—10：00，因地区和季节不同，持续时间一般为 0.5～2 h。

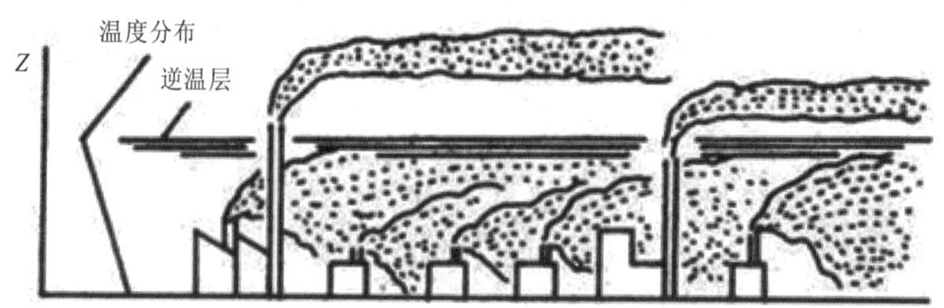

图 4-4　熏烟型的污染示意图

为了估算熏烟条件下的地面浓度，假设烟流原是排入稳定层内的，当逆温层消失到高度 h_f 时，在高度 h_f 以下浓度的垂直分布是均匀的，计算公式为

$$\rho_F(x,y,0,H)=\frac{Q\int_{-\infty}^{P}\frac{1}{\sqrt{2\pi}}\exp\left(-\frac{1}{2}P^2\right)dp}{\sqrt{2\pi}\bar{u}h_f\sigma_{yf}}\exp\left(-\frac{y^2}{2\sigma_{yf}^2}\right) \tag{4-23}$$

1）逆温层消失到烟囱的有效源高（H_e）处，计算公式为

$$\sigma_{yf}=\sigma_y+\frac{H_e}{8}$$

$$\rho_F(x,y,0,H)=\frac{q}{2\sqrt{2\pi}\bar{u}h_f\sigma_{yf}}\exp\left(-\frac{y^2}{2\sigma_{yf}^2}\right) \tag{4-24}$$

2）逆温层消失到烟流的上边沿，计算公式为

$$h_f=H_e+2\sigma_z$$

$$\rho_F(x,y,0,H)=\frac{q}{\sqrt{2\pi}\bar{u}h_f\sigma_{yf}}\exp\left(-\frac{y^2}{2\sigma_{yf}^2}\right) \tag{4-25}$$

3）逆温层消失到烟流的上边沿以上时，熏烟模式不复存在。

第五节　烟囱高度的设计

一、烟囱高度的计算

确定烟囱高度，既要满足大气污染物的扩散稀释要求，又要考虑节省投资；最终目的是保证地面浓度不超过《环境空气质量标准》（GB 3095）规定的浓度限值。烟囱高度的计算方法，目前应用最普遍的是基于高斯模式的简化公式。由于对地面浓度的要求不同，烟囱高度的计算方法有以下几种。

1．按地面最大浓度的计算方法

$$H_s\geqslant\sqrt{\frac{2Q}{\pi e\bar{u}(\rho_0-\rho_b)}\times\frac{\sigma_z}{\sigma_y}}-\Delta H \tag{4-26}$$

$$\rho_{max}=\rho_0-\rho_b$$

式中：ρ_0——排放标准浓度，mg/m^3；

ρ_b——背景浓度，mg/m^3；

$\frac{\sigma_z}{\sigma_y}$ 在 0.5～1.0 选取。

从上面计算方法可见，按保证 ρ_{max} 设计的烟囱高度较矮，当风速小于平均风速时，地面浓度即超标。因此提出对公式中的 $\overline{u}$ 和稳定度取一定保证率下的值，计算结果即为某一保证率的气象条件下的烟囱高度。

2．按地面绝对最大浓度的计算方法

$$H_s \leqslant \sqrt{\frac{q}{2\pi e \overline{u}_c(\rho_0-\rho_b)} \times \frac{\sigma_z}{\sigma_y}} \tag{4-27}$$

式中：$\overline{u}_c$——危险风速，m/s，$\overline{u}_c=\dfrac{B}{H_s}$。

3．按 *P* 值的计算方法

$$H_s \geqslant \sqrt{\frac{q\times 10^6}{P}}-\Delta H \tag{4-28}$$

式中：q——某污染物允许排放量，t/h；

P——某污染物排放控制系数，t/（h·m^2）。

P 值通过查《制定地方大气污染物排放标准的技术方法》（GB/T 3840—91）选取，例如，广西 *P* 值取 50～100。

二、烟囱设计中的几个问题

1）上述烟囱高度计算公式皆是基于烟流扩散范围内温度层结相同的条件，按锥形烟流高斯模式导出的。在上部逆温出现频率较高的地区，按上述公式计算后，还应按封闭型扩散模式校核。在辐射逆温较强的地区，应该用熏烟型扩散模式校核。

2）烟流抬升高度对烟囱高度的计算结果影响很大，所以应选用抬升公式的应用条件与设计条件相近的抬升公式。否则，可能产生较大的误差。在一般情况下，应优先采用“制定方法和原则”中推荐的公式。

3）为防止烟流因受周围建筑物的影响而产生烟流下洗现象，烟囱高度不得低于它所附属的建筑物高度的 1.5～2.5 倍；为防止烟囱本身对烟流产生的下洗现象，烟囱出口烟气流速不得低于该高度处平均风速的 1.5 倍。为了利于烟气抬升，烟囱出口烟气流速不宜过低，一般宜在 20～30 m/s；排烟温度在 100℃以上；当设计的几个烟囱相距较近时，应采用集合（多管）烟囱，以便增大抬升高度。

第六节 厂址选择

厂址选择是个复杂的综合性课题，涉及政治、经济、技术等多方面的问题。本节不是对厂址选择的综述，而是仅从充分利用大气对污染物的扩散稀释能力、防止大气污染的角度，对厂址选择中的几个问题做一简介。

一、背景浓度

背景浓度是该地区已有的污染物浓度水平。在背景浓度已超过《环境空气质量标准》（GB 3095）规定的浓度限值的地区，显然不宜再建新厂。有时背景浓度虽未超标，但加上拟建厂的贡献后将超标，而且短期内又难以解决的，也不宜建厂。

二、风向、风速

因为污染危害的程度与受污染的时间和污染浓度有关，所以希望居住区、作物区等设在受污染时间短、污染浓度低的位置。因而在确定工厂和居住区的相对位置时，要考虑风向、风速两个因素。为此定义一个污染系数：

$$污染系数=\frac{风向频率}{平均风速}$$

某一风向污染系数小，表示从该方向吹来的风所造成的污染小，所以污染源应布置在污染系数最小的方位。表 4-8 是一个风向、风速的实测例子。

表 4-8 风向频率及污染系数

方位	N	NE	E	SE	S	SW	W	NW	合计
风向频率/%	14	8	7	12	14	17	15	13	100
平均风速/（m/s）	3	3	3	4	5	6	6	6	
污染系数	4.7	2.7	2.3	3	2.8	2.8	2.5	2.1	
相对污染系数/%	21	12	10	13	12	12	11	9	100

由表 4-8 看出，若仅考虑风向，工厂应设在居住区的东面（最小风频方向）；从污染系数考虑，则应设在西北方向。

这种方法未考虑风速对热烟流抬升的影响，对抬升高度很大的发电厂、冶炼厂等不一定适用；对中、矮烟囱还是可行的。

三、温度层结

因为一般污染物的扩散是在距地面几百米的范围内进行的，所以离地面几百米范围内的温度层结对污染物的扩散稀释过程影响很大，选厂时必须加以注意。最不利于扩散的是近地层逆温（主要是辐射逆温）和上部逆温。因此，应收集逆温层的高度、厚度、强度、出现频率和持续时间等项资料。特别要注意逆温伴随有静风或微风的情况，注意其出现的频率和持续时间。

逆温对高架源和地面源所产生的影响是不同的。近地层200～300 m范围内的逆温层，对地面源影响很大，往往在近距离内造成很高的污染物浓度。对于高架源的影响比较复杂，可以大体分为两种情况，一种是高架源出口位于逆温层之中，由于垂直扩散微弱，污染源附近的地面浓度反而低，但远距离地面浓度要比没逆温时高，污染范围较大，在近地层逆温破坏时将产生短时间漫烟型污染。另一种情况是高架源出口高于逆温层顶，将产生爬升型扩散，最为有利。

出现上部逆温时，对低矮源影响较小，对高烟囱影响较大。除了风和温度层结外，其他气象条件也要适当考虑。例如，降水会冲洗和溶解部分大气中的污染物，所以降水多的地方大气往往较清洁。低云和雾较多的地方易造成更大的污染。

四、地形

1）山谷较深、走向与盛行风向交角为45°～135°时，谷内风速经常很小，不利于污染物扩散。若烟囱有效高度不能超过经常出现的静风和微风的高度时，不宜建厂。

2）烟囱有效高度不可能超过下坡风厚度和背风坡湍流区高度的地方，不宜建厂。

3）谷地四周山坡上有居民区及农田，烟囱有效高度不能超过山的高度时，不宜建厂。

4）高山围绕的深谷地不宜建厂。

5）烟流虽能越过山头，但仍会在背风面造成污染时，居民区不宜建在背风坡的污染区。

6）在水陆风（或海陆风）较稳定的大型水域或与山地交界的背山地段不宜建厂。必须建厂时，应使厂区和生活区的连线与海岸平行，以减少水陆风（或海陆风）造成的污染。

地形对大气污染的影响是十分复杂的，上述几点仅是最基本的考虑，对具体情况必须作具体分析。在地形复杂的地方选厂，一般应进行专门的气象观测和现场扩散实验，或进行风洞模拟实验，以便对当地的扩散条件作出较准确的评价，确定必要的对策或防护距离。

习 题

1 无界连续空间点源的高斯扩散模式是如何推导出来的？

2 简述烟囱高度的计算方法特点。

3 简述厂址选择应注意的事项。

4 污染物SO_2的源强为64 g/s，烟气流量为936 000 m^3/h，该地区SO_2的背景值为0.05 mg/m^3，σ_y=35.5 m，σ_z=18.1 m，烟囱高度平均风速为4 m/s，为达到环境空气质量二级标准（最高浓度不超过0.15 mg/m^3），计算有效源高。

5 污染源的东侧为峭壁，其高度比污染源高得多。设有效源高为H，污染源到峭壁

的距离为 L，峭壁对烟流扩散起全反射作用。试推导吹南风时高架连续点源的扩散模式。当吹北风时，这一模式又变成何种形式？

6　某城市火电厂的烟囱高 100 m，出口内径 5 m，烟气出口速度 13 m/s，烟气温度 373 K，流量 250 m^3/s。烟囱出口处平均风速为 4 m/s，大气温度 293 K。该市夏季平均气压为 138.229 kPa，计算有效源高（推荐抬升公式 $\Delta H = n_0 Q_H^{n_1} H_S^{n_2} / \overline{u}$，设 $Q_H \geqslant 21\,000\,\text{kW}$，$n_0$=1.303，$n_1$=1/3，$n_2$=2/3）。

7　某污染源 SO_2 排放率为 80 g/s，有效源高为 60 m，烟囱出口处平均风速为 6 m/s。在当时的气象条件下，正下风方向 500 m 处的 $\sigma_y = 35.3\,\text{m}$，$\sigma_z = 18.1\,\text{m}$，试求正下风方向 500 m 处 SO_2 的地面浓度。

8　在题 3 所给的条件下，当时的天气是阴天，试计算下风向 x=500 m、y=50 m 处 SO_2 的地面浓度和地面最大浓度。

9　某一工业锅炉烟囱高 30 m，直径 0.6 m，烟气出口速度为 20 m/s，烟气温度为 405 K，大气温度为 293 K，烟囱出口处风速 4 m/s，SO_2 排放量为 10 mg/s。试计算中性大气条件下 SO_2 的地面最大浓度和出现的位置。

10　地面源正下风方向一点上，测得 3 min 平均浓度为 3.4×10^{-3} g/m^3，试估算该点 2 h 的平均浓度是多少？假设大气稳定度为 B 级。

11　一条燃烧着的农业荒地可看作有限长线源，其长为 150 m，据估计有机物的总排放量为 90 g/s。当时风速为 3 m/s，风向垂直于该线源。试确定线源中心的下风距离 400 m 处，风吹 3 ~ 15 min 时有机物的浓度是多少。假设当时是晴朗的秋天下午 16：00。试问正对该线源的一个端点的下风距离 400 m 处的浓度是多少？

12　某市在环境质量评价中，划分面源单元为 1 000 m×1 000 m，其中一个单元的 SO_2 排放量为 10 g/s，当时的风速为 3 m/s，风向为南风。平均有效源高为 15 m。试用虚拟点源的面源扩散模式计算这一单元北面的邻近单元中心处 SO_2 的地面浓度。

13　某烧结厂烧结机 SO_2 的排放速率为 180 g/s，在冬季下午出现下沉逆温，逆温层底高度为 360 m，地面平均风速为 3 m/s，混合层内的平均风速为 3.5 m/s。烟囱有效高度为 200 m。试计算正下风方向 2 km 和 6 km 处 SO_2 的地面浓度。

14　某硫酸厂尾气烟囱高 50 m，SO_2 排放量为 100 g/s。夜间和上午地面风速为 3 m/s，夜间云量为 3/10。当烟流全部发生熏烟现象时，确定下风方向 12 km 处 SO_2 的地面浓度。

15　某污染源 SO_2 排放量为 80 g/s，烟气流量为 265 m^3/s，烟气温度为 418 K，大气温度为 293 K。这一地区的 SO_2 本底浓度为 0.05 mg/m^3，设 $\sigma_z / \sigma_y = 0.5$，距地面 10 m 高处平均风速 $\overline{u}_{10} = 3\,\text{m/s}$，稳定度参数 m=0.25，试按《环境空气质量标准》（GB 3095—2012）的二级浓度限值来设计烟囱的高度和出口直径。

16　试证明高架连续点源在出现地面最大浓度的距离上，烟流中心线上的浓度与地面浓度之比等于 1.38。

17　某火力发电厂烟囱有效源高度为 180 m，其排放 SO_2 的源强为 720 kg/h，地面 10 m 高处的平均风速为 2.8 m/s，C 级稳定度参数 m=0.2，烟气抬升高度 ΔH=60 m，σ_z/σ_y=0.6。

试求：（1）烟囱口出的平均风速；（2）地面轴线最大污染物浓度；（3）出现最大浓度处的扩散参数 σ_z、σ_y。

第五章　颗粒污染物控制技术基础

颗粒污染物控制技术指从气溶胶中除去有害、无用的固体或液体颗粒物，或是从气相中回收（捕集）生产工艺过程中的颗粒物产品的技术。

颗粒污染物控制技术是我国大气污染控制的重点，也是工业废气治理的重点。本章将在讨论颗粒的粒径分布等物理特性及除尘装置性能表示方法的基础上，对粉尘颗粒在各种力场中的空气动力学行为——分离、沉降、捕集等进行简要介绍。

第一节　颗粒污染物概述

一、颗粒污染物的特性

①颗粒物中含有重金属、多环芳烃等有害组分。

②颗粒物的粒径大小：粒径＞10 μm 的颗粒会滞留在呼吸道中，粒径 5～10 μm 的会在呼吸道沉积随痰吐出，粒径＜5 μm 的进入肺部，粒径不同，危害程度不同。

二、颗粒污染物的分类

颗粒污染物分为：①无水颗粒污染物：粉尘（粒径 1～200 μm），降尘（粒径＞10 μm），飘尘（粒径 0.1～10 μm）；②含水颗粒污染物：烟雾，总悬浮颗粒物（TSP：粒径＜100 μm 的颗粒物的总和），可吸入污染物（PM_{10}：粒径＜10 μm 的颗粒物的总和）。

单粒子粒径（d_p）：单粒子形状不规则，少数为球形，粒子直径单位用 μm 表示，实际意义小。

颗粒群的平均粒径：由不同大小的颗粒物所组成的颗粒群，在除尘器设计计算时需要知道粉尘的平均粒径。

平均粒径：把实际的颗粒群比作一个由均匀的球形粒子组成的假想颗粒群，此球形粒子的直径为实际粒群的平均粒径。

圆球度（Φs）：与颗粒体积相等的球体的表面积和颗粒的表面积之比（$\Phi s<1$）。粒径的测定结果与颗粒的形状有关，通常用圆球度表示颗粒形状与球形不一致的程度。

表 5-1　某些颗粒的圆球度

颗粒种类	Φs
砂粒	0.534～0.628
铁催化剂	0.578
烟煤	0.625
次乙酰塑料	0.861
破碎的固体	0.63
二氧化硅	0.554～0.628
粉煤	0.696

三、实际颗粒群的粒径分布

粉尘的分散度是指粉尘中各种不同粒径的颗粒组成比。

频率分布是指在 N 个总粒子（或粒子总质量为 M）中，第 i 个间隔中的颗粒个数 n_i（或粒子质量 m_i）与颗粒总数 N（或总粒子质量 M）之比，即

$$f_i = \frac{n_i}{N} \quad 或 \quad f_i = \frac{m_i}{M} \tag{5-1}$$

并有，

$$\sum f_i = 1$$

由计算结果可绘出频度分布 f 的直方图，用粒径间隔中值可绘出频度分布曲线，见图 5-1。

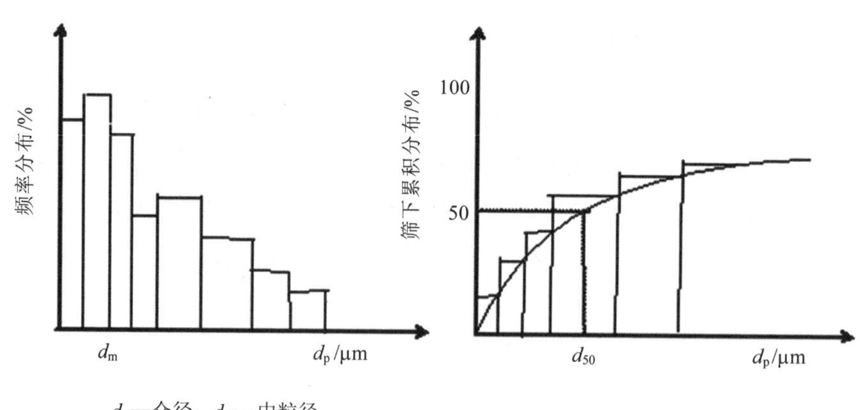

d_m—众径；d_{50}—中粒径

图 5-1　颗粒个数分布直方图

粒径分布在对除尘器的选择、除尘器的性能评价、确定粉尘的扩散及污染影响方面有重要意义。

①频率分布（ΔR/%）：某一粒径范围 Δd_p 的粉尘质量（个数）占总样品质量（个数）

的百分数。

②频度分布［f/（%/μm）］：粒径范围 Δd_p 为 1 μm 时粉尘质量（个数）占总质量（个数）百分数。

③筛上累积分布（R/%）：大于某一粒径 d_p 的所有粒子的质量（个数）占样品总质量（个数）的百分数。

④粒数筛下累积频率（D/%）：小于第 i 个间隔上限粒径的所有颗粒个数与颗粒总个数之比。

$$f_i = \frac{\sum_{i=1}^{n} n_i}{\sum_{i=1}^{N} n_i} \tag{5-2}$$

众径（d_m）：频率分布达到最大时（$f=f_{max}$）粒子对应的粒径为众径，此时

$$\frac{dp}{dd_p} = \frac{d^2 D}{dd_p^2} = 0$$

中位径（d_{50}）：筛下累积分布（$D = R$ =50%）时粒子对应的粒径为中位径。

四、粒径分布函数

在日常生产生活中常用一些半经验函数描述一定种类粉尘的粒径分布。

1. 正态分布

频率密度

$$p(d_p) = \frac{1}{\sigma\sqrt{2\pi}} \exp\left[-\frac{(d_p - \overline{d_p})^2}{2\sigma^2}\right] \tag{5-3}$$

筛下累积频率

$$F(d_p) = \frac{1}{\sigma\sqrt{2\pi}} \int_0^{d_0} \exp\left[-\frac{(d_p - \overline{d_p})^2}{2\sigma^2}\right] dd_p \tag{5-4}$$

标准差

$$\sigma = \left[\frac{\sum n_i (d_{pi} - \overline{d_p})^2}{N-1}\right]^{1/2} \tag{5-5}$$

式中：$\overline{d_p}$——平均粒径，$\overline{d_p} = \frac{\sum n_i d_{pi}}{\sum n_i}$，μm。

2．以 $\ln d_p$ 代替 d_p 得到的正态分布的频度曲线

$$F(d_p)=\frac{1}{\sqrt{2\pi}\ln\sigma_g}\int_{-\infty}^{\ln d_p}\exp\left[-\left(\frac{\ln d_p/d_g}{\sqrt{2}\ln\sigma_g}\right)^2\right]d(\ln d_p) \tag{5-6}$$

$$p(d_p)=\frac{dF(d_p)}{dd_p}=\frac{1}{\sqrt{2\pi}d_p\ln\sigma_g}\exp\left[-\left(\frac{\ln d_p/d_g}{\sqrt{2}\ln\sigma_g}\right)^2\right] \tag{5-7}$$

$$\ln\sigma_g=\left[\frac{\sum n_i(\ln d_{pi}/d_g)^2}{N-1}\right]^{1/2} \tag{5-8}$$

对数正态分布在对数概率坐标纸上为一直线，斜率取决于

$$\sigma_g=\frac{d_{84.1}}{d_{50}}=\frac{d_{50}}{d_{12.9}}=\left(\frac{d_{84.1}}{d_{15.9}}\right)^{1/2} \tag{5-9}$$

$\sigma_g\geqslant 1$ （σ_g=1 时为单分散气溶胶）

式中，d_g——几何平均粒径，$d_g=(d_1d_2d_3\cdots)^{\frac{1}{N}}$；

σ_g——几何标准差。

平均粒径的换算关系

$$\ln \mathrm{MMD}=\ln \mathrm{NMD}+3\ln^2\sigma_g \tag{5-10}$$

$$\ln \mathrm{SMD}=\ln \mathrm{NMD}+2\ln^2\sigma_g \tag{5-11}$$

可用 σ_g、MMD 和 NMD 计算出各种平均直径

$$\ln\overline{d_L}=\ln \mathrm{NMD}+\frac{1}{2}\ln^2\sigma_g=\ln \mathrm{MMD}-\frac{5}{2}\ln^2\sigma_g \tag{5-12}$$

$$\ln\overline{d_s}=\ln \mathrm{NMD}+\ln^2\sigma_g=\ln \mathrm{MMD}-2\ln^2\sigma_g \tag{5-13}$$

$$\ln\overline{d_v}=\ln \mathrm{NMD}+\frac{3}{2}\ln^2\sigma_g=\ln \mathrm{MMD}-\frac{3}{2}\ln^2\sigma_g \tag{5-14}$$

式中：MMD——颗粒质量中位径；

NMD——颗粒数量中位径；

SMD——颗粒表面积中位径。

3．罗辛-拉姆勒分布（Rosin-Rammler，简称 R-R 分布）

$$G=1-\exp(-\beta d_p^{\,n}) \tag{5-15}$$

若设 $\bar{d}_p = (1/\beta)^{1/n}$

得到

$$G = 1 - \exp\left[-\left(\frac{d_p}{\bar{d}_p}\right)^n\right] \tag{5-16}$$

一般 $\bar{d}_p$ 多选用质量中位径 d_{50} 或 $d_{63.2}$

$$G = 1 - \exp\left[-0.639\left(\frac{d_p}{\bar{d}_{50}}\right)^n\right] \tag{5-17}$$

或

$$G = 1 - \exp\left[-\left(\frac{d_p}{\bar{d}_{63.2}}\right)^n\right] \tag{5-18}$$

称为 RRS 分布函数，由式（5-14）和式（5-15）相等，可得

$$d_{50} = 0.693^{1/n} d_{63.2} \tag{5-19}$$

$$d_d = \left(\frac{n-1}{n}\right)^{1/n} d_{63.2} \tag{5-20}$$

判断是否符合 R-R 分布的条件：

$$\lg\left[\ln\left(\frac{1}{1-G}\right)\right] = \lg\beta + n\ln d_p \tag{5-21}$$

式中：n——分布指数；

β——分布指数。

在双对数坐标上应为一条直线。

R-R 分布的适用范围较广，特别对破碎、研磨、筛分过程产生的较细粉尘更为适用。当分布指数 n>1 时，近似于对数正态分布；当 n>3 时，更适合于正态分布。

第二节　颗粒粒径的测量方法

一、显微镜法

定向直径 d_F（Feret 直径）：各颗粒在投影图中同一方向上的最大投影长度。

定向面积等分直径 d_M（Martin 直径）：各颗粒在投影图中同一方向将颗粒投影面积二等分的线段长度。

投影面积直径 d_A（Heywood 直径）：与颗粒投影面积相等的圆的直径。

显微镜法观测粒径直径的三种方法如图 5-2 所示：

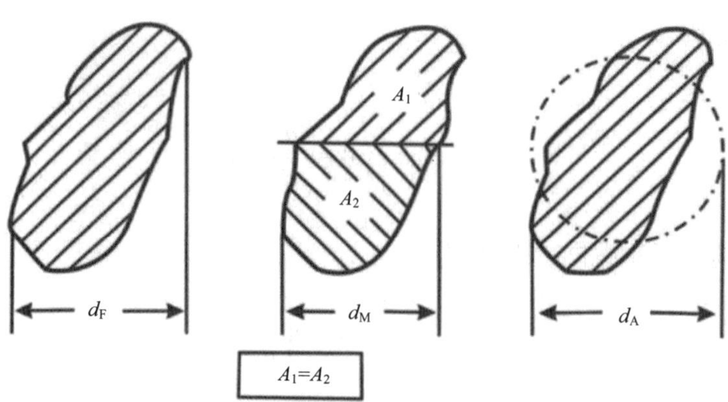

d_F—定向直径；d_M—定向面积等分直径；d_A—投影面积直径

图 5-2　显微镜测定颗粒直径

Heywood 测定分析表明，对于同一颗粒，$d_F > d_A > d_M$。

二、筛分法

筛分直径：颗粒能够通过的最小方筛孔的宽度。

筛孔的大小用目表示——每英寸长度上筛孔的个数。

目数，就是孔数，即每平方英寸上的孔数目。目数越大，孔径越小，一般来说，目数×孔径（微米数）=15 000。例如，400 目的筛网的孔径为 38 μm 左右，500 目的筛网的孔径为 30 μm 左右。由于存在开孔率的问题，也就是因为编织网用的丝的粗细不同，不同的国家标准也不一样。目前存在美国标准、英国标准和日本标准 3 种，其中，英美比较接近，日本差别较大。我国目数使用美国标准，也就是可用上面给出的公式计算。

由此定义可以看出，目数的大小决定了筛网孔径的大小，而筛网孔径的大小决定了所过筛粉体的最大颗粒 d_{max}。所以，我们可以看到，400 目的抛光粉完全有可能非常细，如只有 1～2 μm，也完全有可能粗到 10～20 μm。因为筛网的孔径是 38 μm 左右。正确的表达方式应是用粒径（d_{10}、d_{50}、d_{90}）来表示颗粒大小，用目数来折算最大粒径。

三、光散射法

等体积直径 d_V：颗粒物通过光照射时会产生散射光，颗粒大时散射光信号强，散射光光强与颗粒粒径成正比。通过光散射测定的与颗粒体积相等的球体的直径，即为等体积直径。

四、沉降法

斯托克斯（Stokes）直径 d_s：同一流体中与颗粒密度相同、沉降速度相等的球体直径。

空气动力学当量直径 d_a：在空气中与颗粒沉降速度相等的单位密度（1 g/cm^3）的球体

的直径。

斯托克斯直径和空气动力学当量直径与颗粒的空气动力学行为密切相关，是除尘技术中应用最多的两种直径。

此外沉降法根据其所处介质的不同又可分为液体沉降法和气体沉降法两种。

其中，液体沉降法是根据不同大小颗粒在液体介质中的沉降速度各不相同这一原理（图 5-3）而得出的。

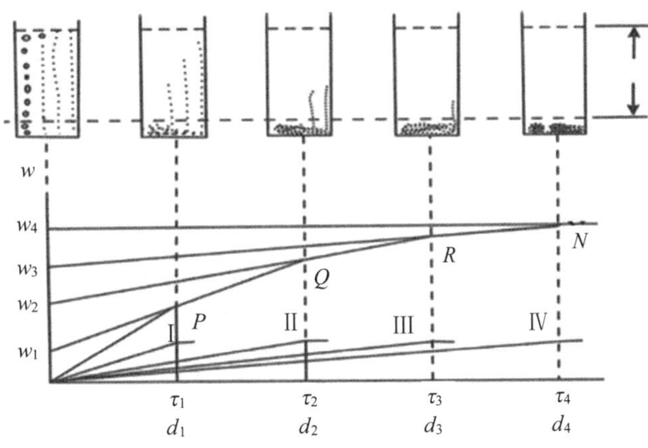

w_1、w_2、w_3、w_4—分别为粒径 d_1、d_2、d_3、d_4—颗粒的沉降速度，m/s；τ_1、τ_2、τ_3、τ_4—分别为粒径 d_1、d_2、d_3、d_4 颗粒的沉降时间，m/s；W、P、Q、R、N—分别为粒径 d_1、d_2、d_3、d_4 颗粒在不同沉降时间内的降解速度节点

图 5-3　沉降法测定颗粒粒径原理图

气体沉降法是使尘粒在气体介质中进行沉降的测定方法。

离心分级机带有一套节流片，改变分级机的风量可以逐级吹出粉尘，使粉尘由细到粗逐渐分级。两次分级室内残留的粉尘质量差就是对应的尘粒粒径间隔之间的粉尘质量，以此计算粒径分布。

第三节　粉尘的其他物理性质

一、粉尘的密度

粉尘的密度有以下几种表示方式：

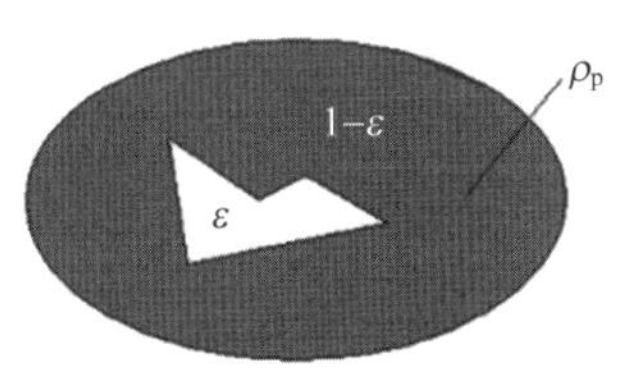

①单位体积粉尘的质量 m（kg/m^3 或 g/cm^3）；

②粉尘体积不包括颗粒内部和之间的缝隙——真密度 ρ_p；

③用堆积体积计算——堆积密度 ρ_b；

④空隙率——粉尘颗粒间和内部空隙的体积与堆积总体积之比。

$$\rho_{\mathrm{b}}=(1-\varepsilon)\rho_{\mathrm{p}} \tag{5-22}$$

二、粉尘的安息角与滑动角

安息角：粉尘从漏斗连续落下自然堆积形成的圆锥体母线与地面的夹角。

滑动角：自然堆积在光滑平板上的粉尘随平板做倾斜运动时粉尘开始发生滑动的平板倾角。

安息角与滑动角是评价粉尘流动特性的重要指标。

安息角和滑动角的影响因素有粉尘粒径、含水率、颗粒形状、颗粒表面光滑程度、粉尘黏性。

三、粉尘的比表面积

粉尘的比表面积为单位体积粉尘所具有的表面积：

$$S_{\mathrm{v}}=\frac{\overline{S}}{\overline{V}}=\frac{6}{\overline{d}_{\mathrm{sv}}}\ (\mathrm{cm^2/cm^2}) \tag{5-23}$$

以质量表示的比表面积

$$S_{\mathrm{m}}=\frac{\overline{S}}{\rho_{\mathrm{p}}\overline{V}}=\frac{6}{\rho_{\mathrm{p}}\overline{d}_{\mathrm{sv}}}\ (\mathrm{cm^2/g}) \tag{5-24}$$

以堆积体积表示的比表面积

$$S_{\mathrm{b}}=\frac{\overline{S}(1-\varepsilon)}{\overline{V}}=(1-\varepsilon)S_{\mathrm{v}}=\frac{6(1-\varepsilon)}{\overline{d}_{\mathrm{sv}}}\ (\mathrm{cm^2/cm^3}) \tag{5-25}$$

四、粉尘的含水率

粉尘中的水分包括附在颗粒表面和包含在凹坑和细孔中的自由水分以及颗粒内部的结合水分。

含水率指水分质量与粉尘总质量之比。

含水率影响粉尘的导电性、黏附性、流动性等物理特性。

五、粉尘的湿润性

粉尘的湿润性是指粉尘颗粒与液体接触后能够互相附着或附着的难易程度的性质。常用 $V_{20}=L_{20}/20$（mm/min）表示，与粒径、表面张力有关，是选用除尘设备的主要依据之一。

①$V_{20}<0.5$，强脱水性：如石蜡、沥青等；

②$V_{20}<2.5$，憎水：如石墨、煤尘、硫黄等；

③$V_{20}<8.0$，中等亲水：如石英粉尘、玻璃等；

④$V_{20}>8.0$，强亲水：如锅炉飞灰、石灰尘等。

六、粉尘的荷电与导电性

天然粉尘和工业粉尘几乎都带有一定的电荷。

荷电因素包括电离辐射、高压放电、高温产生的离子或电子被捕获、颗粒间或颗粒与壁面间摩擦、粉尘产生过程获得电荷等。

天然粉尘和人工粉尘的荷电量一般为最大荷电量的1/10。

荷电量随温度增高、表面积增大及含水率减小而增加，且与化学组成有关。

粉尘的导电机制：

①高温（200℃以上），粉尘本体内部的电子和离子起作用——体积比电阻；

②低温（100℃以下），粉尘表面吸附的水分或其他化学物质起作用——表面比电阻；

③中间温度，同时起作用。

比电阻对电除尘器运行有很大影响，最适宜范围为10^4～10^{10}。

七、粉尘的黏附性

黏附力为克服附着现象所需要的力，包括分子力（范德华力）、毛细力、静电力（库仑力）。

根据粉尘的黏附性大小可以将粉尘分为不黏性、微黏性、中等黏性、强黏性4种。

此外，粒径、形状、表面粗糙度、润湿性、荷电量均影响粉尘的黏附性。

第四节 颗粒捕集的理论基础

除尘过程的机理是，将含尘气体引入具有一种或几种力作用的除尘器，使颗粒相对其运载气流产生一定的位移，并从气流中分离出来，最后沉降到捕集表面上。颗粒的粒径大小和种类不同，所受作用力不同，颗粒的动力学行为也不同。颗粒捕集过程所要考虑的作用力有外力、流体阻力和颗粒间的相互作用力。外力一般包括重力、离心力、惯性力、静电力、磁力、热力、泳力等；作用在运动颗粒上的流体阻力，对所有捕集过程来说都是最基本的作用力；颗粒间的相互作用力，在颗粒浓度不很高时是可以忽略的。下文即对流体阻力及在重力、离心力、静电力、热力和惯性力等作用下颗粒的沉降规律作一简要介绍。

一、流体阻力

在不可压缩的连续流体中，做稳定运动的颗粒必然受到流体阻力的作用。这种阻力是由两种现象引起的。由于颗粒具有一定的形状，运动时必须排开其周围的流体，导致其前面的压力较后面大，产生了所谓的形状阻力；二是由于颗粒与其周围流体之间存在摩擦，形成了所谓的摩擦阻力。通常将两种阻力同时考虑，称为流体阻力。流体阻力的大小取决于颗粒的形状、粒径、表面特性、运动速度及流体的种类和性质。阻力（F_D）的方向总是和速度方向相反，其大小可按下面的标量方程计算：

$$F_D = \frac{1}{2} C_D A_P \rho u^2 \tag{5-26}$$

式中：C_D——由实验确定的阻力系数，量纲一；

A_P——颗粒在其运动方向上的投影面积，m^2，对球形颗粒：$A_P = \pi d_P^2 / 4$；

ρ——流体的密度，kg/m^3；

u——颗粒与流体之间的相对运动速度，m/s。

由相似理论可知，阻力系数是颗粒雷诺数的函数，即：

$$C_D = f(Re_P)$$

$$Re_P = d_P \rho u / \mu \tag{5-27}$$

式中：d_P——颗粒的定性尺寸，m，对球形颗粒为其直径；

μ——流体的黏度，Pa·s。

图 5-4 给出了 C_D 随 Re_P 变化的实验曲线，一般可分为三个区域。

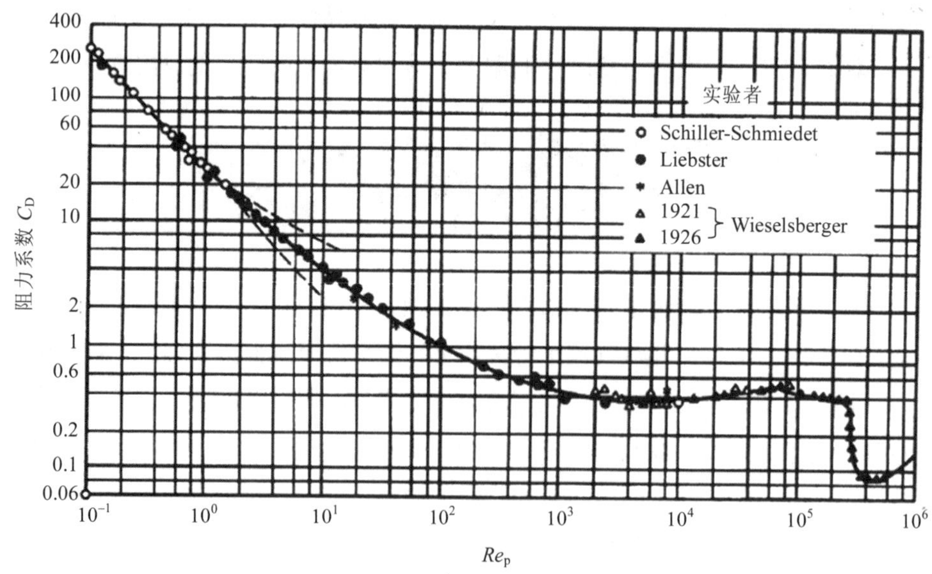

图 5-4 球形颗粒的流体阻力系数与颗粒雷诺数的函数关系

当 $Re_P \leqslant 1$ 时，颗粒运动处于层流状态，C_D 与 Re_P 近似呈直线关系：

$$C_D = \frac{24}{Re_P} \tag{5-28}$$

对于球形颗粒，将上式代入式（5-26）中得到：

$$F_D = 3\pi\mu d_p u \tag{5-29}$$

上式即著名的斯托克斯阻力定律。通常把 $Re_p \leqslant 1$ 的区域称为斯托克斯区域。

当 $1 < Re_p < 500$ 时，颗粒运动处于湍流过渡区，C_D 与 Re_p 呈曲线关系，计算 C_D 的经验公式有多种，如伯德（Bird）公式：

$$C_D = \frac{18.5}{Re_p^{0.6}} \tag{5-30}$$

当 $500 < Re_p < 2\times10^5$ 时，颗粒运动处于湍流状态，C_D 几乎不随 Re_p 变化，近似取 $C_D \approx 0.44$，是通常所说的牛顿区域，流体阻力公式为

$$F_D = 0.055\pi\rho d_p^2 u^2 \tag{5-31}$$

当颗粒尺寸小到与气体分子平均自由程大小差不多时，颗粒开始脱离与气体分子的接触，颗粒运动发生所谓“滑动”。这时，相对颗粒来说，气体不再具有连续流体介质的特性，流体阻力将减小。为了对这种滑流运动进行修正，可以将坎宁汉（Cunningham）修正系数 C 引入斯托克斯定律，则流体阻力计算公式为

$$F_D = \frac{3\pi\mu d_p u}{C} \tag{5-32}$$

坎宁汉修正系数的值取决于克努森（Knudsen）数 $Kn=2\lambda/d_p$，用戴维斯（Davis）建议的公式计算：

$$C = 1 + Kn\left[1.257 + 0.400\exp\left(-\frac{1.10}{Kn}\right)\right] \tag{5-33}$$

气体分子平均自由程 λ 可按下式计算：

$$\lambda = \frac{\mu}{0.499\rho\bar{v}} \tag{5-34}$$

式中：$\bar{v}$ ——气体分子的算术平均速度，m/s；

$$\bar{v} = \sqrt{\frac{8RT}{\pi M}} \tag{5-35}$$

式中：R——摩尔气体常数，R=8.314 J/（mol·K）；

T——气体温度，K；

M——气体的摩尔质量，kg/mol。

坎宁汉修正系数 C 与气体的温度、压力和颗粒大小有关，温度越高、压力越低、粒径越小，C 值越大。作为粗略估计，在 293 K 和 101 325 Pa 下，$C \approx 1+0.165/d_p$，其中 d_p 单位采用 μm。

例 5-1 试确定一个球形颗粒在静止的干空气中运动时的阻力。

已知：（1）$d_p = 100\,\mu m$，$u = 1.0\,m/s$，$T = 293\,K$，$p = 101\,325\,Pa$；

（2）$d_p = 1\,\mu m$，$u = 0.1\,m/s$，$T = 373\,K$，$p = 101\,325\,Pa$。

解：（1）在 293 K 和 101 325 Pa 下，干空气黏度 $\mu = 1.81\times10^{-5}\,Pa\cdot s$，密度 $\rho = 1.205\,kg/m^3$，则颗粒雷诺数：

$$Re_p = \frac{d_p \rho u}{\mu} = \frac{100\times10^{-6}\times1.205\times1.0}{1.81\times10^{-5}} = 6.66 > 1.0$$

颗粒的运动处于湍流过渡区，由式（5-30）得到阻力系数：

$$C_D = \frac{18.5}{6.66^{0.6}} = 5.93$$

代入式（5-26）得到流体阻力：

$$F_D = 5.93\times\frac{\pi(100\times10^{-6})^2}{4}\times\frac{1.205\times1.0^2}{2} = 2.81\times10^{-8}\,N$$

（2）在 373 K 和 101 325 Pa 下，$\mu = 2.18\times10^{-5}\,Pa\cdot s$，$\rho = 0.947\,kg/m^3$，

$$Re_p = \frac{1\times10^{-6}\times0.947\times1.0}{2.18\times10^{-5}} = 4.34\times10^{-3} < 1$$

可以判断出，颗粒运动处于滑流区域，需要对斯托克斯定律进行坎宁汉修正。由式（5-35）求得气体分子算术平均速度：

$$\bar{v} = \sqrt{\frac{8\times8.314\times373}{3.14\times28.97\times10^{-3}}} = 522.2\,m/s$$

由式（5-34）求得气体分子平均自由程：

$$\lambda = \frac{2.18\times10^{-5}}{0.499\times0.947\times522.2} = 8.83\times10^{-8} = 8.83\times10^{-2}\,\mu m$$

则克努森数：

$$Kn = \frac{2\times8.83\times10^{-2}}{1} = 0.177$$

坎宁汉修正系数：

$$C = 1 + 0.177\left[1.257 + 0.400\exp\left(-\frac{1.10}{0.177}\right)\right] = 1.223$$

由式（5-32）求得流体阻力：

$$F_D = \frac{3\times3.14\times2.18\times10^{-5}\times1\times10^{-6}\times0.1}{1.223} = 1.68\times10^{-11}\,N$$

二、阻力导致的减速运动

对于在接近静止的气体中，以某一初速度u_0运动的球形颗粒，除了气体阻力外再无其他作用时，颗粒不能相对气体做稳态运动，只能做非稳态减速运动。根据牛顿第二定律：

$$\frac{\pi d_p^3}{6}\rho_p\frac{du}{dt}=-F_D=-C_D\frac{\pi d_p^2}{4}\cdot\frac{\rho u^2}{2} \tag{5-36}$$

即由阻力导致的减速度：

$$\frac{du}{dt}=-\frac{3}{4}C_D\frac{\rho}{\rho_p}\cdot\frac{u^2}{d_p} \tag{5-37}$$

根据菲克的研究，当Re_p不超过几百时，假定阻力大小与减速度无关，并不会产生显著的误差，因此可忽略减速度对C_D值的影响。

若只考虑斯托克斯区域颗粒的减速运动，则气体阻力系数C_D可用式（5-30）确定，方程式（5-37）化为：

$$\frac{du}{dt}=-\frac{18\mu}{d_p^2\rho_p}u=-\frac{u}{\tau} \tag{5-38}$$

式中：时间$\tau=d_p^2\rho_p/(18\mu)$，是表征颗粒-气体运动体系的一个基本特征参数，称为颗粒的弛豫时间。

在时间t=0时运动速度为u_0的颗粒，减速到u所需的时间t由式（5-38）积分得到：

$$t=\tau\ln\frac{u_0}{u} \tag{5-39}$$

在时间t时颗粒的速度：

$$u=u_0e^{-t/\tau} \tag{5-40}$$

对于颗粒由初速度u_0减速到u所迁移的距离x，利用$u=dx/dt$，变换式（5-36）后得到：

$$x=\tau(u_0-u)=\tau u_0\left(1-e^{-\frac{t}{\tau}}\right) \tag{5-41}$$

从以上讨论可见，弛豫时间τ的物理意义可以叙述为，由于流体阻力使颗粒的运动速度减小到它的初速度的1/e（约36.8%）时所需的时间。

对于处于滑流区域的颗粒，则应引入坎宁汉修正系数 C，相应的迁移时间和迁移距离为：

$$t=\tau C\ln\frac{u_0}{u}\ \text{(s)} \tag{5-42}$$

$$x=\tau u_0 C\left[1-\exp\left(-\frac{t}{\tau C}\right)\right] \tag{5-43}$$

使颗粒由初速度u_0达到静止所需的时间是无限长的，但颗粒在达到静止之前所迁移的距离却是有限的，这个距离称为颗粒的停止距离：

$$x_s=\tau u_0 \text{ 或 } x_s=\tau u_0 C \tag{5-44}$$

三、重力沉降

静止流体中的单个球形颗粒，在重力作用下沉降时，所受的作用力有重力F_G、流体浮力F_B和流体阻力F_D，三力平衡关系式为

$$F_D=F_G-F_B=\frac{\pi d_p^3}{6}(\rho_p-\rho)g \tag{5-45}$$

对于斯托克斯区域的颗粒，代入阻力计算式（5-29），得到颗粒的重力沉降末端速度：

$$u_s=\frac{d_p^2(\rho_p-\rho)g}{18\mu} \tag{5-46}$$

当流体介质是气体时，$\rho_p \gg \rho$，可忽略浮力的影响，则沉降速度公式简化为

$$u_s=\frac{d_p^2\rho_p}{18\mu}g=\tau g \tag{5-47}$$

对于坎宁汉滑流区域的小颗粒，应修正为

$$u_s=\frac{d_p^2\rho_p}{18\mu}gC=\tau gC \tag{5-48}$$

式（5-47）对粒径为1.5～75 μm的单位密度的颗粒，计算精度在±10%以内。当考虑坎宁汉修正后，对小至0.001 μm的微粒也是精确的。对于较大的球形颗粒（$Re_p>1$），将式（5-26）代入式（5-45）中，则得到重力作用下的末端沉降速度：

$$u_s=\left[\frac{4d_p(\rho_p-\rho)g}{3C_D\rho}\right]^{1/2} \tag{5-49}$$

按上式计算u_s，必须确定C_D值。对于湍流过渡区，代入式（5-26）得：

$$u_s=\frac{0.153d_p^{1.14}(\rho_p-\rho)^{0.714}g^{0.714}}{\mu^{0.428}\rho^{0.286}} \tag{5-50}$$

对于牛顿区，C_D=0.44，则：

$$u_s=1.74\left[d_p(\rho_p-\rho)g/\rho\right]^{1/2} \tag{5-51}$$

最后，对前述的斯托克斯直径d_s和空气动力学当量直径d_a的计算在此作一讨论。根

据斯托克斯沉降速度公式（5-44），可以得到斯托克斯直径：

$$d_s = \sqrt{\frac{18\mu u_s}{\rho_p g C}} \tag{5-52}$$

由空气动力学当量直径的定义，单位密度（ρ_p=1 000 kg/m^3）球形颗粒的空气动力学当量直径：

$$d_a = \sqrt{\frac{18\mu u_s}{1\,000 g C_a}} \tag{5-53}$$

则空气动力学当量直径与斯托克斯直径的关系为

$$d_a = d_s \left(\frac{\rho_p C}{C_a}\right)^{1/2} \tag{5-54}$$

式中：ρ_p——颗粒密度，g/cm^3；

C_a——与空气动力学当量直径d_a相对应的坎宁汉修正系数。

例 5-2　已知石灰石颗粒的密度为 2.67 g/cm^3，试计算粒径为 1 μm 和 400 μm 的球形颗粒在 293 K 空气中的重力沉降速度。

解：（1）对于粒径为 1 μm 的颗粒，应按式（5-44）计算重力沉降速度。在 293 K 空气中坎宁汉修正系数近似为：$C = 1 + \frac{0.165}{d_p} = 1 + \frac{0.165}{1} = 1.165$

则

$$u_s = \frac{(1\times10^{-6})^2 \times 2\,670 \times 9.81 \times 1.165}{18 \times 1.81 \times 10^{-5}} = 9.37\times10^{-5}\ \text{m/s}$$

（2）对于 d_p =400 μm 的颗粒，为验证是否可用斯托克斯沉降速度公式（5-47），首先按该式计算u_s和Re_p值：

$$u_s = \frac{(400\times10^{-6})^2 \times 2\,670 \times 9.81}{18 \times 1.81 \times 10^{-5}} = 12.86\ (\text{m/s})$$

$$Re_p = \frac{(400\times10^{-6})^2 \times 1.205 \times 12.86}{1.81\times10^{-5}} = 342$$

显然 1＜Re_p＜500，应采用湍流过渡区公式（5-46），则：

$$u_s = \frac{0.153 d_p^{1.14} (\rho_p g)^{0.714}}{\mu^{0.428} \times \rho^{0.286}}$$
$$= \frac{0.153(400\times10^{-6})^{1.14}(2\,670\times9.81)^{0.714}}{(1.81\times10^{-5})^{0.428} \times 1.205^{0.286}} = 2.97\ (\text{m/s})$$

实际的颗粒雷诺数：$Re_p = \frac{400\times10^{-6} \times 1.205 \times 2.97}{1.81\times10^{-5}} = 79.1$

可见，应用湍流过渡区公式是适宜的。

四、离心沉降

旋风除尘器是应用离心力的分离作用的一种除尘装置，也是造成旋转运动和涡旋的一种体系。此外，离心力也是惯性碰撞和拦截作用的主要除尘机制之一，但这些属于非稳态运动的情况。随着气流一起旋转的球形颗粒，所受离心力可用牛顿定律确定：

$$F_c = \frac{\pi}{6} d_p^{\ 3} \rho_p \frac{u_t^2}{R} \tag{5-55}$$

式中：R——旋转气流流线的半径，m；

u_t——R 处气流的切向速度，m/s。

在离心力作用下，颗粒将产生离心的径向运动（垂直于切向）。若颗粒运动处于斯托克斯区，则颗粒所受向心的径向流体阻力可用式（5-25）确定。当颗粒所受离心力和向心阻力达到平衡时，颗粒便达到了一个离心沉降的末端速度：

$$u_c = \frac{d_p^2 \rho_p}{18\mu} \cdot \frac{u_t^2}{R} = \tau a_c \tag{5-56}$$

式中：a_c 为离心加速度，$a_c = u_t^2 / R$。

若颗粒运动处于滑流区，还应乘以坎宁汉修正系数 C。

五、静电沉降

在强电场中，如在电除尘器中，忽略重力和惯性力等的作用，荷电颗粒所受作用力主要是静电力（即库仑力）和气流阻力。静电力为

$$F_E = qE \tag{5-57}$$

式中：q——颗粒的电荷，C；

E——颗粒所处位置的电场强度，V/m。

对于斯托克斯区域的颗粒，颗粒所受气流阻力按式（5-25）确定，当静电力和气流阻力达到平衡时，颗粒便达到一个静电沉降的末端速度，习惯上称为颗粒的驱进速度，并用 ω(m/s)表示：

$$\omega = \frac{qE}{3\pi\mu d_p} \tag{5-58}$$

同样，对于滑流区的颗粒，还应乘以坎宁汉修正系数 C。

六、惯性沉降

通常认为，气流中的颗粒随着气流一起运动，很少或不产生滑动。但是，若有一静止

的或缓慢运动的障碍物（如液滴或纤维等）处于气流中时，则成为一个靶子，使气体产生绕流，可能使某些颗粒沉降到上面。

颗粒能否沉降到靶上，取决于颗粒的质量及相对于靶的运动速度和位置。图 5-5 中所示的小颗粒 1，随着气流一起绕过靶；距停滞流线较远的大颗粒 2，也能避开靶；距停滞流线较近的大颗粒 3，因其惯性较大而脱离流线，保持自身原来运动方向而与靶碰撞，继而被捕集。通常将这种捕尘机制称为惯性碰撞。颗粒 4 和 5 刚好避开与靶碰撞，但其表面与靶表面接触时被靶拦截住，并保持附着状态。

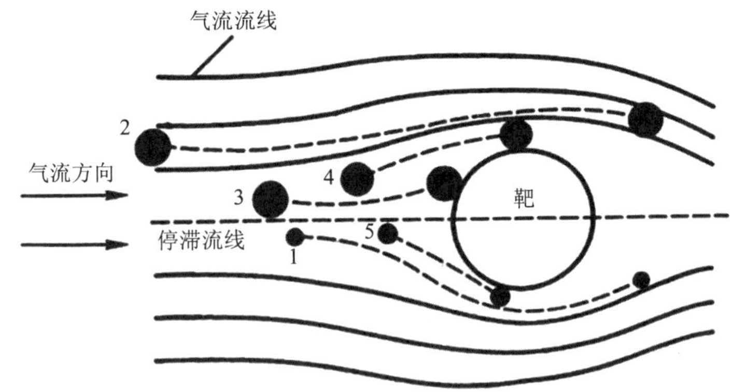

图 5-5 运动气流中接近靶时颗粒运动的几种可能情况

由于惯性碰撞和拦截皆是唯一靠靶来捕集尘粒的重要除尘机制，所以有必要作为单独问题进行讨论。在惯性捕集过程中，如果以某一初速度 u_0 运动的颗粒，除了受气流阻力作用外，不再受其他外力的作用，则属于非稳态的减速运动。

1. 惯性碰撞

惯性碰撞的捕集效率主要取决于两个因素：

（1）气流速度在捕集体（即靶）周围的分布

它随气体相对捕集体流动的雷诺数 Re_D 的变化而变化。Re_D 定义式为

$$Re_D = \frac{u_0 \rho D_c}{\mu} \tag{5-59}$$

式中：u_0——未被扰动的上游气流相对捕集体的流速，m/s；

D_c——捕集体的定性尺寸，m。

在高 Re_D 下（势流），除了邻近捕集体表面附近外，气流流型与理想气体一致；当 Re_D 较低时，气流受黏性力支配（黏性流）。

（2）颗粒的运动轨迹

它取决于颗粒的质量、气流阻力、捕集体的尺寸、形状及气流速度。描述颗粒运动的特征参数，可以采用量纲一的惯性碰撞参数 St，也称斯托克斯数，定义为颗粒运动的停止

距离 x_s 与捕集体直径 D_c 之比。对于球形的斯托克斯颗粒：

$$St=\frac{x_sC}{D_c}=\frac{u_0\tau C}{D_c}=\frac{d_p^2\rho_p u_0 C}{18\mu D_c} \tag{5-60}$$

图 5-6 给出了不同形状的捕集体在不同 Re_D 下的惯性碰撞分级效率与 $\sqrt{St}$ 的关系。

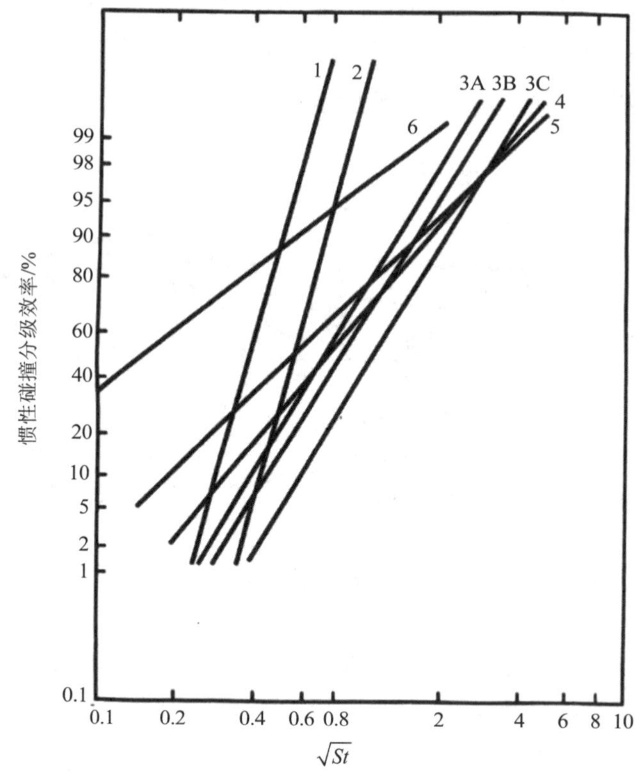

1—向圆板喷射；2—向矩形板喷射；3—圆柱体（A. Re_D =150，B. Re_D =10，C. Re_D =0.2）；4—球体；5—半矩形体；6—聚焦

图 5-6 惯性碰撞分级效率与 $\sqrt{St}$ 的关系

2. 拦截

颗粒在捕集体上的直接拦截，一般刚好发生在颗粒距捕集体表面 $d_p/2$ 的距离内，所以用量纲一的特征参数——直接拦截比 R 来表示其特性：

$$R=\frac{d_p}{D_c} \tag{5-61}$$

对于惯性大沿直线运动的颗粒，即 St 很大时，除了在直径为 D_c 的流管内的颗粒都能与捕集体碰撞外，与捕集体表面的距离为 $d_p/2$ 的颗粒也会与捕集体表面接触而被拦截。因此，靠拦截引起的捕集效率的增量 η_{DI} 为：

对于圆柱形捕集体

$$\eta_{DI}=R$$

对于球形捕集体

$$\eta_{DI}=2R+R^2\approx 2R$$

对于惯性小沿流线运动的颗粒，即 St 很小时，拦截效率分别为：

对于绕过圆柱体的势流：

$$\eta_{DI}=1+R-\frac{1}{1+R}\approx 2R\ (R<0.1) \tag{5-62}$$

对于绕过球体的势流：

$$\eta_{DI}=(1+R)^2-\frac{1}{1+R}\approx 3R\ (R<0.1) \tag{5-63}$$

对于绕过圆柱体的黏性流（$Re_D<1$）：

$$\eta_{DI}=\frac{1}{2.002-\ln Re_D}\left[(1+R)\ln(1+R)-\frac{R(2+R)}{2(1+R)}\right]\approx\frac{R^2}{2.002-\ln Re_D}\ (R<0.07) \tag{5-64}$$

对于绕过球体的黏性流（$Re_D<1$）：

$$\eta_{DI}=(1+R)^2-\frac{3(1+R)}{2}+\frac{1}{2(1+R)}\approx\frac{3R^2}{2}\ (R<0.1) \tag{5-65}$$

七、扩散沉降

1. 扩散系数和均方根位移

捕集很小的颗粒往往要比按惯性碰撞机制估计的结果更为有效。这是布朗扩散作用的结果。由于小颗粒受到气体分子的无规则撞击，使它们像气体分子一样做无规则运动，便会发生颗粒从浓度较高的区域向浓度较低的区域的扩散。颗粒的扩散过程类似于气体分子的扩散过程，并可用形式相同的微分方程式来描述：

$$\frac{\partial n}{\partial t}=D\left(\frac{\partial^2 n}{\partial x^2}+\frac{\partial^2 n}{\partial y^2}+\frac{\partial^2 n}{\partial z^2}\right) \tag{5-66}$$

式中：n——颗粒的个数（或质量）浓度，个/m^3（或 g/m^3）；

t——时间，s；

D——颗粒的扩散系数，m^2/s。

颗粒的扩散系数 D 取决于气体的种类和温度，以及颗粒的粒径，其数值要比气体扩散系数小几个数量级，可由两种理论方程求得。

对于粒径约等于或大于气体分子平均自由程（$Kn\leqslant 0.5$）的颗粒，可用爱因斯坦（Einstein）公式计算：

$$D=\frac{CkT}{3\pi\mu d_p} \tag{5-67}$$

式中：k——波尔兹曼常数，$k=1.38\times10^{-23}$ J/K；

T——气体温度，K。

对于粒径大于气体分子但小于气体分子平均自由程（$Kn>0.5$）的颗粒，可由朗缪尔（Langmuir）公式计算：

$$D=\frac{4kT}{3\pi d_p^2 p}\sqrt{\frac{8RT}{\pi M}} \tag{5-68}$$

式中：p——气体的压力，Pa；

R——摩尔气体常数，8.314 J/（mol·K）；

M——气体的摩尔质量，kg/mol。

表 5-2 给出了颗粒在 293 K 和 101 325 Pa 干空气中的扩散系数的计算值。式（5-67）中的坎宁汉修正系数C是按式（5-33）计算的。

表 5-2　颗粒的扩散系数（293 K，101 325 Pa）

粒径 d_p / μm	Kn	扩散系数 D/（m^2/s）	
		爱因斯坦公式	朗缪尔公式
10	0.013 1	2.41×10^{-12}	—
1	0.131	2.76×10^{-11}	—
0.1	1.31	6.78×10^{-10}	7.84×10^{-10}
0.01	13.1	5.25×10^{-8}	7.84×10^{-8}
0.001	131	—	7.84×10^{-6}

根据爱因斯坦研究的结果，由于布朗扩散，颗粒在时间t（单位：s）内沿x轴的均方根位移x（m）为

$$\bar{x}=\sqrt{2Dt} \tag{5-69}$$

表 5-3 给出了单位密度的球形颗粒在 1 s 内由于布朗扩散的平均位移x_{BM}和由于重力作用的沉降距离x_G。

表 5-3　在标准状况下布朗扩散的平均位移与重力沉降距离的比较

粒径 d_p / μm	x_{BM} / m	x_G / m	x_{BM}/x_G
0.000 37①	6×10^{-3}	2.4×10^{-9}	2.5×10^{6}
0.01	2.6×10^{-4}	6.6×10^{-8}	3 900
0.1	3.0×10^{-5}	8.6×10^{-7}	35
1.0	5.9×10^{-6}	3.5×10^{-5}	0.17
10	1.7×10^{-6}	3.0×10^{-3}	5.7×10^{-4}

注：①等于一个“空气分子”的直径。

由表 5-3 可见，随着粒径的减小，在相同时间内，颗粒由于布朗扩散的平均位移要比重力沉降距离大得多。

2. 扩散沉降效率

扩散沉降效率取决于捕集体的质量传递佩克莱数 Pe 和雷诺数 Re_D。佩克莱数 Pe 定义为

$$Pe=\frac{u_0 D_c}{D} \tag{5-70}$$

佩克莱数 Pe 是由惯性力产生的颗粒的迁移量与由布朗扩散产生的颗粒的迁移量之比，是捕集过程中扩散沉降重要性的特征参数。Pe 值越小，颗粒的扩散沉降越重要。

对于黏性流，朗缪尔给出的计算颗粒在孤立的单个圆柱形捕集体上的扩散沉降效率为

$$\eta_{BD}=\frac{1.71Pe^{-2/3}}{(2-\ln Re_D)^{1/3}} \tag{5-71}$$

纳坦森（Natanson）和弗里德兰德（Friedlander）等也分别导出了类似的方程。在他们的方程中分别用 2.92 和 2.22 代替了上述方程中的 1.71。

对于势流，速度场与 Re_D 无关，在高 Re_D 下纳坦森等提出了如下方程：

$$\eta_{BD}=\frac{3.19}{Pe^{1/2}} \tag{5-72}$$

从这些方程可以看出，除非 Pe 非常小，否则颗粒的扩散沉降效率将是非常低的。此外，从理论上讲，$\eta_{BD}>1$ 是可能的，因为布朗扩散可能导致来自距离之外的颗粒与捕集体碰撞。对于孤立的单个球形捕集体，约翰斯通（Johnstone）和罗伯特（Roberts）建议用下式计算扩散沉降效率：

$$\eta_{BD}=\frac{8}{Pe}+2.23Re_D^{1/8}Pe^{-5/8} \tag{5-73}$$

例 5-3　试比较靠惯性碰撞、直接拦截和布朗扩散捕集粒径为 0.001～20 μm 的单位密度球形颗粒的相对重要性。捕集体是粒径为 100 μm 的圆柱形纤维，在 293 K 和 101 325 Pa 下的气流速度为 0.1 m/s。

解：在给定条件下：

$$Re_D=\frac{100\times10^{-6}\times1.205\times0.1}{1.81\times10^{-5}}=0.67$$

所以应采用黏性流条件下的颗粒沉降效率公式，计算结果列入下表中，其中惯性碰撞分级效率 η_{II} 由图 5-6 估算，拦截效率 η_{DI} 用式（5-64）、扩散沉降效率 η_{BD} 用式（5-71）计算。

d_p / μm	St	η_{II} / %	R	η_{DI} / %	Pe	η_{BD} / %
0.001	—	—	—	—	1.28	108
0.01	—	—	—	—	1.90×10^2	3.86
0.2	—	—	—	—	4.52×10^4	0.1
1	3.57×10^{-3}	0	0.01	0.004	3.62×10^5	0.025
10	0.308	10	0.1	0.4	—	—
20	1.23	50	0.2	1.7	—	—

由上例可见，对于大颗粒的捕集，布朗扩散的作用很小，主要靠惯性碰撞作用；反之，对于很小的颗粒，惯性碰撞的作用微乎其微，主要是靠扩散沉降。在惯性碰撞和扩散沉降均无效的粒径范围内（本例中为 0.2～1 μm）捕集效率最低。

类似的分析也可以得到捕集效率最低的气流速度范围。

此外，重力沉降、离心分离和静电沉降也是许多除尘器中占支配作用的除尘机制，将在下一章讨论。

习 题

1 区别众径、中位径、算术平均粒径。

2 简述粒径分布、分级效率的定义。

3 经测定某城市大气中飘尘的质量分布符合对数正态分布，且质量中位径 $d_{50}=5.7\ \mu m$，筛上累积分布 R=15.87%时，粒径 d_p（R=15.87%）=9.0 μm，试确定几何标准差 σ_g、个数中位径 NMD 和算术平均径 $\overline{d_L}$。

4 气流中的颗粒物的粒径分布服从对数正态分布，且质量中位径 MMD=10 μm，几何标准偏差 σ=1.5。现在令气流通过一除尘器，该除尘器对 $d_p \geqslant 40$ μm 的颗粒有 100%的捕集效率；对 10～40 μm 的颗粒的捕集效率等于 50%；对于小于 10 μm 的颗粒，捕集效率为 0。（1）以质量计，计算该除尘器的除尘效率。（2）穿透除尘器的颗粒的质量中位径是多少？

5 某 100 万 kW 的燃煤电站的能量转换效率为 40%，所燃煤的热值为 26 700 kJ/kg，灰分含量为 12%，假定 50%的灰分以颗粒物形式进入烟气。现在用电除尘器捕集烟气中的颗粒物（飞灰），其参数为

粒径区间/μm	0～5	5～10	10～20	20～40	>40
粒子的质量百分比/%	14	17	21	23	25
ESP 的捕集效率/%	70	92.5	96	99	100

试计算该电厂排放颗粒物的量，以 kg/s 计。

6 根据下列四种污染源排放的烟尘的对数正态分布数据，在对数概率坐标纸上绘出它们的筛下累积频率曲线。

污染源	质量中位径/μm	集合标准差
平炉	0.36	2.14
飞灰	6.8	4.54
水泥窑	16.5	2.35
化铁炉	60.0	17.65

7　已知某粉尘粒径分布数据（见下表）:（1）判断该粉尘的粒径分布是否符合对数正态分布;（2）如果符合，求其几何标准差、质量中位径、个数中位径、算术平均直径及表面积－体积平均直径。

粉尘粒径/μm	0～2	2～4	4～6	6～10	10～20	20～40	＞40
浓度/(μg / m³)	0.8	12.2	25	56	76	27	3

8　对于题 3 中的粉尘，已知真密度为 1 900 kg/m³，填充空隙率为 0.7，试确定其比表面积（分别以质量、净体积和堆积体积表示）。

9　对某旋风除尘器的现场测试得到：除尘器进口的气体流量为 10 000 m³/h，含尘浓度为 4.2 g/m³。除尘器出口的气体流量为 12 000 m³/h，含尘浓度为 340 mg/m³。试计算该除尘器的处理气体流量、漏风率和除尘效率（分别按考虑漏风和不考虑漏风两种情况计算）。

10　对于题 5 中给出的条件，已知旋风除尘器进口面积为 0.24 m²，除尘器阻力系数为 9.8，进口气流温度为 423 K，气体静压为 –490 Pa，试确定该除尘器运行时的压力损失（假定气体成分接近空气）。

11　有一两级除尘系统，已知系统的流量为 2.22 m³/s，工艺设备产生粉尘量为 22.2 g/s，各级除尘效率分别为 80%和 95%。试计算该除尘系统的总除尘效率、粉尘排放浓度和排放量。

12　某燃煤电厂除尘器的进口和出口的烟尘粒径分布数据如下，若除尘器总除尘效率为 98%，试绘出分级效率曲线。

粉尘间隔/μm		＜0.6	0.6～0.7	0.7～0.8	0.8～1.0	1～2	2～3	3～4
质量频率/%	进口 g_1	2.0	0.4	0.4	0.7	3.5	6.0	24.0
	出口 g_2	7.0	1.0	2.0	3.0	14.0	16.0	29.0

粉尘间隔/μm		4～5	5～6	6～8	8～10	10～12	20～30
质量频率/%	进口 g_1	13.0	2.0	2.0	3.0	11.0	8.0
	出口 g_2	6.0	2.0	2.0	2.5	8.5	7.0

13　某种粉尘的粒径分布和分级除尘效率数据如下，试确定总除尘效率。

平均粒径/μm	0.25	1.0	2.0	3.0	4.0	5.0	6.0	7.0	8.0	10.0	14.0	20.0	＞23.5
质量频率/%	0.1	0.4	9.5	20.0	20.0	15.0	11.0	8.5	5.5	5.5	4.0	0.8	0.2
分级效率/%	8	30	47.5	60	68.5	75	81	86	89.5	95	98	99	100

14　计算粒径不同的三种飞灰颗粒在空气中的重力沉降速度，以及每种颗粒在 30 s 内的沉降高度。假定飞灰颗粒为球形，颗粒直径分别为 0.4 μm、40 μm、4 000 μm，空气温

度为 387.5 K，压力为 101 325 Pa，飞灰真密度为 2 310 kg/m^3。

15　欲通过在空气中的自由沉降来分离石英（真密度为 2.6 g/cm^3）和角闪石（真密度为 3.5 g/cm^3）的混合物，混合物在空气中的自由沉降运动处于牛顿区。试确定完全分离时所允许的最大石英粒径与最小角闪石粒径的最大比值。

16　直径为 200 μm、真密度为 1 850 kg/m^3 的球形颗粒置于水平的筛子上，用温度 293 K 和压力 101 325 Pa 的空气由筛子下部垂直向上吹筛上的颗粒，试确定：（1）恰好能吹起颗粒时的气速；（2）在此条件下的颗粒雷诺数；（3）作用在颗粒上的阻力和阻力系数。

17　欲使空气泡通过浓盐酸溶液（密度为 1.64 g/m^3，黏度为 1×10^{-4} Pa·s），以达到干燥的目的。盐酸装在直径为 10 cm、高 12 m 的圆管内，其深度为 22 cm，盐酸上方的空气处于 298 K 和 101 325 Pa 状态下。若空气的体积流量为 127 L/min，试计算气流能够夹带的盐酸雾滴的最大直径。

18　试确定某水泥粉尘排放源下风向无水泥沉降的最小距离。水泥粉尘是从离地面 4.5 m 高处的旋风除尘器出口垂直排出的，水泥粒径范围为 25 ~ 500 μm，真密度为 1 960 kg/m^3，风速为 1.4 m/s，气温为 293 K，气压为 101 325 Pa。

19　某种粉尘真密度为 2 700 kg/m^3，气体介质（近于空气）温度为 433 K，压力为 101 325 Pa，试计算粒径分别为 10 μm 和 500 μm 的尘粒在离心力作用下的末端沉降速度。已知离心力场中颗粒的旋转半径为 200 mm，该处的气流切向速度为 16 m/s。

第六章　除尘装置

从气体中去除或捕集固态或液态微粒的设备称为除尘装置，或除尘器。

根据主要除尘机理，目前常用的除尘器可分为机械除尘器、电除尘器、湿式除尘器和过滤式除尘器。

第一节　净化装置的性能

评价净化装置性能的指标包括技术指标和经济指标两方面。技术指标主要有处理气体流量、净化效率和压力损失等；经济指标主要有设备费、运行费和占地面积等。此外，还应考虑装置的安装、操作、检修的难易等因素。本节以净化效率为主来介绍净化装置技术性能的表示方法。

一、净化装置技术性能的表示方法

1. 处理气体流量

处理气体流量是表征装置处理气体能力大小的指标，一般以体积流量表示。实际运行的净化装置，由于本体漏气等原因，往往进口和出口的气体流量不同，因此，用两者的平均值作为处理气体流量的代表：

$$q_{V,N}=\frac{1}{2}(q_{V,1N}+q_{V,2N}) \tag{6-1}$$

式中：$q_{V,1N}$——装置进口气体流量，m^3/s；

$q_{V,2N}$——装置出口气体流量，m^3/s。

净化装置漏风率 δ（%）可按下式表示：

$$\delta=\frac{q_{V,1N}-q_{V,2N}}{q_{V,1N}}\times 100 \tag{6-2}$$

2. 净化效率

净化效率是表征装置净化污染物效果的重要技术指标。对于除尘装置称为除尘效率，对于吸收装置称为吸收效率，对于吸附装置则称为吸附效率。关于除尘效率的表示方法，将在下面重点介绍。

3．压力损失

压力损失是表征装置能耗大小的技术经济指标，是指装置的进口和出口气流全压之差。净化装置压力损失的大小，不仅取决于装置的种类和结构形式，还与处理气体流量大小有关。通常压力损失与装置进口气流的动压成正比，即

$$\Delta p=\zeta\frac{\rho v_1^2}{2} \tag{6-3}$$

式中：ζ——净化装置的压力损失系数；

v_1——装置进口气流速度，m/s；

ρ——气体的密度，kg/m^3。

净化装置的压力损失，实质上是气流通过装置时所消耗的机械能，它与通风机所耗功率成正比，所以总是希望尽可能小些。多数除尘装置的压力损失为1～2 kPa，原因是一般通风机具有2 kPa左右的压力。压力再高，不但通风机造价高，难以选到，而且通风机的噪声变大，又增加了消声问题。

二、净化效率的表示方法

1．总效率

总效率指在同一时间内净化装置去除的污染物数量与进入装置的污染物数量之比。

如图6-1所示，装置进口的气体流量为$q_{V,1N}$（m^3/s）、污染物流量为$q_{m,1}$（g/s）、污染物浓度为ρ_{1N}（g/m^3），装置出口的相应量为$q_{V,2N}$（m^3/s）、$q_{m,2}$（g/s）、ρ_{2N}（g/m^3），装置捕集的污染物流量为$q_{m,3}$（g/s），则有：

$$q_{m,1}=q_{m,2}+q_{m,3}$$

$$q_{m,1}=\rho_{1N}q_{V,1N}$$

$$q_{m,2}=\rho_{2N}q_{V,2N}$$

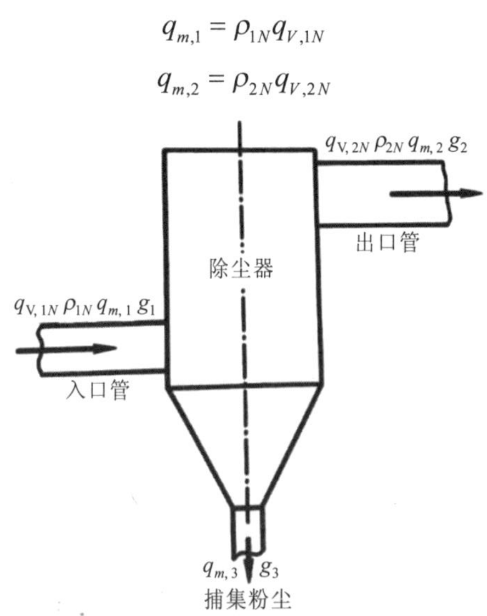

图6-1　净化效率计算式中的有关符号

总净化效率η 可表示为

$$\eta = \frac{q_{m,3}}{q_{m,1}} = 1 - \frac{q_{m,2}}{q_{m,1}} \tag{6-4}$$

或

$$\eta = 1 - \frac{\rho_{2N} q_{V,2N}}{\rho_{1N} q_{V,1N}} \tag{6-5}$$

若净化装置本体不漏气，即$q_{V,1N} = q_{V,2N}$，则式（6-5）简化为

$$\eta = 1 - \frac{\rho_{2N}}{\rho_{1N}} \tag{6-6}$$

2．通过率

当净化效率很高时，或为了说明污染物的排放率，有时采用通过率P表示装置性能：

$$P = \frac{q_{m,2}}{q_{m,1}} = \frac{\rho_{2N} q_{V,2N}}{\rho_{1N} q_{V,1N}} = 1 - \eta \tag{6-7}$$

3．分级除尘效率

除尘装置总除尘效率的高低，往往与粉尘粒径大小有很大关系。为了表示除尘效率与粉尘粒径的关系，提出分级除尘效率的概念。分级除尘效率指除尘装置对某一粒径d_{pi}或粒径间隔Δd_p内粉尘的除尘效率，简称分级效率。分级效率可以用表格、曲线图或显函数$\eta_i = f(d_{pi})$的形式表示。这里的d_{pi}代表某一粒径或粒径间隔。

若设除尘器进口、出口和捕集的d_{pi}颗粒质量流量分别为$q_{m,1i}$、$q_{m,2i}$和$q_{m,3i}$，则该除尘器对d_{pi}颗粒的分级效率为

$$\eta_i = \frac{q_{m,3i}}{q_{m,1i}} = 1 - \frac{q_{m,2i}}{q_{m,1i}} \tag{6-8}$$

对于分级效率，一个非常重要的值是$\eta_i = 50\%$，与此值相对应的粒径称为除尘器的分割粒径，一般用d_c表示。分割粒径d_c在讨论除尘器性能时经常用到。

4．分级效率与总除尘效率之间的关系

（1）由总效率求分级效率

在除尘器实验中，可以测出除尘器进口和出口的粉尘浓度ρ_1和ρ_2，并计算出总除尘效率η。为了求出分级效率，还需同时测出除尘器进口、出口和捕集的粉尘的质量频率g_{1i}、g_{2i}、g_{3i}中任意两组数据。由质量频率定义式（5-1）和分级效率定义式（6-8）有：

$$q_{m,1i} = q_{m,1} g_{1i}, \quad q_{m,2i} = q_{m,2} g_{2i}, \quad q_{m,3i} = q_{m,3} g_{3i}$$

$$\eta_i = \frac{q_{m,3} g_{3i}}{q_{m,1} g_{1i}} = \eta \frac{g_{3i}}{g_{1i}} \tag{6-9}$$

或

$$\eta_i = \frac{q_{m,2} g_{2i}}{q_{m,1} g_{1i}} = 1 - P\frac{g_{2i}}{g_{1i}} \tag{6-10}$$

或

$$\eta_i = \frac{\eta}{\eta + P g_{2i} / g_{3i}} \tag{6-11}$$

表 6-1 所示为某种旋风除尘器分级效率的计算实例，根据实验得到的总除尘效率和粉尘粒径分布数据，计算出该除尘器净化该种粉尘的分级效率。

表 6-1　某种旋风除尘器分级效率的计算实例（总除尘效率 η=90.8%）

粒径间隔/	质量频率/%			分级效率 η_i /%			
μm	进口/g_{1i}	出口/g_{2i}	捕集/g_{3i}	按式（6-9）	按式（6-10）	按式（6-11）	三式平均
0～5	10.4	81.6	3.2	27.9	27.8	27.9	27.9
5～10	41	15	12.8	83	90.1	89.4	87.5
10～20	19.6	2.4	20	92.7	98.9	98.8	96.8
20～40	22.4	1	23.2	94	99.6	99.6	97.7
40～60	14	0	14.8	96	100	100	98.7
＞60	19.6	0	26	100	100	100	100

（2）由分级效率求总除尘效率

这类计算属于设计计算，即根据某种除尘器净化某类粉尘的分级效率数据和该类粉尘的粒径分布数据，计算该种除尘器净化该类粉尘时能达到的总除尘效率。由分级效率计算式（6-9）有 $\eta g_{3i} = \eta_i g_{1i}$，等式两端对各种粒径间隔求和，并考虑到 $\sum_i g_{3i} = 1$，便得到计算总除尘效率的公式：

$$\eta = \sum_i \eta_i g_{1i} \tag{6-12}$$

表 6-2 给出这类计算的实例。

表 6-2　由粒径分布和分级效率计算总效率的实例

粒径间隔 d_p/μm		0～5.8	5.8～8.2	8.2～11.7	11.7～16.5	16.5～22.6	22.6～33	33～47	＞47
进口质量频率 g_{1i}/%		31	4	7	8	13	19	10	8
分级效率 η_i /%		61	85	93	96	98	99	100	100
总效率 η/%	$\eta_i g_{1i}$	18.9	3.4	6.5	7.7	12.7	18.8	10.0	8.0
	$\eta = \sum_i \eta_i g_{1i}$	86.0							

若分级效率以$\eta_i=\eta_i(d_p)$函数形式给出，进口粉尘粒径分布以质量累积频率分布函数$G_1=G_1(d_p)$形式或频率密度函数$q_1=q_1(d_p)$形式给出，则总除尘效率可按积分式计算：

$$\eta=\int_0^1\eta_i\cdot \mathrm{d}G_1=\int_0^\infty \eta_i q_1\cdot \mathrm{d}d_p \tag{6-13}$$

为求出上式积分值，可用解析法或图解法。若η_i和G_1（或q_1）皆以显函数形式给出，可求得精确积分值，否则只能用图解法或数值近似计算法求解。

5. 多级串联运行时的总净化效率

在实际工程中，有时需要把两种或多种不同类型的除尘器串联起来使用，构成两级或多级除尘系统。

若多级除尘器中每一级的运行性能是独立的，净化第i级粉尘的分级通过率分别为P_{i1}，P_{i2}，…，P_{in}，或分级效率分别为η_{i1}，η_{i2}，…，η_{in}，则此多级除尘器净化第i级粉尘的总分级通过率为

$$P_{iT}=P_{i1}P_{i2}\cdots P_{in} \tag{6-14}$$

或总分级效率为

$$\eta_{iT}=1-P_{iT}=1-(1-\eta_{i1})(1-\eta_{i2})\cdots(1-\eta_{in}) \tag{6-15}$$

按上式计算出总分级效率后，由除尘系统总进口的粉尘粒径分布数据，即可按式（6-13）等计算出多级除尘系统的总除尘效率。

若已知各级除尘器的除尘效率分别为η_1，η_2，…，η_n，也可仿照上式计算多级除尘系统的总除尘效率：

$$\eta_T=1-(1-\eta_1)(1-\eta_2)\cdots(1-\eta_n) \tag{6-16}$$

但应指出，由于进入各级除尘器的粉尘粒径越来越小，所以每级除尘器的除尘效率一般也越来越小。

第二节　机械除尘器

机械除尘器通常指利用质量力（重力、惯性力和离心力）的作用使颗粒物与气体分离的装置，常用的有重力沉降室、惯性除尘器、旋风除尘器。

一、重力沉降室

重力沉降室是通过重力作用使尘粒从气流中沉降分离的除尘装置（图 6-2、图 6-3）。

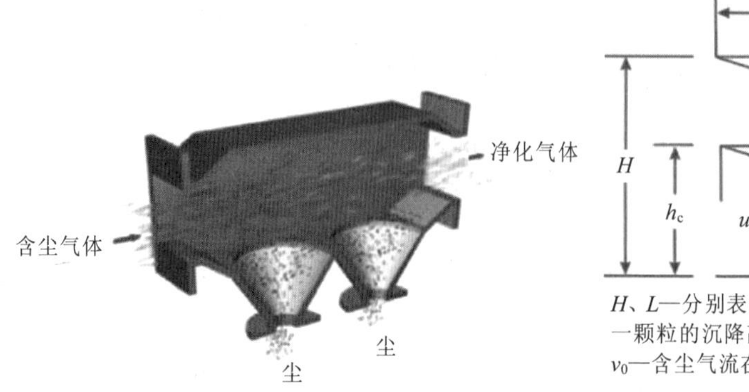

图 6-2　简单的重力沉降室

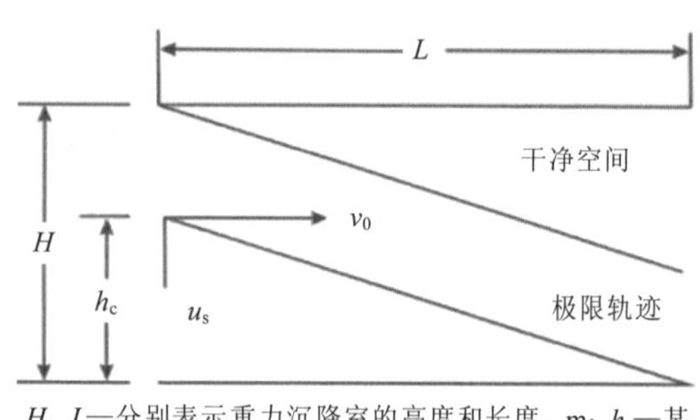

H、L—分别表示重力沉降室的高度和长度，m；h_c—某一颗粒的沉降高度，m；u_s—某一颗粒的沉降速度，m/s；v_0—含尘气流在沉降室中的水平流速，m/s

图 6-3　纵剖面示意图

气流进入重力沉降室后，流动截面积扩大，流速降低，较重颗粒在重力作用下缓慢向灰斗沉降，可分为层流式和湍流式两种。

1. 层流式重力沉降室

假定沉降室内气流为柱塞流；颗粒均匀分布于烟气中，忽略气体浮力，粒子仅受重力和阻力的作用。设沉降室的长、宽、高分别为 L、W、H，处理烟气量为 Q，则：

气流在沉降室内的停留时间

$$t = L/v_0 = \frac{LWH}{Q} \tag{6-17}$$

在 t 时间内粒子的沉降距离

$$h_c = u_s \cdot t = \frac{u_s}{v_0} = \frac{u_s LWH}{Q} \tag{6-18}$$

该粒子的除尘效率

$$\eta_i = \frac{h_c}{H} = \frac{u_s L}{v_0 H} = \frac{u_s LW}{Q} \ (h_c < H)$$
$$\eta_i = 1.0 \ (h_c \geqslant H) \tag{6-19}$$

对于 Stokes 粒子，重力沉降室能 100%捕集的最小粒子的 $d_{\min}$ 计算方式如下。

$$h_c = H$$

$$u_s = \frac{d_p^2 \rho_p g}{18\mu} \frac{LWH}{Q}$$

即

$$\frac{d_p^2 \rho_p g}{18\mu} \frac{LWH}{Q} = H$$

$$d_{\min} = \sqrt{\frac{18\mu Q}{\rho_p g W L}} \tag{6-20}$$

由于沉降室内气流扰动和返混的影响，工程上一般用分级效率公式的一半作为实际分级效率。

$$d_{\min}=\sqrt{\frac{36\mu Q}{\rho_{\mathrm{p}}gWL}}$$

提高沉降室效率的主要途径有：①降低沉降室内气流速度；②增加沉降室长度；③降低沉降室高度，沉降室内的气流速度一般为 0.3～2.0 m/s。

2. 多层沉降室

使沉降高度减少为原来的 1/（n+1），其中 n 为水平隔板层（图 6-4）。

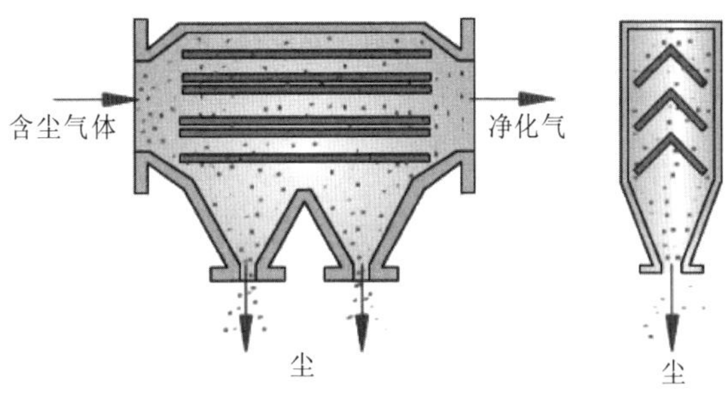

图 6-4　多层沉降室

$$\eta_i=\frac{u_s LW(n+1)}{Q} \tag{6-21}$$

考虑清灰的问题，一般隔板数在 3 以下。

重力沉降室的优点有：结构简单；投资少；压力损失小（一般为 50～100 Pa）；维修管理容易。

缺点有：体积大；效率低；仅作为高效除尘器的预除尘装置，除去较大和较重的粒子。

二、惯性除尘器

1. 机理

沉降室内设置各种形式的挡板，含尘气流冲击在挡板上，气流方向发生急剧转变，借助尘粒本身的惯性力作用，使其与气流分离（图 6-5）。

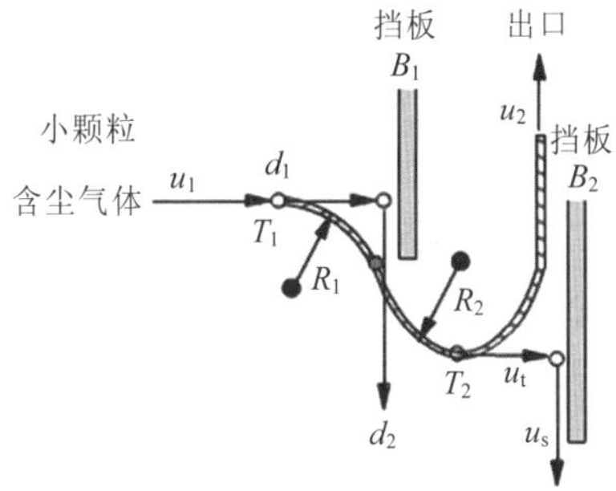

图 6-5　惯性除尘器的分离机理

2. 结构形式

冲击式惯性除尘器（图 6-6）气流冲击挡板捕集较粗粒子；反转式惯性除尘器（图 6-7）改变气流方向捕集较细粒子。

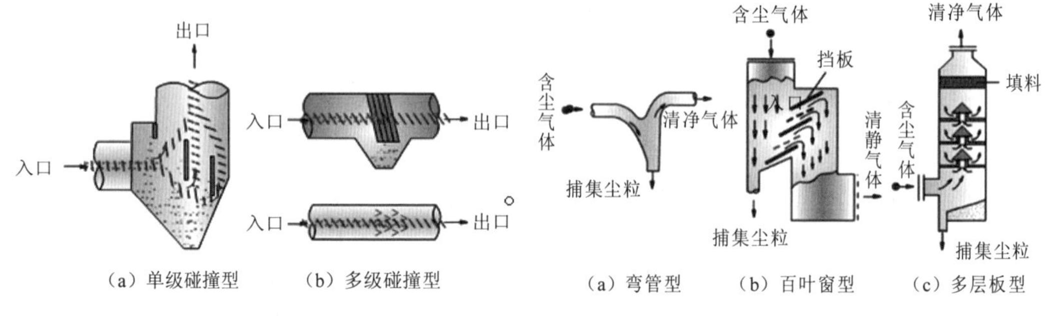

图 6-6　冲击式惯性除尘器

图 6-7　反转式惯性除尘器

3. 应用

（1）一般净化密度和粒径较大的金属或矿物性粉尘。

（2）净化效率不高，一般只用于多级除尘中的一级除尘，捕集粒径 20 μm 以上的粗颗粒。

（3）压力损失 100～1 000 Pa。

三、旋风除尘器

1. 旋风除尘器内气流与尘粒运动

旋风除尘器是利用旋转气流产生的离心力使尘粒从气流中分离的装置。用来分离粒径大于 10 μm 的颗粒物。工业上已有 100 多年的应用历史。

普通旋风除尘器是由进气管、筒体、锥体和排气管等组成的。气流沿外壁由上向下旋转运动（图 6-8）：

外涡旋：少量气体沿径向运动到中心区域，旋转气流在锥体底部转而向上沿轴心旋转。

内涡旋：气流运动包括切向、轴向和径向，对应有切向速度、轴向速度和径向速度。

其优点有：结构简单、占地面积小，投资少，操作维修方便，压力损失较大，动力消耗也较大，可用于各种材料制造，能用于高温、高压及腐蚀性气体，并可回收干颗粒物。

缺点有：效率仅 80%左右，捕集＜5 μm 颗粒的效率不高，一般作预除尘用。

切向速度决定气流质点离心力大小，颗粒在离心力作用下逐渐移向外壁；到达外壁的尘粒在气流和重力共同作用下沿壁面落入灰斗；上涡旋气流从除尘器顶部向下高速旋转时，一部分气流带着细小的尘粒沿筒壁旋转向上，到达顶部后，再沿排出管外壁旋转向下，最后从排出管排出。

旋风除尘器内气流的切向速度和压力分布见图 6-9。

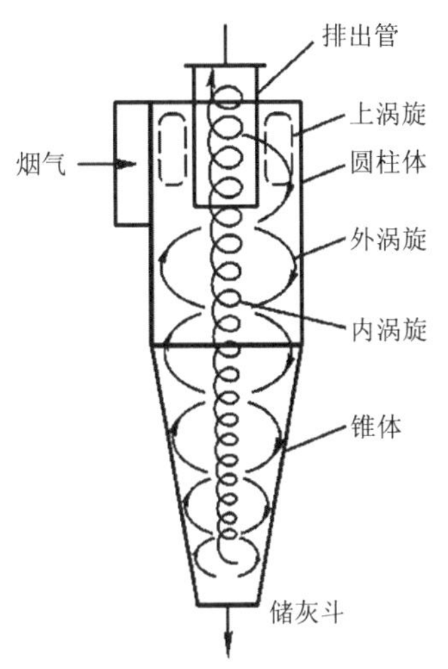

图 6-8　普通旋风除尘器的结构

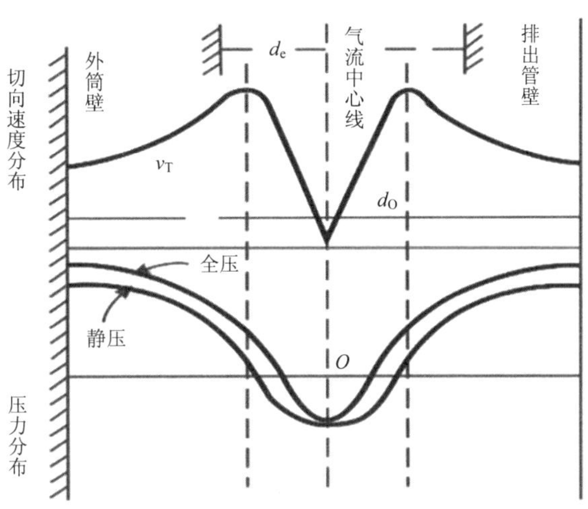

图 6-9　旋风除尘器内部气流的切向速度和压力分布

根据“涡旋定律”，外涡旋的切向速度反比于旋转半径 R 的 n 次方

$$V_T R^n = 常数 \tag{6-22}$$

此处 $n \leqslant 1$，称为涡流指数

$$n = 1 - [1 - 0.67(D)^{0.14}]\left(\frac{T}{283}\right)^{0.3} \tag{6-23}$$

内涡旋的切向速度正比于半径

$$V_T / R = \omega \text{（角速度）} \tag{6-24}$$

内外涡旋的界面上气流切向速度最大。

交界圆柱面直径 d_0=(0.6~1.0)d_e，d_e 为排气管直径。

径向速度：假定外涡旋气流均匀地经过交界圆柱面进入内涡旋，平均径向速度：

$$V_r = \frac{Q}{2\pi r_0 h_0} \tag{6-25}$$

r_0 和 h_0 分别为交界圆柱面的半径和高度，单位为 m。

轴向速度：外涡旋的轴向速度向下，内涡旋的轴向速度向上，在内涡旋，轴向速度向上逐渐增大，在排出管底部达到最大值。

2. 旋风除尘器的压力损失

旋风除尘器的压力损失计算：

$$\Delta P = \frac{1}{2}\zeta\rho V_{\text{in}}^2 \tag{6-26}$$

式中：ρ——气体的密度，kg/m^3；

V_{in}——气体入口速度，m/s；

ζ——局部阻力系数，$\zeta = 16A/d_e^2$。

局部阻力系数见表 6-3。

表 6-3　局部阻力系数

旋风除尘器形式	XLT	XLT/A	XLP/A	XLP/B
ξ	5.3	6.5	8.0	5.8

①相对尺寸对压力损失影响较大，除尘器结构形式相同时，几何相似放大或缩小，压力损失基本不变。

②含尘浓度增高，压力降明显下降。

③操作运行中可以接受的压力损失一般低于 2 kPa。

3. 旋风除尘器的除尘效率

计算分割粒径是确定除尘效率的基础，在交界面上，离心力为 F_C，向心运动气流作用于尘粒上的阻力为 F_D。

若 $F_C > F_D$，颗粒移向外壁；

若 $F_C < F_D$，颗粒进入内涡旋；

当 $F_C = F_D$ 时，有 50%的可能进入外涡旋，即除尘效率为 50%。

$$\frac{\pi}{6} d_c^3 \rho_p \frac{V_{T_0}^2}{r_0} = 3\pi\mu d_c V_t \tag{6-27}$$

对于球形 Stokes 粒子

分割粒径

$$d_c = \left(\frac{18\mu V_r r_0}{\rho_p V_{T_0}^2}\right)^{1/2} \tag{6-28}$$

d_c 确定后，用雷思-利希特模式计算其他粒子的分级效率

$$\eta_i = 1 - \exp\left[-0.6391 \times \left(\frac{d_p}{d_c}\right)^{\frac{1}{n+1}}\right] \tag{6-29}$$

另一种经验公式

$$\eta_i = \frac{(d_{pi}/d_c)^2}{1+(d_{pi}/d_c)^2} \tag{6-30}$$

另一种计算旋风除尘器的除尘效率的方法为：

将旋风除尘器视为利用离心力进行沉降的沉降室。

沉降室长度为 $N\pi D$。

沉降室高度为 b。

沉降速度=径向速度 V_r

活塞流

$$\eta_i = \frac{N\pi D V_T}{b V_r} \tag{6-31}$$

纵向湍流

$$\eta_i = 1 - \exp\left(-\frac{N\pi D V_T}{b V_r}\right) \tag{6-32}$$

式中：N——气流旋转圈数；

D——外筒内直径。

4．影响旋风除尘器效率的因素

（1）二次效应——被捕集粒子重新进入气流

①在较小粒径区间内，理应逸出的粒子由于聚集或被较大尘粒撞向壁面而脱离气流获得捕集，实际效率高于理论效率。

②在较大粒径区间，粒子被反弹回气流或沉积的尘粒被重新吹起，实际效率低于理论效率。

③通过环状雾化器将水喷淋在旋风除尘器内壁上，能有效地控制二次效应。

④临界入口速度，适当提高烟气入口气速，离心力增大，能够提高除尘效率；烟气气速过大，会造成二次扬尘，导致除尘效率降低。实际入口气速在 10～25 m/s 范围内选择。

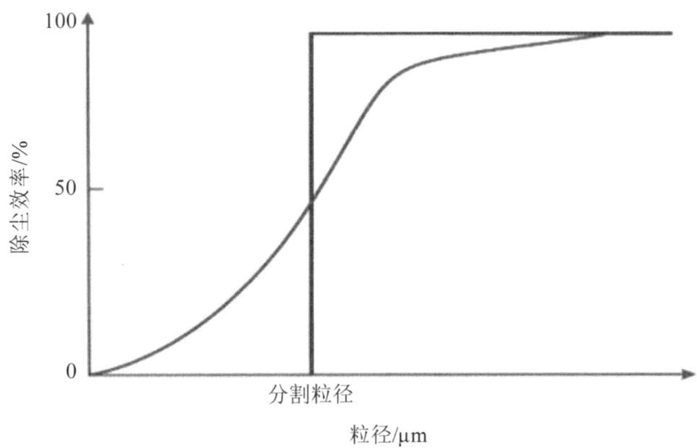

图 6-10　旋风除尘器分级效率曲线

（2）比例尺寸

①在相同的切向速度下，筒体直径越小，离心力越大，除尘效率越高；筒体直径过小，粒子容易逃逸，效率下降。

②锥体适当加长，对提高除尘效率有利。

③排出管直径越小，分割粒径越小，即除尘效率越高；直径太小，压力降增加，一般取排出管直径 d_e=(0.4~0.65)D。

④特征长度（natural length）——亚历山大公式

$$L = 2.3d_e\left(\frac{D^2}{A}\right)^{1/3} \tag{6-33}$$

⑤旋风除尘器排出管以下部分的长度应当接近或等于 L，筒体和锥体的总高度以不大于 5 倍的筒体直径为宜。

比例尺寸对旋风除尘器性能的影响见表 6-4。

表 6-4　比例尺寸对旋风除尘器性能的影响

比例变化	性能趋向		投资趋向
	压力损失	效率	
增大旋风除尘器直径	降低	降低	提高
加长筒体	稍有降低	提高	提高
增大入口面积（流量不变）	降低	降低	—
增大入口面积（速度不变）	提高	降低	降低
加长锥体	稍有降低	提高	提高
增大锥体的排出孔	稍有降低	提高或降低	—
减小锥体的排出孔	稍有提高	提高或降低	—
加长排出管伸入器内的长度	提高	提高或降低	提高
增大排气管管径	降低	降低	提高

（3）除尘器下部的严密性

为了在不漏风的情况下进行正常排灰，一般在灰斗下口安装锁气器，图 6-11 为双翻板式锁气器和回转式锁气器的示意图。

（4）烟尘的物理性质

气体的密度和黏度、尘粒的大小和密度、烟气含尘浓度之间的关系如下。

$$\frac{100-\eta_a}{100-\eta_b}=\left(\frac{\mu_a}{\mu_b}\right)^{0.5}$$

$$\frac{100-\eta_a}{100-\eta_b}=\left(\frac{\rho_b-\rho_{gb}}{\rho_a-\rho_{ga}}\right)^{0.5} \tag{6-34}$$

$$\frac{100-\eta_a}{100-\eta_b}=\left(\frac{\rho_{1b}}{\rho_{1a}}\right)^{0.182}$$

式中下角标 a、b 分别表示变化前、变化后。

$$\Delta P_{\mathrm{d}} = \frac{\Delta P_{\mathrm{c}}}{0.013(2.29\rho_1 + 1)^{1/2}} \tag{6-35}$$

式中：ρ_1——入口含尘浓度，g/m^3；

ΔP_{c}——干净空气的压力损失，Pa；

ΔP_{d}——随浓度变化而变化的压力损失，Pa。

（5）操作变量

提高烟气入口流速，旋风除尘器分割粒径变小，除尘器性能改善。

$$\frac{100-\eta_{\mathrm{a}}}{100-\eta_{\mathrm{b}}} = \left(\frac{Q_{\mathrm{b}}}{Q_{\mathrm{a}}}\right)^{0.5} \tag{6-36}$$

入口流速过大，已沉积的粒子有可能再次被吹起，重新卷入气流中，除尘效率下降，效率最高时的入口速度

$$v_1 = 3\,030\frac{\mu\rho_p}{\rho_g^2}\cdot\frac{(b/D)^{1/2}}{(1-b/D)}D^{0.201} \tag{6-37}$$

5．旋风除尘器的结构形式

根据进气方式，旋风除尘器主要有三种不同的结构形式，如图 6-12 所示。

①按进气方式分为切向进入式和轴向进入式。

②按气流组织分为回流式、直流式、平旋式和旋流式。

③多管旋风除尘器。由多个相同构造形状和尺寸的小型旋风除尘器（又称旋风子）组合在一个壳体内并联使用的除尘器组。常见的多管旋风除尘器有回流式和直流式两种。

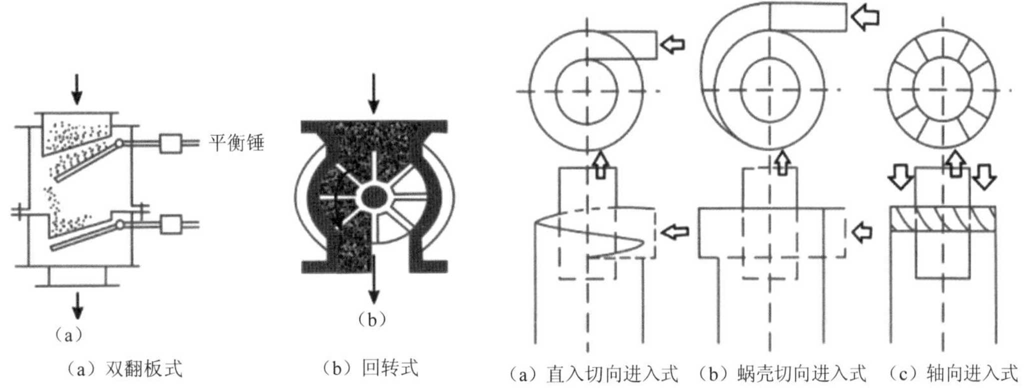

（a）双翻板式　（b）回转式

图 6-11　锁气器

（a）直入切向进入式　（b）蜗壳切向进入式　（c）轴向进入式

图 6-12　旋风除尘器进口形式示意图

6．旋风除尘器的设计选型

根据含尘浓度、粒度分布、密度等烟气特征，以及除尘要求、允许的阻力和制造条件等因素选择除尘器的形式。

根据允许的压力降确定进口气速，或取为 12～25 m/s。

$$v_1=\sqrt{\frac{2\Delta P}{\zeta\rho}} \tag{6-38}$$

确定入口截面 A、入口宽度 b 和高度 h。

$$A=bh=\frac{Q}{v_1} \tag{6-39}$$

确定各部分几何尺寸。

也可选择其他的结构，但应遵循以下原则：

①为防止粒子短路漏到出口管，$h\leqslant s$，其中 s 为排气管插入深度；

②为避免过高的压力损失，$b\leqslant (D-d_e)/2$；

③为保持涡流的终端在锥体内部，$(H+L)\geqslant 3D$；

④为使粉尘易于滑动，锥角=7°～8°；

⑤为获得最大的除尘效率，$d_e/D\approx 0.4\sim 0.5$，$(H+L)/d_e\approx 8\sim 10$；$s/d_e\approx 1$。

例 6-1 已知烟气处理量 Q=5 000 m³/h，烟气密度 ρ=1.2 kg/m³，允许压力损失为 900 Pa。若选用 XLP/B 型旋风除尘器，试求其主要尺寸。

解：由

$$v_1=\sqrt{\frac{2\Delta P}{\zeta\rho}}$$

根据表 6-3，ζ=5.8

$$v_1=\sqrt{\frac{2\times 900}{5.8\times 1.2\times 10^{-3}}}=16.1\ \text{m/s}$$

v_1 的计算值与表 5-3 的气速与压力降数据一致。

$$A=\frac{Q}{3\,600v_1}=\frac{5\,000}{3\,600\times 16.1}=0.086\,3\ \text{m}^2$$

$$h=\sqrt{2A}=\sqrt{2\times 0.086\,3}=0.42\ \text{m}$$

$$b=\sqrt{\frac{A}{2}}=\sqrt{\frac{0.086\,3}{2}}=0.208\ \text{m}$$

$$D=3.33b=3.33\times 0.208=0.624\ \text{m}=624\ \text{mm}$$

参考 XLP/B 系列，取 D=700 mm，

$$d_e=0.6D=0.6\times 700=420\ \text{mm}$$

$$L=1.7D=1.7\times 700=1\,190\ \text{mm}$$

$$H=2.3D=2.3\times 700=1\,610\ \text{mm}$$

$$d_1=0.43D=0.43\times 700=301\ \text{mm}$$

第三节　电除尘器

电除尘器是含尘气体在通过高压电场进行电离的过程中，使尘粒荷电，并在电场力的作用下使尘粒沉降在集尘极上，将尘粒从含尘气体中分离出来的一种除尘设备。

电除尘器的主要优点有：

①压力损失小，一般为 200～500 Pa。

②处理烟气量大，可达 10^5～10^6 m^3/h。

③能耗低，为 0.2～0.4 kW·h/1 000 m^3。

④对细粉尘有很高的捕集效率，可高于 99%。

⑤可在高温或强腐蚀性气体下操作。

缺点有：

①一次性投资高。

②安装精度要求高。

③对粉尘比电阻有一定要求。

一、电除尘器的工作原理

①悬浮粒子荷电——高压直流电晕。

②带电粒子在电场内迁移和捕集——延续的电晕电场（单区电除尘器）或光滑的不放电的电极之间的纯静电场（双区电除尘器）。

③捕集物从集尘表面上清除——振打除去接地电极上的粉尘层并使其落入灰斗。

电除尘器除尘过程见图 6-13。

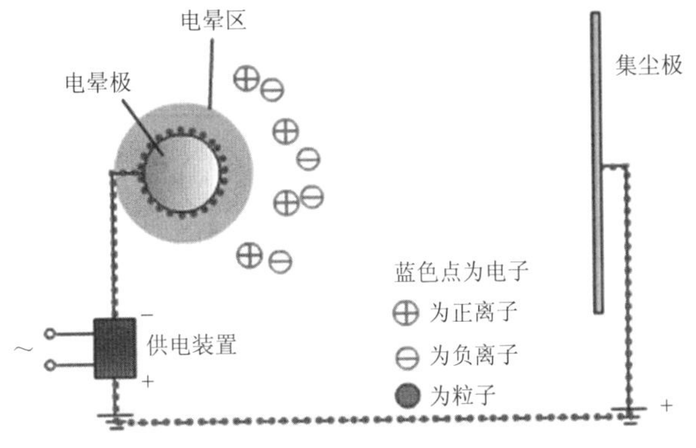

图 6-13　电除尘器除尘过程示意图

电除尘器分为单区（延续的电晕电场）和双区（光滑的不放电的电极之间的纯静电场）（图 6-14）。

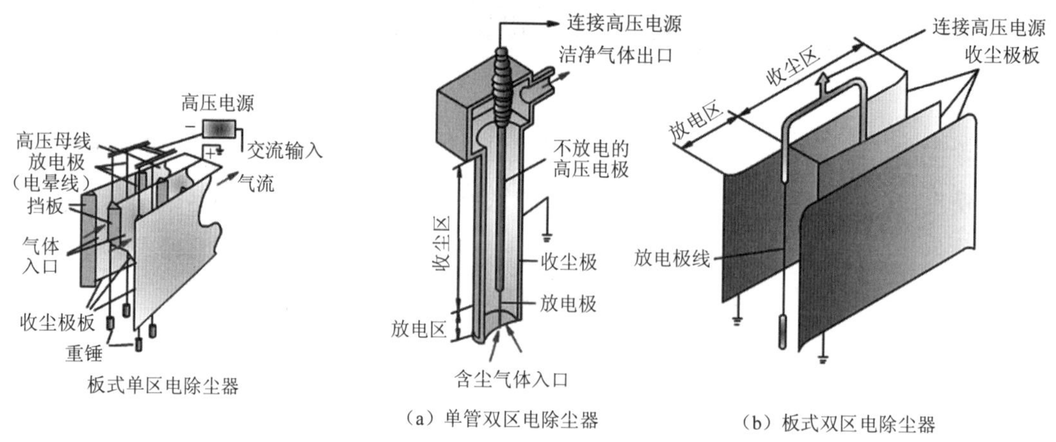

图 6-14　单区和双区电除尘器示意图

二、电晕放电

1．电晕电压放电机理

金属丝放出的电子迅速向正极移动，与气体分子撞击使之离子化，气体分子离子化的过程又产生大量电子——雪崩过程，远离金属丝，电场强度降低，气体离子化过程结束，电子被气体分子捕获。

气体离子化区域——电晕区：自由电子和气体负离子是粒子荷电的电荷来源。

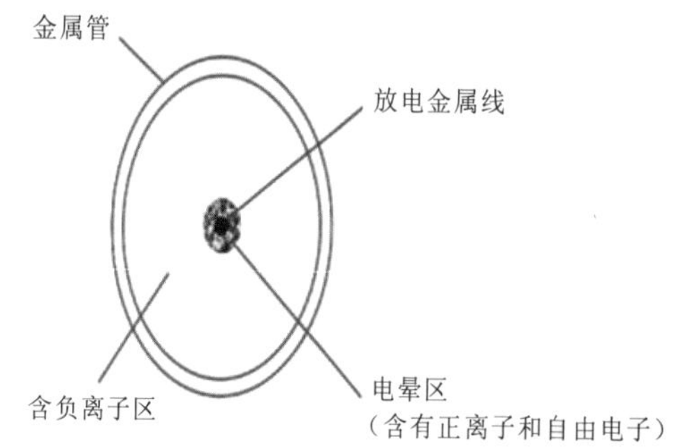

图 6-15　电晕放电示意图

2．起始电晕电压

起始电晕电压——开始产生电晕电流所施加的电压。

管式电除尘器内任一点的电场强度

$$E(r)=\frac{V}{r\ln(b/\alpha)} \tag{6-40}$$

起始电晕电压与烟气性质和电极形状、几何尺寸等因素有关，起始电晕所需要电场强

度［皮克（Peek）经验公式］为

$$E_c = 3\times10^6 m(\delta + 0.03\sqrt{\delta/\alpha}) \tag{6-41}$$

式中：r——距电晕电中心的距离，m；

α——电晕线半径，m；

b——管式电除尘器半径，m；

δ——空气的相对密度；

m——导线光滑修正系数，量纲一，$0.5<m<1.0$。

在 $r=\alpha$ 时（电晕电极表面上），为起始电晕电压：

$$V_0 = 3\times10^{-6} am\left(\delta + 0.03\sqrt{\delta/a}\right)\ln(b/a) \tag{6-42}$$

正或负电晕极在空气中的电晕电流-电压曲线如图 6-16 所示。电流始于最小电压值 V_0，随着电压的增高，电流呈抛物线形升高，电晕区范围逐渐扩大致使极间空气全部电离——电场击穿；相应的电压——击穿电压，在相同电压下通常负电晕电极产生较高的电晕电流，且击穿电压也高得多。工业气体净化倾向于采用稳定性强、操作电压和电流高的负电晕极；空气调节系统采用正电晕极，好处在于其产生臭氧和氮氧化物的量低。

3．影响电晕特性的因素

①电极的形状、电极间距离。

②气体组成、压力、温度。

a）不同气体对电子的亲和力、迁移率不同；

b）气体温度和压力的不同影响电子平均自由程和加速电子及能产生碰撞电离所需要的电压。

③气流中要捕集的粉尘的浓度、粒度、比电阻以及在电晕极和集尘极上的沉积。

④电压的波形（图 6-17）。

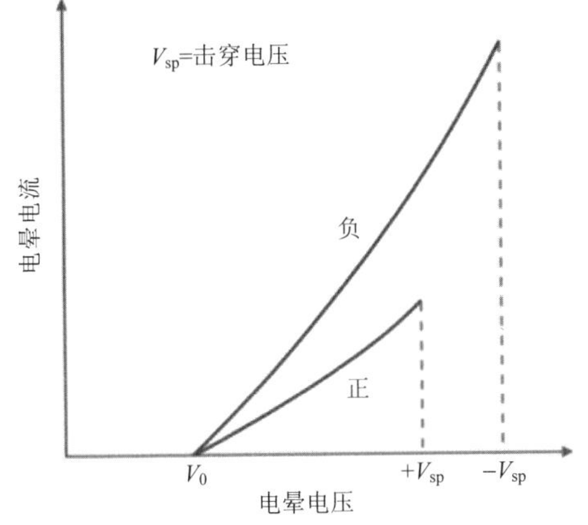

图 6-16　电晕电压

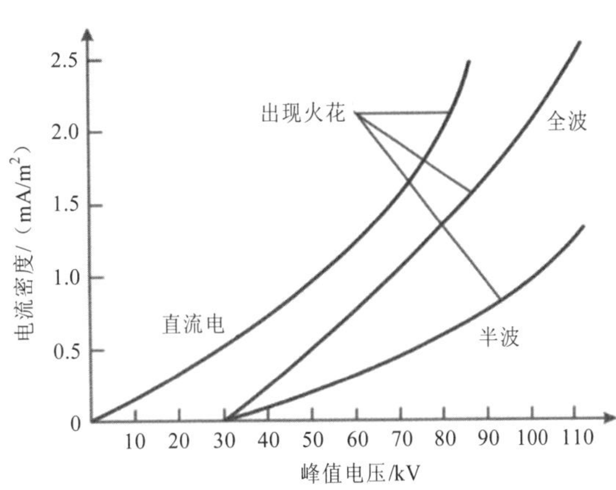

图 6-17　电压波形对电晕特征的影响

三、粒子荷电

粒子荷电有以下两种机理：

1）电场荷电或碰撞荷电——离子在静电力作用下做定向运动，与粒子碰撞而使粒子荷电。

2）扩散荷电——离子的扩散现象而导致的粒子荷电过程；依赖离子的热能，而不是依赖电场。

粒子的主要荷电过程取决于粒径：

①对于 d_P＞0.5 μm 的微粒，以电场荷电为主；

②对于 d_P＜0.5 μm 的微粒，以扩散荷电为主；

③对于粒径介于 0.15～0.5 μm 的粒子，则需要同时考虑这两种过程。

1. 电场荷电

电场荷电过程为：粒子荷电→电荷累积→粒子场强增加→没有气体分子能够到达粒子表面→电荷饱和。

粒子获得的饱和电荷

$$q = 3\pi\varepsilon_0 E_0 d_p^2 \left(\frac{\varepsilon}{\varepsilon + 2}\right) \tag{6-43}$$

式中：q——粒子饱和荷电量，C；

ε_0——真空介电常数，等于 8.85×10^{-2}；

E_0——电场强度，V/m；

ε——粒子相对介电常数。

影响电场荷电的因素有：粒径 d_p 和介电常数 ε；电场强度 E_0 和离子密度 N_0。

一般粒子的荷电时间仅为 0.1 s，相当于气流在除尘器内流动 10～20 cm 所需要的时间，一般可以认为粒子进入除尘器后立刻达到了饱和电荷。

2. 扩散荷电

与电场电荷过程相反，不存在扩散荷电的最大极限值（根据分子运动理论，不存在离子动能上限），荷电量取决于离子热运动的动能、粒子大小和荷电时间。

扩散荷电理论方程

$$n = \frac{2\pi\varepsilon_0 kTd_p}{e^2}\ln\left(1 + \frac{e^2\bar{u}d_p N_0 t}{8\varepsilon_0 kT}\right) \tag{6-44}$$

式中：k——玻尔兹曼常数，1.38×10^{-23} J/K；

T——气体温度，K；

N_0——离子密度，个/m^3；

e——电子电量，e=1.6×10^{-6}C；

$\overline{u}$ ——气体离子的平均热运动速度，m/s。

3. 电场荷电和扩散荷电的综合作用

处于中间范围（0.15～0.5 μm）的粒子，需同时考虑电场荷电和扩散荷电。

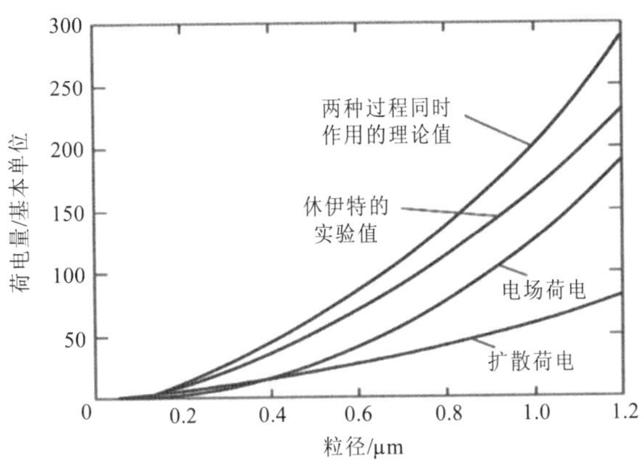

图 6-18　典型条件下粒子的荷电量

根据 Robinson 的研究，简单地将电场荷电和扩散荷电的电荷相加，可近似地表示两种过程综合作用时的荷电量，与实验值基本一致。

异常荷电现象有：

1）沉积在集尘极表面的高比电阻粒子导致在低电压下发生火花放电或在集尘极发生反电晕现象，通常当高比电阻高于 2×10^{10} Ωm 时，较易发生火花放电或反电晕，破坏正常电晕过程。

2）气流中微小粒子的浓度高时，荷电尘粒所形成的电晕电流不大，可是所形成的空间电荷却很大，严重抑制电晕电流的产生，使尘粒不能获得足够的电荷。

3）当含尘量大到某一数值时，电晕现象消失，尘粒在电场中根本得不到电荷，电晕电流几乎减小到零，失去除尘作用，即电晕闭塞。

四、荷电粒子的运动和捕集

1. 驱进速度

设质量为 m、粒径为 d_p、带电量为 q 的粒子在电场强度为 E_p 的电场中运动，又有气体的黏度为 μ，运动速度为 ω。

则力平衡关系有

$$m\frac{\mathrm{d}\omega}{\mathrm{d}t}=qE_{\mathrm{p}}-3\pi\mu d_{\mathrm{p}}\omega$$

$$\int\frac{m\mathrm{d}\omega}{qE_{\mathrm{p}}-3\pi\mu d_{\mathrm{p}}\omega}=\int\mathrm{d}t$$

$$\frac{-m}{3\pi\mu d_{\mathrm{p}}}\ln(3\pi\mu d_{\mathrm{p}}\omega-qE_{\mathrm{p}})=t+C$$

则
$$\mathrm{e}^{-\left(\frac{3\pi\mu d_{\mathrm{p}}}{m}\right)(t+C)}=3\pi\mu d_{\mathrm{p}}\omega-qE_{\mathrm{p}}$$

当 t=0 时，E=0，$\mathrm{e}^{-\left(\frac{3\pi\mu d_{\mathrm{p}}}{m}\right)C}=-qE_{\mathrm{p}}$

则最终得 $\omega=\frac{qE_{\mathrm{p}}}{3\pi\mu d_{\mathrm{p}}}\left(1-\mathrm{e}^{-\left(\frac{3\pi\mu d_{\mathrm{p}}}{m}\right)t}\right)$

驱进速度

$$\omega=\frac{qE_{\mathrm{p}}}{3\pi\mu d_{\mathrm{p}}}\left(1-\mathrm{e}^{-\left(\frac{3\pi\mu d_{\mathrm{p}}}{m}\right)t}\right)$$

e 的指数项是一个很大的数值。例如，密度为 1 g/cm^3、直径为 10 μm 的球状粉尘粒子，在空气中有

$$\frac{3\pi\mu d_{\mathrm{p}}}{m}=\frac{3\pi\mu d_{\mathrm{p}}}{\left(\frac{1}{6}\pi d_{\mathrm{p}}^{3}\rho\right)}=\frac{18\mu}{d_{\mathrm{p}}^{2}\rho}=\frac{18\times1.8\times10^{-4}}{(10\times10^{-4})^{2}\times1}=3\,240$$

若 $t>10^{-2}$ s，$\mathrm{e}^{-\left(\frac{3\pi\mu d_{\mathrm{p}}}{m}\right)t}$ 完全可以忽略不计

所以，驱进速度

$$\omega=\frac{qE_{\mathrm{p}}}{(3\pi\mu d_{\mathrm{p}})} \tag{6-45}$$

驱进速度与粒径和场强的关系如图 6-19 所示，当颗粒直径为 2～50 μm 时，驱进速度与粒径成正比。

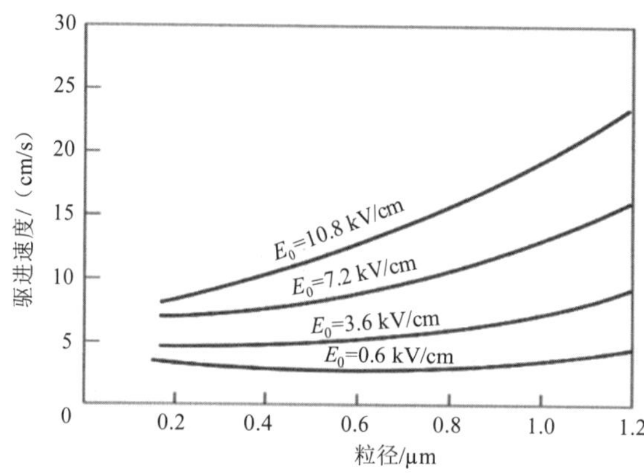

图 6-19　驱进速度与粒径和场强的关系

2. 捕集效率——德意希方程

德意希方程的假定：

1）除尘器中气流为湍流状态。

2）在垂直于集尘表面的任一横断面上粒子浓度和气流分布是均匀的。

3）粒子进入除尘器后立即完成了荷电过程。

4）忽略电风、气流分布不均匀、被捕集粒子重新进入气流等的影响。

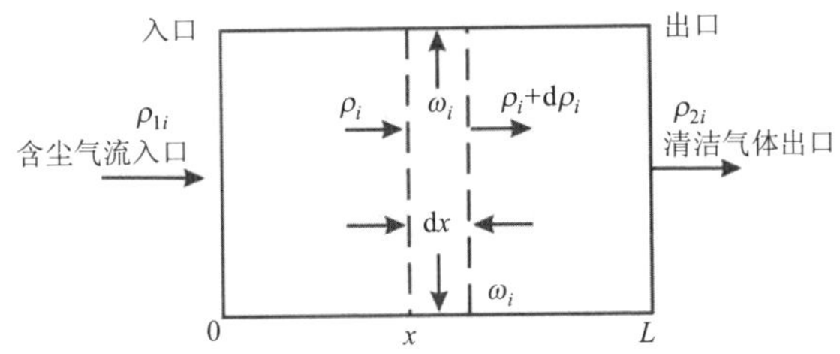

图 6-20 电除尘效率模型推导

dt 时间内在长度为 dx 的空间所捕集的粉尘量为

$$\mathrm{d}n = \alpha \cdot (\mathrm{d}x) \cdot \omega_i \cdot \rho_i(\mathrm{d}t) = -F\mathrm{d}x \cdot \mathrm{d}\rho_i$$

由 dt=dx/u

$$\frac{\alpha\omega_i}{Fu} \cdot \mathrm{d}x = -\frac{\mathrm{d}\rho_i}{\rho_i}$$

积分

$$\frac{\alpha\omega_i}{Fu} \cdot \int \mathrm{d}x = -\int_{C_{1i}}^{C_{2i}} \frac{\mathrm{d}\rho}{\rho}$$

最终得

$$\frac{A}{Q}\omega_i = -\ln\frac{\rho_{2i}}{\rho_{1i}}$$

$$\eta_i = 1 - \frac{\rho_{2i}}{\rho_{1i}} = 1 - \exp\left(-\frac{A}{Q}\omega_i\right) \tag{6-46}$$

3. 有效驱进速度

当粒子的粒径相同且驱进速度不超过气流速度的 10%～20%时，德意希方程理论上才是成立的。

$$\eta_i = 1 - \exp(-\omega A / Q)k \tag{6-47}$$

作为除尘总效率的近似估算，ω 应取某种形式的平均驱进速度。有效驱进速度——实际中常常根据在一定的除尘器结构形式和运行条件下测得的总捕集效率值，代入德意希方程式中反算出的相应驱进速度值，以 ω_e 表示。ω_e=0.2～2.0 m/s。

表 6-5 各种工业粉尘的有效驱进速度

粉尘种类	驱进速度/（m/s）	粉尘种类	驱进速度/（m/s）
煤粉（飞灰）	0.10～0.14	冲天炉（铁焦比=10）粉尘	0.03～0.04
纸浆及造纸	0.08	水泥生产（干法）粉尘	0.06～0.07
平炉粉尘	0.06	水泥生产（湿法）粉尘	0.10～0.11
酸雾（H_2SO_4）	0.06～0.08	多层床式焙烧炉粉尘	0.08
酸雾（TiO_2）	0.06～0.08	红磷	0.03
飘旋焙烧炉	0.08	石膏	0.16～0.20
催化剂粉尘	0.08	二级高炉（80%生铁）粉尘	0.125

五、被捕集粉尘的清除

电晕极和集尘极上都会有粉尘沉积，粉尘沉积在电晕极上会影响电晕电流的大小和均匀性，一般采用振打清灰方式清除，从集尘极清除已沉积的粉尘的主要目的是防止粉尘重新进入气流。①在湿式电除尘器中，用水冲洗集尘极板；②在干式电除尘器中，一般用机械撞击或电极振动产生的振动力清灰。

现代的电除尘器大都采用电磁振打或锤式振打清灰。振打系统要求既能产生高强度的振打力，又能调节振打强度和频率，常用的振打器有电磁型和挠臂锤型（图 6-21），影响振打力度的主要因素有锤臂长、锤重、材质等。

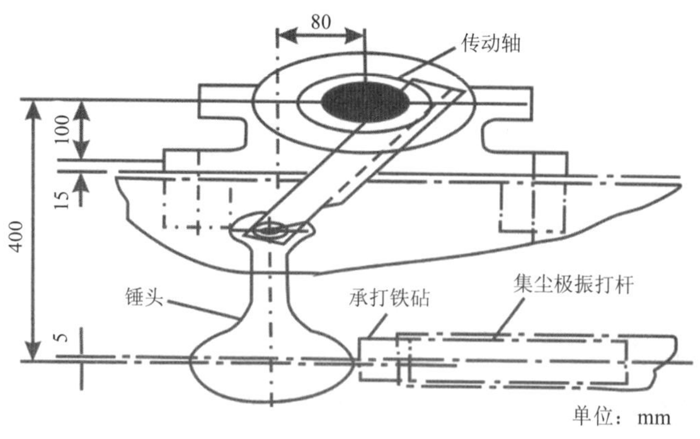

图 6-21 挠臂锤型振打装置

六、电除尘器结构——除尘器类型

1. 除尘器类型

1）双区电除尘器——通风空气的净化和某些轻工业部门。

2）单区电除尘器——控制各种工艺尾气和燃烧烟气污染。

a）管式电除尘器用于气体流量小、含雾滴气体，或需要用水洗刷电极的场合；

b）板式电除尘器为工业上应用的主要类型，气体处理量一般为 25～50 m^3/s。

2. 电晕电极

常用的有直径 3 mm 左右的圆形线、星形线及锯齿线、芒刺线等（图 6-22）。

电晕线的一般要求有：起晕电压低、电晕电流大、机械强度高、能维持准确的极距、易清灰等。

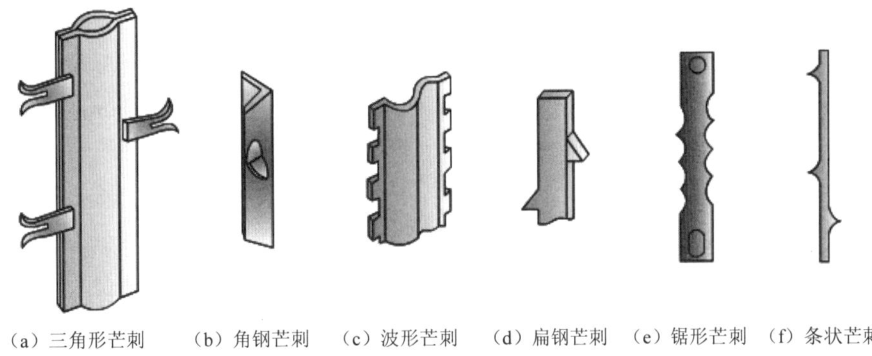

图 6-22　常用电晕电极

电晕线固定方式有重锤悬吊式和管框绷线式（图 6-23）。

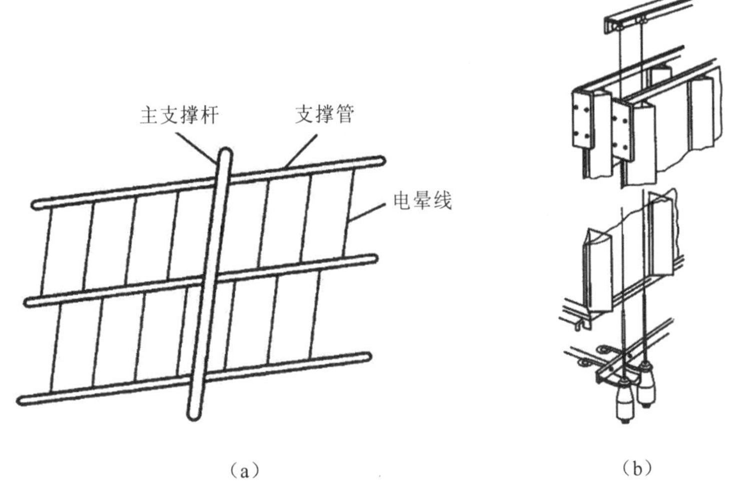

图 6-23　电晕线的管框绷线式（a）和重锤悬吊式（b）

3. 集尘极

集尘极结构对粉尘的二次扬起及除尘器金属消耗量（占总耗量的40%～50%）有很大影响。性能良好的集尘极应满足下述基本要求：

1）振打时粉尘的二次扬起少。

2）单位集尘面积消耗金属量低。

3）极板高度较大时，应有一定的刚性，不易变形。

4）振打时易于清灰，造价低。

常用板式电除尘器电极板排列示意如图6-24所示。

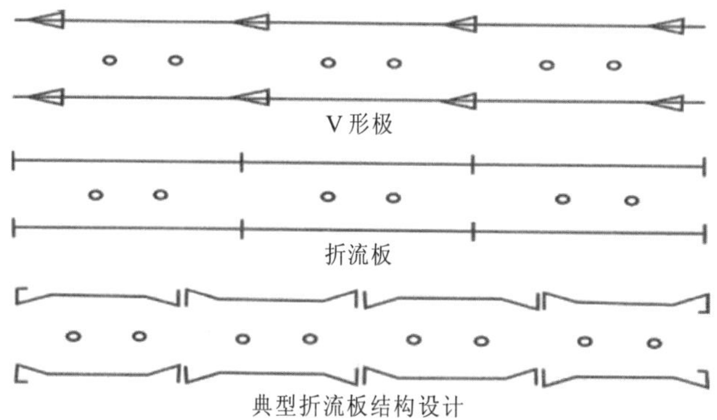

图6-24 常用板式电除尘器电极排列示意图

现已公认，宽间距压电除尘器在某些情况下板间距可比平常增长50%～100%，然而除尘器性能并未改变。其原理还没有完全解释清楚。

目前常用板式电除尘器集尘板。集尘极板的形状见图6-25。

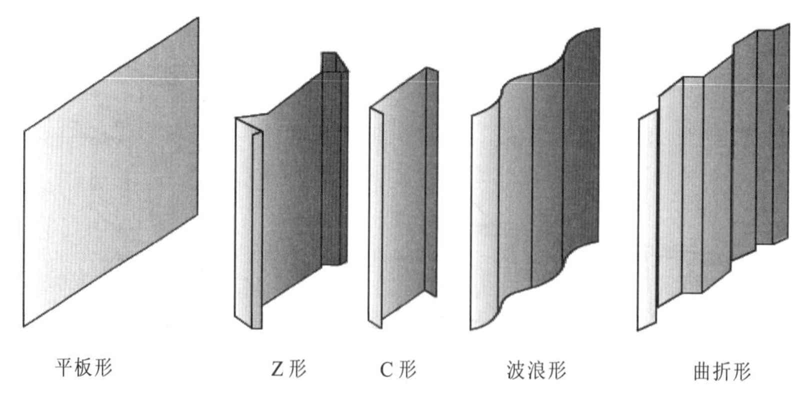

图6-25 集尘极板的形状

4. 高压供电设备

高压供电设备提供粒子荷电和捕集所需要的高场强和电晕电流，供电设备必须十分稳定，希望工作寿命在 20 年以上，通常高压供电设备的输出峰值电压为 70～1 000 kV，电流为 100～2 000 mA，增加供电机组的数目，减少每个机组供电的电晕线数，能改善电除尘器性能，但投资增加。必须考虑效率和投资两方面因素。

5. 气流分布板

电除尘器内气流分布对除尘效率具有较大影响，为保证气流分布均匀，在进出口处应设变径管道，进口变径管内应设气流分布板。最常见的气流分布板有百叶窗式、多孔板分布格子、槽形钢式和栏杆型分布板。

对气流分布的具体要求是任何一点的流速不得超过该断面平均流速的 40%，在任何一个测定断面上，85%以上测点的流速与平均流速不得相差 25%。

电除尘器通过率的校正系数见图 6-26。

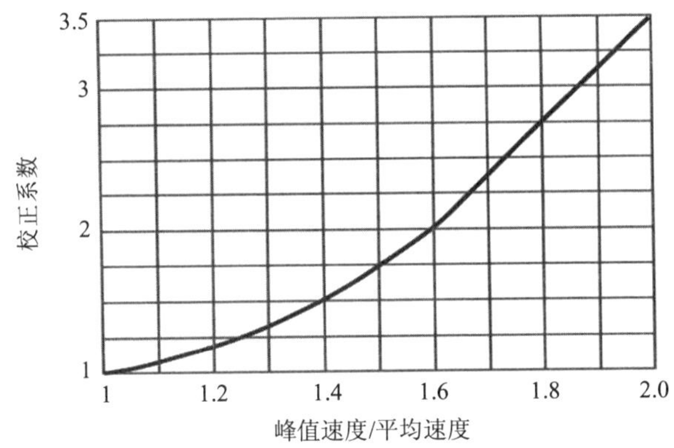

图 6-26　电除尘器通过率的校正系数

七、粉尘比电阻

1. 粉尘的导电性

一种物质的比电阻是其长度和横截面积各为一单位时的电阻，比电阻的倒数称为电阻率。各种物质的电阻与其长度成正比，与其横截面积成反比，并和温度有关。

通常所需要的粉尘的最小导电率是 10^{-10}（$\Omega\cdot cm$）$^{-1}$，高比电阻粉尘导电率低于大约 10^{10}（$\Omega\cdot cm$）$^{-1}$，即电阻率大于 10^{10} $\Omega\cdot cm$ 的粉尘。

影响粉尘层比电阻的因素除粒子温度和组成外，还包括粒子大小和形状，粉尘层厚度和压缩程度，施加于粉尘层的电场强度等。评价电除尘器的操作性能时应根据现场测得的粉尘比电阻数据。如果灰尘的比电阻小于 10^3～10^4 $\Omega\cdot cm$，形成在集尘电极上跳跃的现象，最后可能被气流带出电除尘器。用电除尘器处理各种金属粉尘和石墨粉尘、炭黑粉尘都可以看到这一现象。

可采取在电除尘器后面串联旋风除尘器的办法来解决。

2．高比电阻粉尘对电除尘器性能影响的消除

高比电阻粉尘对电除尘器性能的影响很大，如图 6-27 和图 6-28 所示，可采取的措施有：

1）保持电极表面尽可能清洁。

2）采用较好的供电系统。

3）烟气调质：增加烟气湿度，或向烟气中加入 SO_3、NH_3 及 Na_2CO_3 等化合物，使粒子导电性增加，最常用的化学调质剂是 SO_3；改变烟气温度。

4）向烟气中喷水，同时增加烟气湿度和降低温度。

5）发展新型电除尘器。

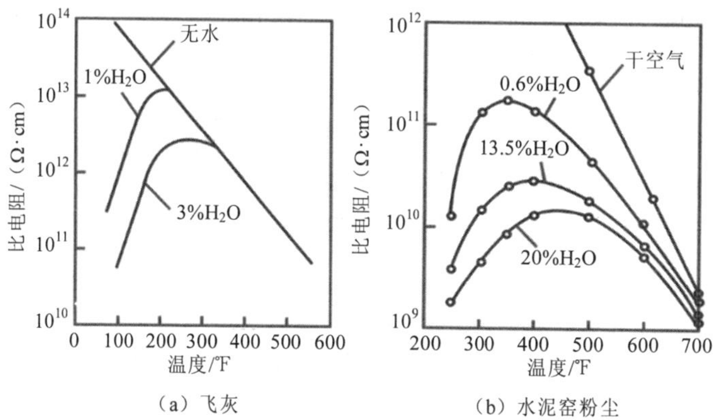

图 6-27 烟气湿度和温度对粉尘比电阻的影响

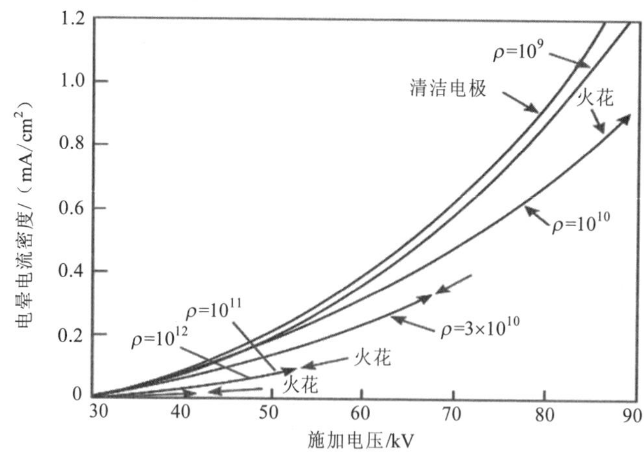

图 6-28 粉尘比电阻对除尘器伏安特性的影响

八、电除尘器的选择和设计

电除尘器的选择和设计仍然主要采用经验公式类比方法。

表 6-6　捕集飞灰的电除尘器的主要设计参数

参数	符号	取值范围
板间距	S	23～28 cm
驱进速度	ω	3～18 cm/s
比集尘表面积	A/Q	300～2 400 m^2（1 000 m^3/min）
气流速度	v	1～2 m/s
长高比	L/H	0.5～1.5
比电晕功率	P_c/Q	1 800～18 000 W/（1 000 m^3/min）
电晕电流密度	I_c/A	0.05～1.0A/m^2
平均气流速度		
烟煤锅炉	v	1.1～1.6 m/s
褐煤锅炉	v	1.8～2.6 m/s

1．比集尘表面积的确定

根据运行和设计经验，确定有效驱进速度 ω_e，按德意希方程求得比集尘表面积 A/Q。

$$A/Q=\frac{1}{\omega_e}\ln\left(\frac{1}{1-\eta}\right)=\frac{1}{\omega_e}\ln\left(\frac{1}{P}\right) \tag{6-48}$$

2．长高比的确定

集尘板有效长度与高度之比，直接影响振打清灰时二次扬尘的多少，要求除尘效率大于 99%时，除尘器的长高比至少要在 1.0～1.5。

3．气流速度的确定

通常由处理烟气量和电除尘器过气断面积计算烟气的平均流速。平均流速高于某一临界速度时，作用在粒子上的空气动力学阻力会迅速增加，粉尘的重新进入量也迅速增加。

4．气体的含尘浓度

如果气体含尘浓度很高，电场内尘粒的空间电荷很高，易发生电晕闭塞。应对措施为提高工作电压、采用放电强烈的芒刺型电晕极、电除尘器前增设预净化设备等。

表 6-7　电除尘器的辅助设计因素

电晕电极：支撑方式和方法
集尘电极：类型、尺寸、装配、机械性能和空气动力学性能
整流装置：额定功率、自动控制系统、总数、仪表和监测装置
电晕电极和集尘电极的振打机构：类型、尺寸、频率范围和强度调整、总数和排列
灰斗：几何形状、尺寸、容量、总数和位置
输灰系统：类型、能力、预防空气泄漏和粉尘反吹
壳体和灰斗的保温，电除尘器顶盖的防雨雪措施
便于电除尘器内部检查和维修的维修门
高强度框架的支撑体绝缘器：类型、数目、可靠性

气体入口和出口管道的排列
需要的建筑和地基
获得均匀的低湍流气流分布的措施

九、电除尘器的选择设计和应用小结

1．电除尘的选择

需要考虑的因素有：

①烟尘和烟气的来源和生产过程；

②烟尘粒度大小的分布；

③烟尘浓度；

④烟尘成分和结构；

⑤现场实际的烟尘比电阻；

⑥总烟量；

⑦烟气的压力、温度和成分；

⑧烟气和烟尘的腐蚀性。

2．电除尘的设计

①收集资料；

②确定有效驱进速度；

③确定集尘极板面积；

④其他辅助设计内容。

除尘器的性能可用技术指标和经济指标评价：

技术指标
- 处理气体量
- 压力损失
- 捕集效率

经济指标
- 基建投资
- 占地面积以及使用寿命
- 运转管理费

第四节　湿式除尘器

一、概述

湿式除尘器为使含尘气体与液体（一般为水）密切接触，利用水滴和尘粒的惯性碰撞及其他作用捕集尘粒或使粒径增大的装置。可以有效地除去直径为 0.1～20 μm 的液态或固态粒子，也能脱除气态污染物。

湿式除尘器分为低能湿式除尘器和高能湿式除尘器。低能湿式除尘器的压力损失为 0.2～1.5 kPa，包括喷雾塔、旋风洗涤器等。常用于焚烧炉、化肥制造、石灰窑的除尘，对 10 μm 以上粉尘的净化效率可达 90%～95%。高能湿式除尘器的压力损失为 2.5～9.0 kPa，如文丘里洗涤器。根据湿式除尘器的净化机理，大致分为重力喷雾洗涤器、旋风洗涤器、自激喷雾洗涤器、板式洗涤器、填料洗涤器、文丘里洗涤器、机械诱导喷雾洗涤器（图 6-29～图 6-36）。

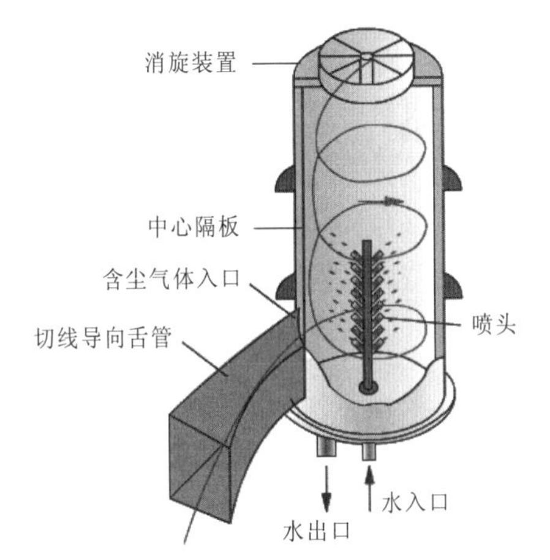

图 6-29 中心旋转喷雾旋风除尘器

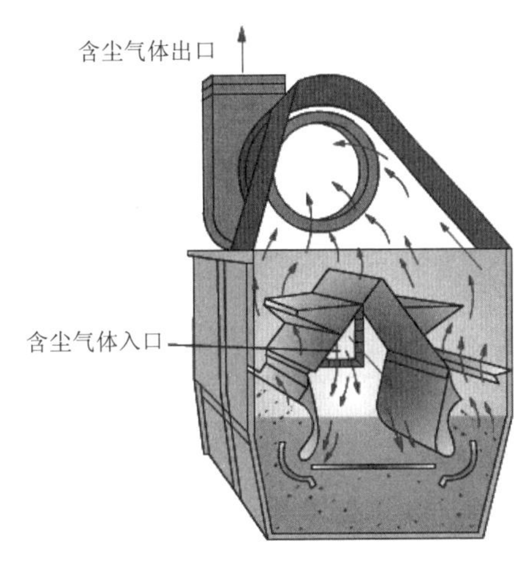

图 6-30 自激式除尘器

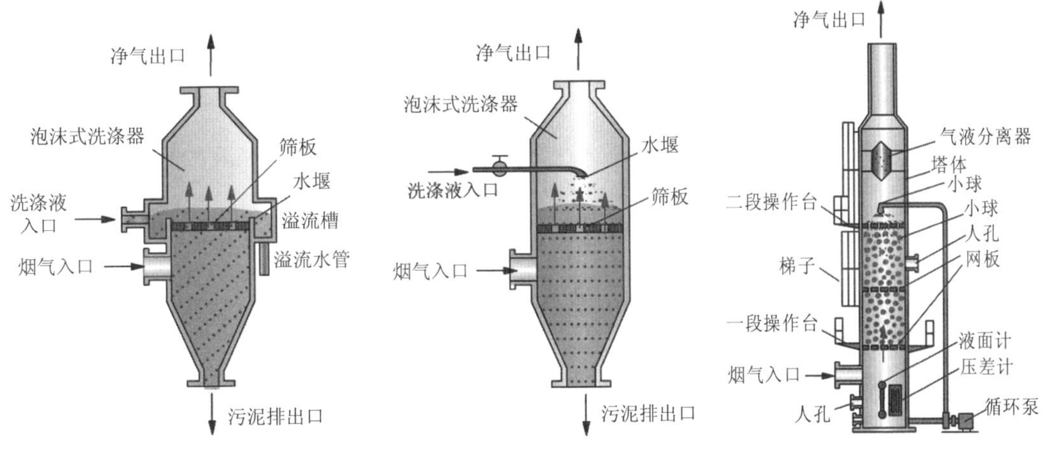

图 6-31 泡沫式洗涤器

图 6-32 湍球塔构造

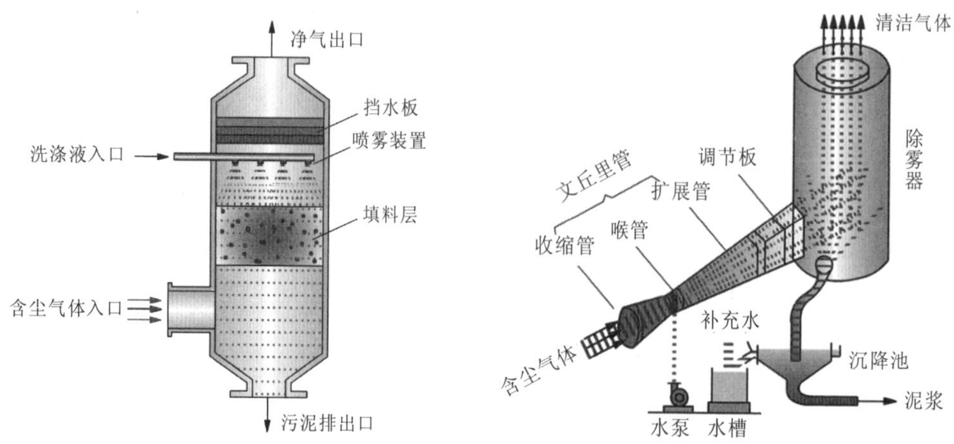

图 6-33　填料塔构造

图 6-34　文丘里洗涤除尘器

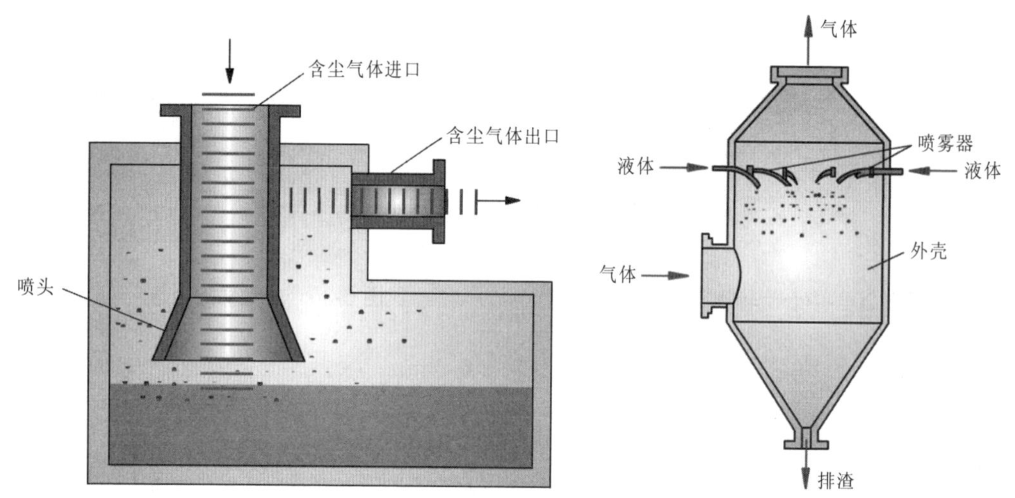

图 6-35　冲击贮水式洗涤器

图 6-36　喷淋式洗涤除尘器

湿式除尘器的优点主要有：

①在能耗相同时，除尘效率比干式机械除尘器高。高能耗湿式除尘器清除 0.1 μm 以下粉尘粒子，仍有很高效率。

②除尘效率可与静电除尘器和布袋除尘器相当，而且还可适用于它们不能胜任的条件，如能够处理高温、高湿气流，高比电阻粉尘及易燃易爆的含尘气体。

③在去除粉尘粒子的同时，还可去除气体中的水蒸气及某些气态污染物。既起除尘作用，又起到冷却、净化的作用。

湿式除尘器的缺点主要有：

①排出的污水污泥需要处理，澄清的洗涤水应重复回用。

②净化含有腐蚀性的气态污染物时，洗涤水具有一定程度的腐蚀性，因此要特别注意设备和管道腐蚀问题。

③不适用于净化含有憎水性和水硬性粉尘的气体。

④寒冷地区使用湿式除尘器，容易结冻，应采取防冻措施。

表 6-8　主要湿式除尘器的性能和操作范围

类型	气液接触方式	捕尘体形式	捕集粒径/μm	液气比/（L/m^3）	压力损失/Pa	除尘效率/%
重力喷雾塔式	液膜外表面	液滴	5～100	2～3	100～500	70（d_p= 10 μm）
离心洗涤式	液滴与液膜表面	液滴与液膜	＞0.1	0.7～2	0～1 500	75～99
贮水冲击水浴式	液滴与液膜表面	液滴与液膜	＞0.2	冲击水量 2.67；耗水量 0.134	400～3 000	93（d_p=5 μm）
文丘里洗涤式	液滴与液膜表面	液滴与液膜	0.1～100	0.3～1.5	3 000～10 000	90～99（d_p= 10 μm）
填料塔洗涤式	液膜外表面	液膜	≥0.5	1.3～3	1 000～2 500	90（d_p≥2 μm）
湍球塔洗涤式	气泡与液膜表面	气泡	0.5～100	0.5～0.7	7 500～12 500	97（d_p= 2 μm）

二、湿式除尘器的除尘机理

湿式除尘机理涉及各种机理中的一种或几种。主要是惯性碰撞、扩散效应、黏附、扩散漂移和热漂移、凝聚等。

1. 惯性碰撞参数与除尘效率

简化模型假设：含尘气体与液滴相遇，在液滴前 x_d 处开始绕过液滴流动，惯性较大的尘粒继续保持原来的直线运动。尘粒从脱离流线到惯性运动结束时所移动的直线距离为粒子的停止距离 x_s，若 x_s 大于 x_d，尘粒和液滴就会发生碰撞。

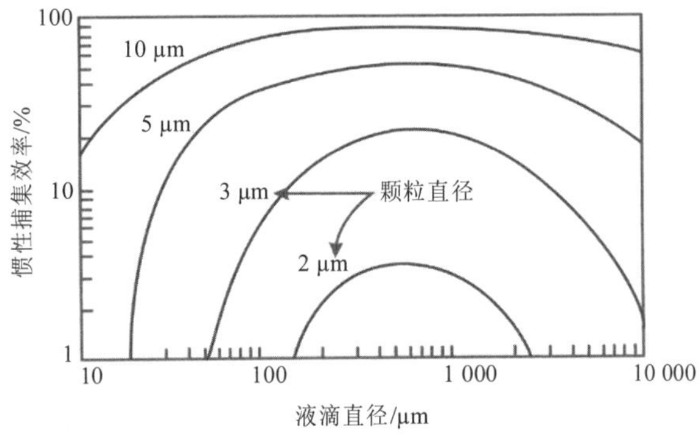

图 6-37　重力喷雾塔中碰撞效率与液滴直径的关系

定义惯性碰撞参数 N_I：停止距离 x_s 与液滴直径 d_D 的比值。

对斯托克斯粒子

$$St = N_I = \frac{x_s}{d_D} = \frac{d_P^2 \rho_P (u_P - u_D) C}{9\mu d_D} \tag{6-49}$$

式中：u_p——粒子运动速度；

u_D——液滴运动速度；

d_D——液滴直径。

N_I 值越大，粒子惯性越大，则除尘效率越高，对于势流和黏性流，$\eta=f(N_I)$有理论解，一般情况下，John Stone 等的研究结果

$$\eta = 1 - \exp\left(-KL\sqrt{N_I}\right) \tag{6-50}$$

式中：K——关联系数，其值取决于设备几何结构和系统操作条件；

L——液气比，L/1 000 m^3。

2．接触功率与除尘效率

根据接触功率理论得到的经验公式，能够较好地关联湿式除尘器压力损失和除尘效率之间的关系。接触功率理论假定洗涤器除尘效率仅是系统总能耗的函数，与洗涤器除尘机理无关。

总能耗 E_t（kW·h/1 000 m^{3}气体）即气流通过洗涤器时的能量损失 E_G 与雾化喷淋液体过程中的能量消耗 E_L 之和。

$$E_t = E_G + E_L = \frac{1}{3\,600}\left(\Delta P_G + P_L \frac{Q_L}{Q_G}\right) \tag{6-51}$$

式中：ΔP_G——气体压力损失，Pa；

P_L——液体入口压力，Pa；

Q_L，Q_G——液体流量和气体流量，m^3/s。

除尘效率

$$\eta = 1 - e^{-N_t} \tag{6-52}$$

其中，传质单元数

$$N_t = \alpha E_t^{\beta} \tag{6-53}$$

表 6-9　除尘器的特性参数

序号	粉尘和尘源类型	α	β
1	L-D 转炉粉尘	4.450	0.466 3
2	滑石粉	3.626	0.350 6
3	磷酸雾	2.324	0.631 2

序号	粉尘和尘源类型	α	β
4	化铁炉粉尘	2.255	0.621 0
5	炼钢平炉粉尘	2.000	0.568 8
6	滑石粉	2.000	0.656 6
7	从硅钢炉升华的粉尘	1.226	0.450 0
8	鼓风炉粉尘	0.955	0.891 0
9	石灰窑粉尘	3.567	1.052 9
10	从黄铜熔炉排出的氧化锌	2.180	0.531 7
11	从石灰窑排出的碱	2.200	1.229 5
12	硫酸铜气溶胶	1.350	1.067 9
13	肥皂生产排出的雾	1.169	1.414 6
14	从吹氧平炉升华的粉尘	0.880	1.619 0
15	没有吹氧平炉的粉尘	0.795	1.594 0

3. 分割粒径与除尘效率

分割粒径法基于分割粒径能全面表示从气流中分离粒子的难易程度和洗涤器的性能，多数惯性分离装置的分级通过率可以表示为

$$P=\exp(-A_e d_a^{B_e})=1-\eta \tag{6-54}$$

式中：d_a——粒子的空气动力学直径；

A_e、B_e——均为常数，对填充塔和筛板塔，B_e=2；对离心式洗涤器，B_e=0.67；对文丘里洗涤器（当 N_I=0.5～5 时），B_e=2。

通过率与分割粒径的关系如图 6-38 和图 6-39 所示。

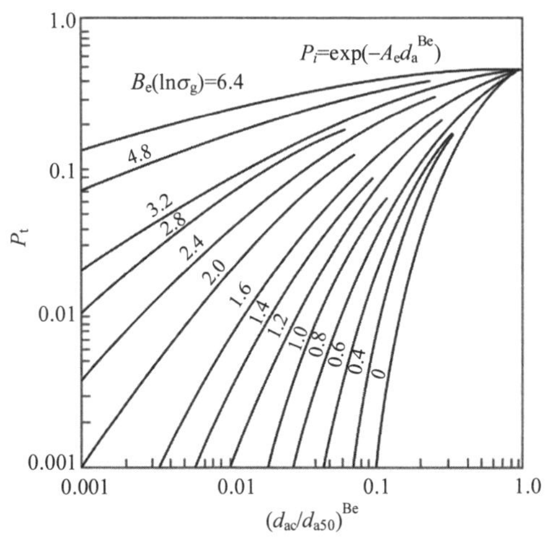

图 6-38 普通情况下的通过率

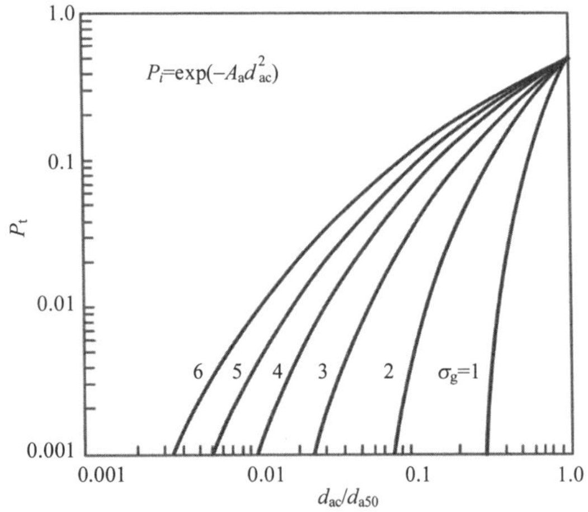

图 6-39 特殊情况下的通过率

分割直径与压力降的关系（分割-功率关系）如图 6-40 所示。

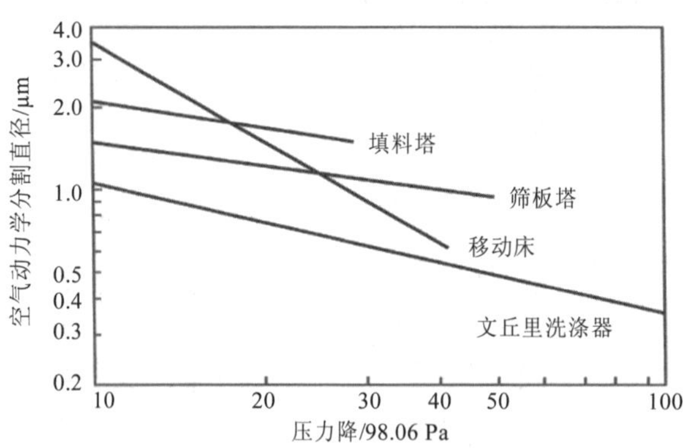

图 6-40　分割直径与压力降的关系

三、喷雾塔洗涤器

假定所有液滴具有相同直径，液滴进入洗涤器后立刻以终末速度沉降，液滴在断面上分布均匀、无聚结现象，则立式逆流喷雾塔靠惯性碰撞捕集粉尘的效率可以用下式预估：

$$\eta = 1 - \exp\left[-\frac{3Q_L u_t z\eta_a}{2Q_G d_D(u_t - V_g)}\right] \tag{6-55}$$

式中：u_t——液滴的终末沉降速度，m/s；

V_g——空塔断面气速，m/s；

z——气液接触的总塔高度，m；

η_a——单个液滴的碰撞效率。

错流式喷雾塔：错流式中，垂直方向气速 $u_t - V_g = u_t$，$V_g = 0$，所以

$$P_t = \exp\left(-\frac{3Q_L Z\eta_d}{2Q_G d_D}\right) \tag{6-56}$$

喷雾塔结构简单、压力损失小，操作稳定，经常与高效洗涤器联用捕集粒径较大的粉尘，严格控制喷雾的过程，保证液滴大小均匀，对有效的操作很有必要。

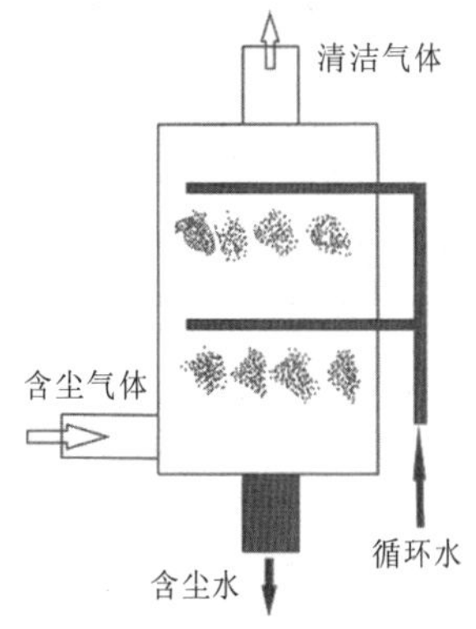

图 6-41　喷雾塔洗涤器示意图

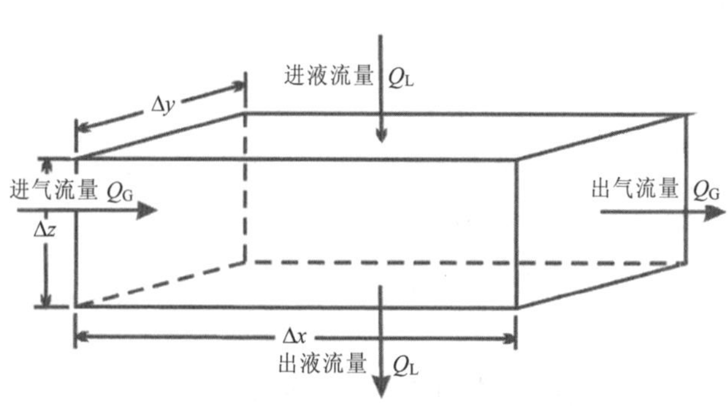

图 6-42　错流式喷雾塔气体运动示意图

四、旋风洗涤器

1）干式旋风分离器内部以环形方式安装一排喷嘴，构成一种最简单的旋风洗涤器。

2）喷雾作用发生在外涡旋区，并捕集尘粒，携带尘粒的液滴被甩向旋风洗涤器的湿壁上，然后沿壁面沉落到器底。

3）在出口处通常需要安装除雾器。

4）喷雾沿切向喷向筒壁，使壁面形成一层很薄的不断下流的水膜。

5）含尘气流由筒体下部导入，旋转上升，靠离心力甩向壁面的粉尘为水膜所黏附，沿壁面流下排走。

旋风洗涤器的压力损失范围一般为 0.5～1.5 kPa，可以下式进行估算：

$$\Delta P = \Delta P_0 + \frac{Q_L}{Q_G}\rho_L \bar{u}_D^2 \tag{6-57}$$

式中：ΔP——旋风洗涤器的压力损失，Pa；

ΔP_0——喷雾系统关闭时的压力损失，Pa；

ρ_L——液滴密度，kg/m^3；

$\bar{u}_D$——液滴初始平均速度，m/s。

旋风洗涤器净化 d_p<5 μm 的尘粒仍然有效。

耗水量 L/G=0.5～1.5 L/m^3。适用于处理烟气量大、含尘浓度高的场合。

既可单独使用，也可安装在文丘里洗涤器之后作脱水器。由于气流的旋转运动，使其带水现象减弱，可采用比喷雾塔更细的喷嘴。

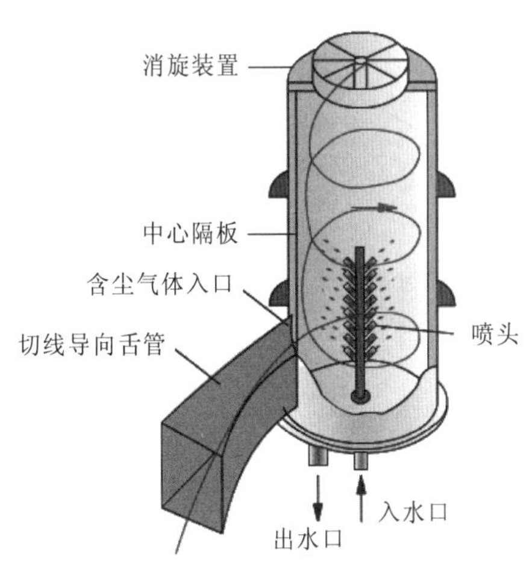

图 6-43　中心喷雾的旋风洗涤器

五、文丘里除尘器

文丘里除尘器（图 6-44）系统的构成包括：

①文丘里管：收缩管、喉管、扩散管。就其断面形状又分为圆形文丘里管、矩形文丘里管。

②除雾器。

③沉淀池。

④加压循环水泵。

1．除尘过程

含尘气体由进气管进入收缩管后，流速逐渐增大，气流的压力能逐渐转变为动能。

在喉管入口处，气速达到最大，一般为 50～180 m/s，洗涤液（一般为水）通过沿喉管周边均匀分布的喷嘴进入，液滴被高速气流雾化和加速，充分的雾化是实现高效除尘的基本条件。

通常假定：

①微细尘粒以气流相同的速度进入喉管。

②洗涤液滴的轴向初速度为零，由于气流曳力在喉管部分被逐渐加速。在液滴加速过程中，由于液滴与粒子之间惯性碰撞，实现微细尘粒的捕集。

③碰撞捕集效率随相对速度增加而增加，因此气流入口速度必须较高。

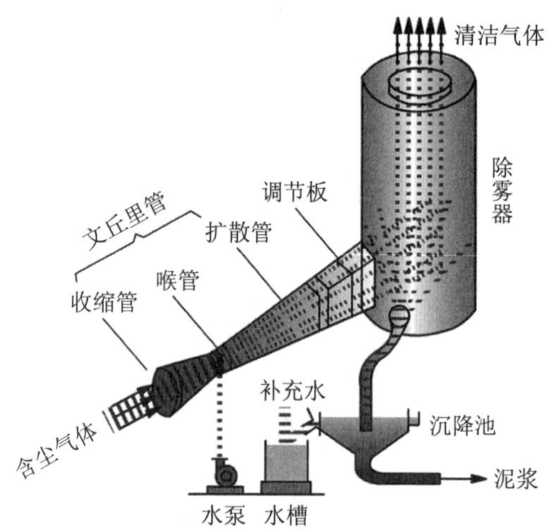

图 6-44　文丘里除尘器

2．几何尺寸

进气管直径 D_1 按与之相连管道的直径确定。收缩管的收缩角 α_1 常取 23°～25°，喉管直径 D_T 按喉管气速 v_T 确定，其截面积与进口管截面积之比的典型值为 1∶4，v_T 的选择要考虑到粉尘、气体和洗涤液的物理和化学性质、对除尘器效率和阻力的要求等因素。扩散管的扩散角 α_2 一般为 5°～7°（图 6-45）。

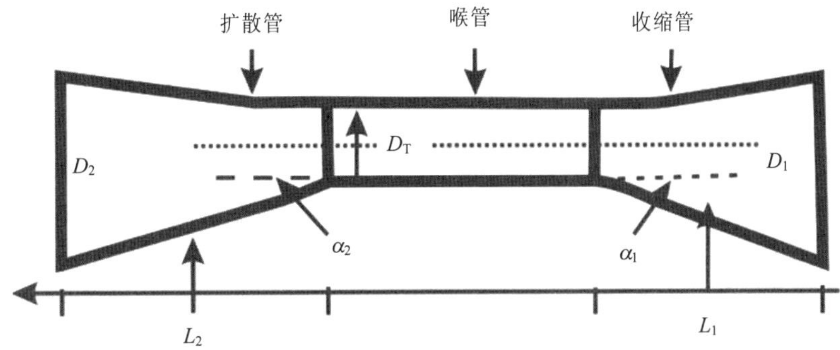

图 6-45　文丘里除尘器的尺寸

出口管的直径 D_2 按与其相连的除雾器要求的气速确定。

$$L_1 = \frac{D_1 - D_T}{2}\text{ctg}\frac{\alpha_1}{2} \tag{6-58}$$

$$L_2 = \frac{D_2 - D_T}{2}\text{ctg}\frac{\alpha_2}{2} \tag{6-59}$$

3. 压力损失

1）高速气流的动能要用于雾化和加速液滴，因而压力损失大于其他湿式和干式除尘器。

2）卡尔弗特等基于气流损失的能量全部用于在喉管内加速液滴的假定，开发了计算文丘里洗涤器压力损失的数学模式。

卡尔弗特压力损失模式：

基于喉管内气流方向上 dx 段的力平衡

$$\text{d}P = -\rho_L v_g \left(\frac{Q_L}{Q_G}\right)\text{d}u_D \tag{6-60}$$

令 x=0 处（液体注入点）液滴在 x 方向的速度为 0，积分得

$$\Delta P = -\rho_L v_g \left(\frac{Q_L}{Q_G}\right)u_D$$

假定：

①在喉管内气流速度为常数；

②气体流动为不可压缩的绝热过程；

③在任何断面上液气比不变；

④液滴直径为常数；

⑤液滴周围压力是对称的，因而可以忽略。

根据作用在液滴上的惯性力与阻力的平衡：

$$m_D \frac{du_D}{df} = \frac{1}{2}\rho_L (v_e - u_D)^2 A_D C_D$$

式中：m_D——液滴质量；

A_D——液滴在垂直于流动方向上的截面积；

C_D——阻力系数。

对于球形液滴

$$\frac{du_D}{dt} = \frac{3\rho_g C_D}{4\rho_L d_D}(v_g - u_D)^2$$

因为 $\frac{du_D}{dt} = u_D \frac{du_D}{dx}$，所以 $\frac{du_D}{dx} = \frac{3\rho_g C_D}{4\rho_L d_D u_D}(v_g - u_D)^2$

积分得

$$\Delta P = -\rho_L v_T^2 \left(\frac{Q_L}{Q_G}\right) \tag{6-61}$$

或

$$\Delta P = -1.03\times 10^{-3} v_T^2 \left(\frac{Q_L}{Q_G}\right) \tag{6-62}$$

根据由多种形式文丘里除尘器得到的实验数据之间的关系，海斯凯茨（Hesketh）提出了以下方程式

$$\Delta P = 0.863\rho_g (A)^{0.133} v_T^2 \left(\frac{Q_L}{Q_G}\right)^{0.78} \tag{6-63}$$

由拔山-彭泽的经验公式估算液滴体积-表面积平均直径

$$d_D = \frac{586\times 10^3}{V_T}\left(\frac{\sigma}{\rho_L}\right)^{0.5} + 1\,682\left(\frac{\mu_L}{\sqrt{\sigma\rho_L}}\right)^{0.45}\left(\frac{1\,000 Q_L}{Q_G}\right)^{1.5} \tag{6-64}$$

式中，V_T——喉管气流速度，m/s；

σ——液体表面张力，N/m；

μ——液体的黏度，Pa·s；

ρ_L——液体的密度，kg/m³；

Q_L/Q_G 同上。

4．除尘效率

卡尔弗特等作了一系列简化后提出下式以计算文丘里除尘器的通过率

$$P=\exp\left(\frac{-6.1\times10^{-9}\rho_L\rho_P C_C d_P^2 f^2\Delta P}{\mu_g^2}\right) \tag{6-65}$$

式中，ρ_L 和 ρ_P——分别为洗涤液和粉尘的密度，g/cm^3；

μ_g——气体黏度，10^{-1} Pa·s；

ΔP——文丘里除尘器压力损失，cmH_2O；

d_p——粉尘粒径，μm；

f——经验常数，在该表达式中为 0.1～0.4。

例 6-2 以液气比为 1.0 L/m^3 的速率将水喷入文丘里除尘器的喉部，气体流速为 122 m/s，密度和黏度分别为 1.15 kg/m^3 和 2.08×10^{-5} Pa·s，喉管横断面积为 0.08 m^2，参数 f 取为 0.25，对于粒径为 1.0 μm、密度为 1.5 g/m^3 的粒子，试确定气流通过该除尘器的压力损失（cm H_2O）和粒子的通过率。

解：由式（6-62）

$$\Delta P=-1.03\times10^{-3}(12\,200)^2\left(\frac{1.0\times10^{-3}}{1}\right)=153.3\ \text{cm}H_2O$$

由（6-63）得

$$\Delta P=0.863\times1.15\times(0.08)^{0.133}\times(122)^2\left(\frac{1.0\times10^{-3}}{1}\right)^{0.78}=12\,567\ \text{Pa}$$

利用式（6-65）估算粒子的通过率：

$$C_C=1+\frac{0.172}{d_P}=1.172$$

$$\begin{aligned}P&=\exp\left[-\frac{6.1\times10^{-9}\times1\times1.5\times1.172\times1^2\times(0.25)^2\times153.3}{(2.08\times10^{-4})^2}\right]\\&=\exp(-2.375)\\&=0.093\end{aligned}$$

第五节 过滤式除尘器

过滤式除尘器是使含尘气流通过过滤材料将粉尘分离捕集的装置。

其分类有：

①空气过滤器：滤纸或玻璃纤维。

②颗粒层除尘器：砂、砾、焦炭等颗粒物。

③袋式除尘器：纤维织物。

④颗粒层除尘器：砂、砾、焦炭等颗粒物。

袋式除尘器滤尘的机理包括惯性碰撞、扩散、筛分。

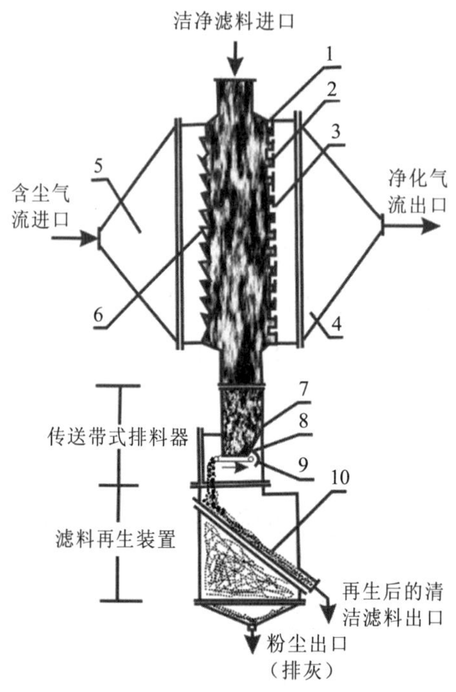

1—颗粒滤料层；2—支撑轴；3—可移动式环状滤网；4—前侧气流分布扩大斗；5—后侧气流分布扩大斗；6—百叶窗式挡板；7—可调试挡板；8—传送带；9—转轴；10—过滤滤网

图 6-46 颗粒层除尘器

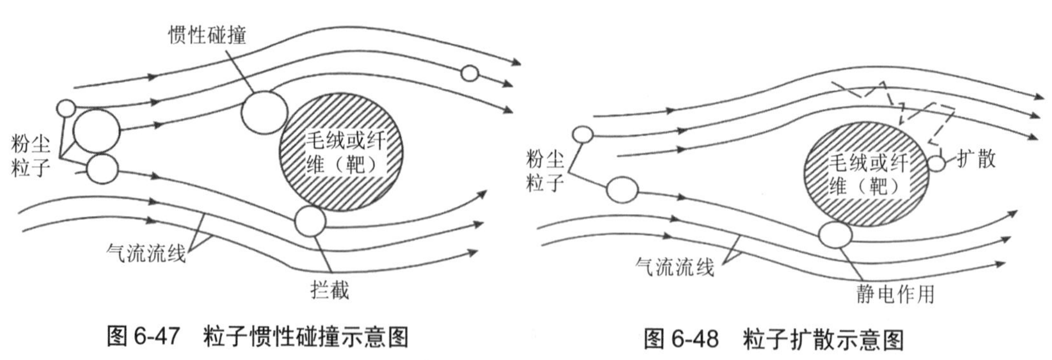

图 6-47 粒子惯性碰撞示意图

图 6-48 粒子扩散示意图

采用纤维织物作滤料的袋式除尘器，在工业尾气的除尘方面应用较广。

除尘效率一般可达 99%以上。效率高，性能稳定可靠、操作简单，因而获得越来越广泛的应用。

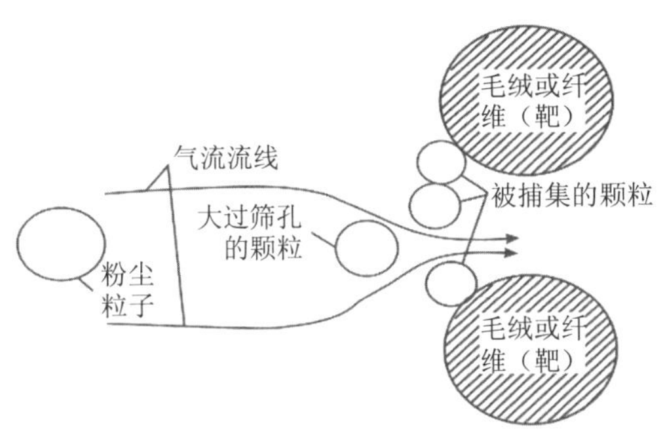

图 6-49　粒子筛分示意图

图 6-50　袋式除尘器

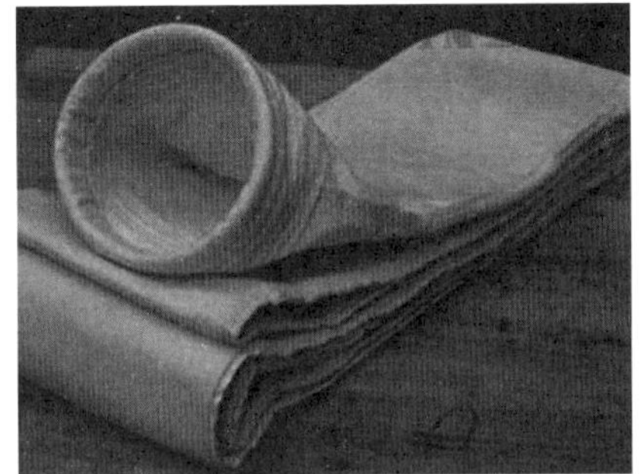

图 6-51　光面滤袋

图 6-52　毛面滤袋

一、袋式除尘器的工作原理

①含尘气流从下部进入圆筒形滤袋，在通过滤料的孔隙时，粉尘被捕集于滤料上。

②沉积在滤料上的粉尘，可在机械振动的作用下从滤料表面脱落，落入灰斗中。

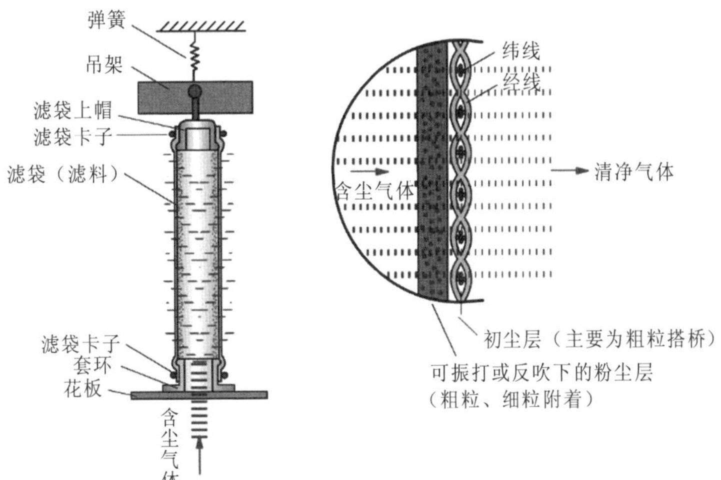

图 6-53　袋式除尘器原理

③粉尘因截留、惯性碰撞、静电和扩散等作用，在滤袋表面形成粉尘层，常称为粉层初层，新鲜滤料的除尘效率较低。

④粉尘初层形成后，成为袋式除尘器的主要过滤层，提高了除尘效率，随着粉尘在滤袋上积聚，滤袋两侧的压力差增大，会把已附在滤料上的细小粉尘挤压过去，使除尘效率下降。

⑤除尘器压力过高，还会使除尘系统的处理气体量显著下降，因此除尘器阻力达到一定数值后，要及时清灰，清灰不应破坏粉尘初层。

袋式除尘器的分级效率曲线见图 6-54。

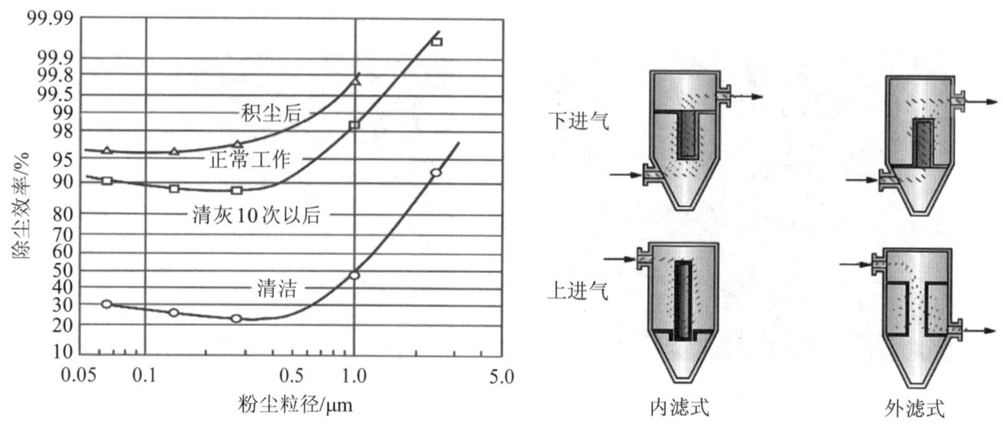

图 6-54　袋式除尘器的分级效率曲线

图 6-55　内滤式和外滤式结构图

袋式除尘器除尘效率的影响因素有：

1）粉尘负荷。

2）过滤速度。

a）过滤速度是烟气实际体积流量与滤布面积之比，也称气布比。

b）过滤速度是一个重要的技术经济指标。选用高的过滤速度，所需要的滤布面积小，除尘器体积、占地面积和一次投资等都会减小，但除尘器的压力损失却会加大。

c）一般来讲，除尘效率随过滤速度增加而下降。

d）过滤速度的选取还与滤料种类和清灰方式有关。

丹尼斯（Dennis）和克莱姆（Klemm）提出了一系列方程，以预测袋式除尘器的粉尘出口浓度和穿透率

$$C_2 = \left[P_{ns} + (0.1 - P_{ns})e^{-aw}\right]C_1 + C_R \qquad (6\text{-}66)$$

$$P_{ns} = 1.5\times10^{-7}\exp[12.7\times(1-e^{1.03v})] \qquad (6\text{-}67)$$

$$\alpha = 3.6\times10^{-3}v^{-4} + 0.094 \qquad (6\text{-}68)$$

式中：C_2——粉尘出口浓度，g/m^3；

P_{ns}——常数；

v——表面过滤速度，m/s；

C_1——粉尘入口浓度，g/m^3；

C_R——脱落浓度（常数），g/m^3；Dennis 和 Klemm 取 C_R=0.5 g/m^3；

W——粉尘负荷，g/m^2。

图 6-56 滤袋面粉尘层

二、袋式除尘器的压力损失

压力损失是重要的技术经济指标，不仅决定着能量消耗，而且决定着除尘效率和清灰间隔时间等。

ΔP_f 表示通过洁净滤料的压力损失，100～130 Pa；

ΔP_p 表示通过粉尘层（dust cake）的压力损失。

两者均可用达西定律表示

$$\frac{\Delta P}{x}=\frac{v\mu_g}{K} \tag{6-69}$$

式中：K——粉尘或滤料的渗透率（permeabilidy），由实验测定；

x——粉尘或滤料的厚度。

渗透率 K 是沉积粉尘层性质，如孔隙率、比表面积、孔隙大小分布和粉尘粒径分布等的函数。

$$\Delta P=\Delta P_f+\Delta P_p=\frac{x_f\mu_g v}{K_f}+\frac{x_p\mu_g v}{K_p} \tag{6-70}$$

对于给定的滤料和操作条件，滤料的压力损失 ΔP_f 基本上是一个常数，通过袋式除尘器的压力损失主要由 ΔP_P 决定。

在时间 t 内，沉积在滤袋上的粉尘质量 m 可以表示为

$$m = v \cdot A \cdot t \cdot C \tag{6-71}$$

式中：A——滤袋的过滤面积，m^2；

C——烟气中的粉尘浓度，kg/m^3。

因此

$$x = vCt / \rho_C \tag{6-72}$$

式中：ρ_C——粉尘层密度，kg/m^3。

粉尘层的压力损失

$$\Delta P_P = \frac{x_P \mu_g v}{K_P} = \frac{vCt}{\rho_C}\left(\frac{\mu_g v}{K_P}\right) = \frac{v^2 Ct \mu_g}{K_P \rho_C} \tag{6-73}$$

令 $R_P = \dfrac{\mu_g}{K_P \rho_C}$，定义为颗粒层的比阻力系数，因此

$$\Delta P_P = R_P v^2 Ct \tag{6-74}$$

对于给定的烟气特征和粉尘层渗透率，ΔP_P 与粉尘浓度 C 和过滤时间 t 呈线性关系，而与过滤速度的平方成正比。

若已知粉尘的粒径分布、堆积密度和真密度，可以利用丹尼斯和克莱姆提出的下述方程式估算：

$$R_P = \frac{\mu_g S_0^2}{6\rho_P C_C} = \frac{3 + 2\beta^{5/3}}{3 - 4.5\beta^{1/3} + 4.5\beta^{5/3} - 3\beta^2} \tag{6-75}$$

式中：μ_g——气体黏度，10^{-1} Pa·s；

S_0——比表面参数，$S_0 = 6\left(\dfrac{10^{1.151}\lg^2\sigma_g}{MMD}\right)$，$cm^{-1}$；

MMD——粉尘粒子的质量中位径，cm；

σ_g——粉尘粒子的几何标准偏差；

ρ_P——粒子的真密度，g/cm^3；

C_C——坎宁汉校正系数；

β——颗粒堆积密度与真密度的比值，$\beta = \rho_C / \rho_P$。

表 6-10 粉尘的比阻力系数

粉尘种类	纤维种类	清灰方式	过滤气速/（m/min）	粉尘比阻力系数/[N·min/（g·m）]
飞灰（煤）	玻璃、聚四氟乙烯	逆气流、脉冲喷吹、机械振动	0.58～1.8	1.17～2.51
飞灰（油）	玻璃	逆气流	1.98～2.35	0.79
水泥	玻璃、丙烯酸系、聚酯	机械振动	0.46～0.64	2.00～11.69
铜	玻璃、丙烯酸系	机械振动、逆气流	0.18～0.82	2.51～10.86
电炉粉尘	玻璃、丙烯酸系	逆气流、机械振动	0.46～1.22	7.5～119
硫酸钙	聚酯	逆气流、脉冲喷吹、机械振动	2.28	0.067
炭黑	玻璃、诺梅克斯、聚四氟乙烯、丙烯酸系	逆气流、机械振动	0.34～0.49	3.67～9.35
白云石	聚酯	逆气流	1.00	112
飞灰（焚烧）	玻璃	逆气流	0.76	30.00
石膏	棉、丙烯酸系	机械振动	0.76	1.05～3.16
氧化铁	诺梅克斯	逆气流、脉冲喷吹、机械振动	0.64	20.17
石灰窑粉尘	玻璃	逆气流	0.70	1.50
氧化铅	聚酯	逆气流、机械振动	0.30	9.50
烧结尘	玻璃	逆气流	0.70	2.08

三、袋式除尘器的滤料

1. 对滤料的要求

①容尘量大、吸湿性小、效率高、阻力低。

②使用寿命长，耐温、耐磨、耐腐蚀、机械强度高。

③表面光滑的滤料容尘量小，清灰方便，适用于含尘浓度低、黏性大的粉尘，采用的过滤速度不宜过高。

④表面起毛（绒）的滤料容尘量大，粉尘能深入滤料内部，可以采用较高的过滤速度，但必须及时清灰。

2. 滤料种类

①按滤料材质分为：天然纤维，棉毛织物，适于无腐蚀、350～360 K 气体；无机纤维，主要指玻璃纤维，化学稳定性好，耐高温，质地脆；合成纤维，性能各异，满足不同需要，扩大除尘器的应用领域。

②按滤料结构分为滤布（编织物）和毛毡。工艺简单；致密，除尘效率高；容尘量小，易于清灰。

（a）平纹

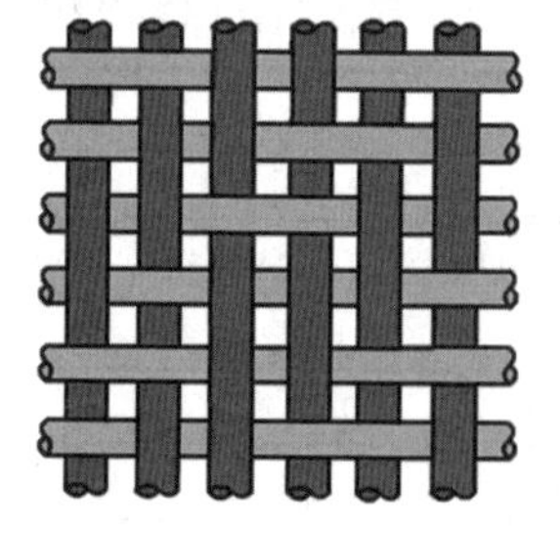
（b）斜纹

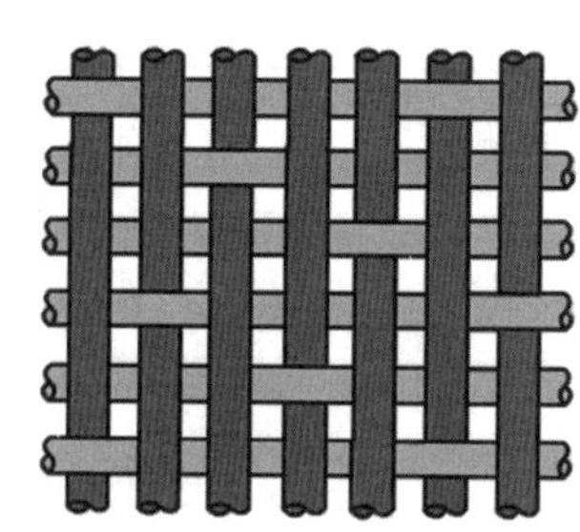
（c）缎纹

图 6-57　滤布的编织结构

表 6-11　袋式除尘器的滤料

滤料名称	直径/μm	耐温性能/K		吸水率/%	耐酸性	耐碱性	强度
		长期	最高				
棉织物（植物短纤维）	10～20	348～358	368	8	很差	稍好	1
蚕丝（动物长纤维）	18	353～363	373	16～22	—	—	—
羊毛（动物短纤维）	5～15	353～363	373	10～15	稍好	很差	0.4
尼龙	—	348～358	368	4.0～4.5	稍好	好	2.5
奥纶	—	398～408	423	6	好	差	1.6
涤纶（聚酯）	—	413	433	6.5	好	差	1.6
玻璃纤维（用硅酮树脂处理）	5～8	523	—	4.0	好	差	1
芳香族聚酰胺（诺梅克斯）	—	493	533	4.5～5.0	差	好	2.5
聚四氟乙烯	—	493～523	—	0	很好	很好	2.5

四、袋式除尘器的清灰

清灰是袋式除尘器运行中十分重要的一环，多数袋式除尘器是按清灰方式命名和分类的。

常用的清灰方式有机械振动清灰、逆气流清灰、脉冲喷吹清灰三种。

1．机械振动清灰

机械振动袋式除尘器的过滤风速一般取 1.0～2.0 m/min，压力损失为 800～1 200 Pa。

机械振动清灰类型袋式除尘器的优点是工作性能稳定，清灰效果较好，缺点是滤袋常受机械力作用，损坏较快，滤袋检修与更换工作量大。

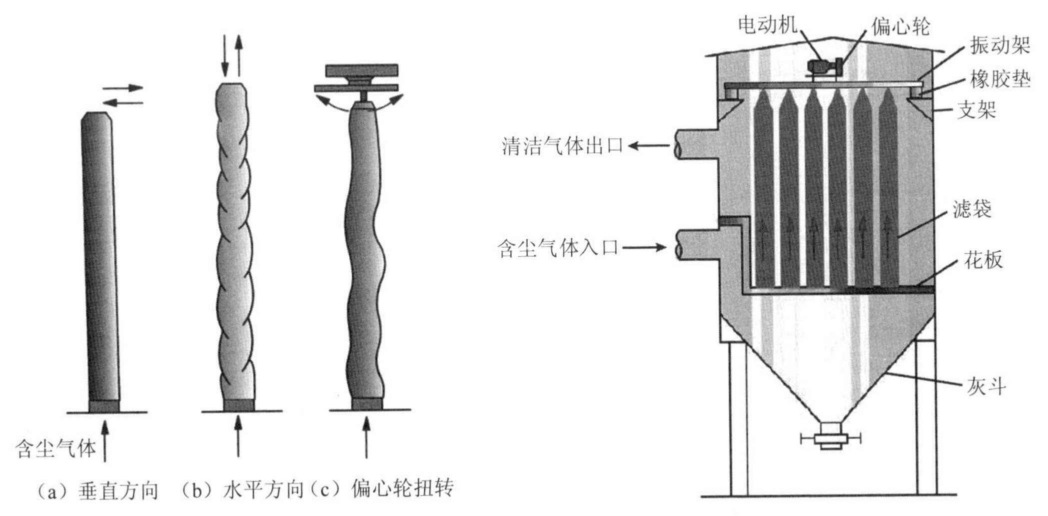

图 6-58　三种振动方式

图 6-59　偏心轮振动清灰袋式除尘器

2. 逆气流清灰

过滤风速一般为 0.5～2.0 m/min，压力损失控制范围为 1 000～1 500 Pa，这种清灰方式的除尘器结构简单，清灰效果好，滤袋磨损少，特别适用于粉尘黏性小，玻璃纤维滤袋的情况，形式有反吹风和反吸风。

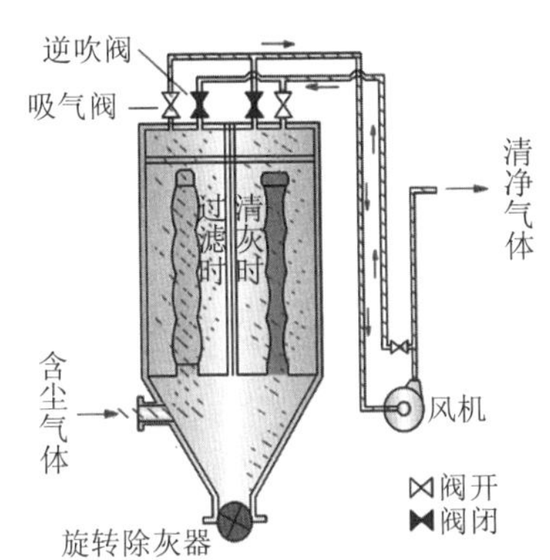

图 6-60　单袋两室逆气流吹风清灰袋式除尘器滤尘和清灰过程示意

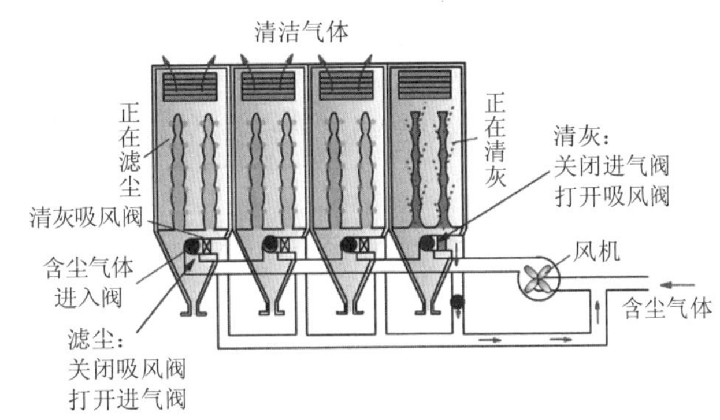

图 6-61　逆气流吹风清灰袋式除尘器滤尘和清灰过程示意

3. 脉冲喷吹清灰

利用 4～7 atm[①]的压缩空气反吹，压缩空气的脉冲产生冲击波，使滤袋振动，粉尘层脱落，必须选择适当压力的压缩空气和适当的脉冲持续时间（通常为 0.1～0.2 s），每清灰一次，叫作一个脉冲，全部滤袋完成一个清灰循环的时间称为脉冲周期，通常为 60 s。

① 1 atm=101.325 kPa。

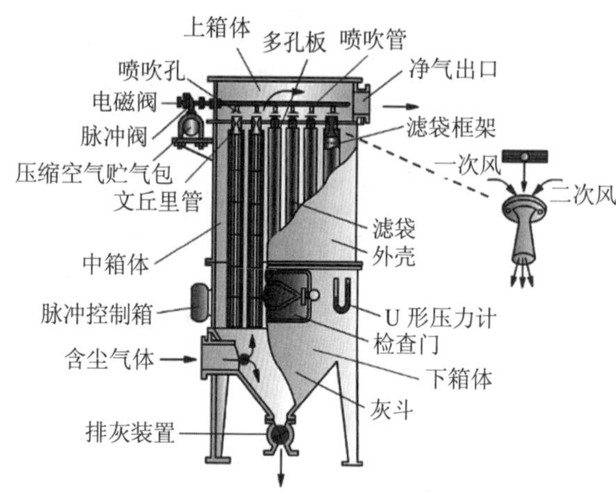

图 6-62 脉冲喷吹袋式除尘器

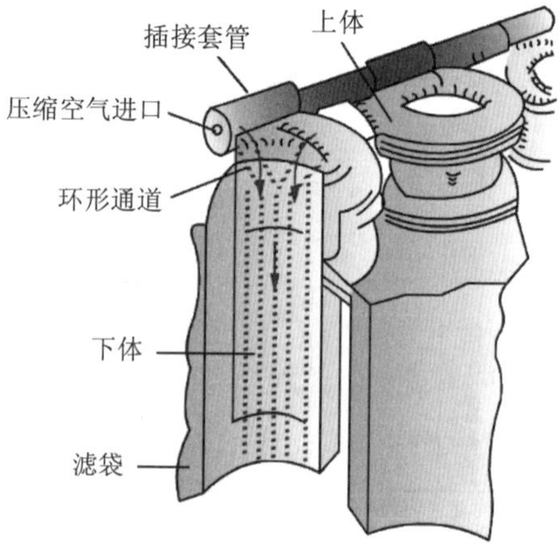

图 6-63 环隙引射器

脉冲喷吹耗用压缩空气量为

$$V = \alpha \frac{nV_0}{T} \tag{6-76}$$

式中：n——滤袋总数，条；

T——脉冲周期，min；

α——安全系数，取 1.5；

V_0——每条滤袋喷吹一次耗用的压缩空气量，m^3。

脉冲喷吹清灰实现了全自动清灰，净化效率达 99%；过滤负荷较高，滤袋磨损轻，运行安全可靠。

常见的袋式除尘器有分散式袋式除尘器、集中式袋式除尘器、回转反吹扁袋式除尘器等（图 6-64～图 6-66）。

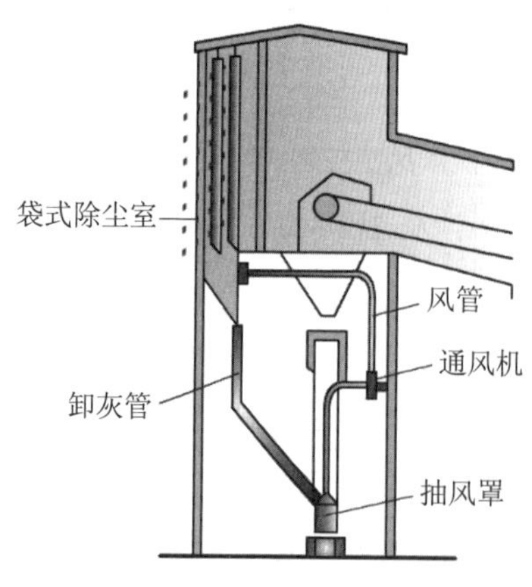

图 6-64 分散式袋式除尘器

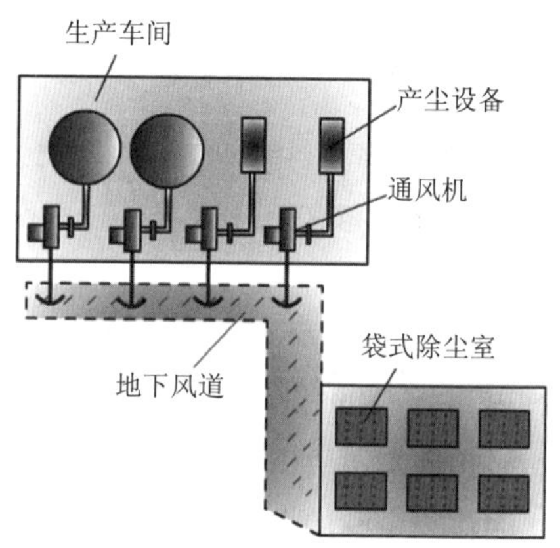

图 6-65 集中式袋式除尘器

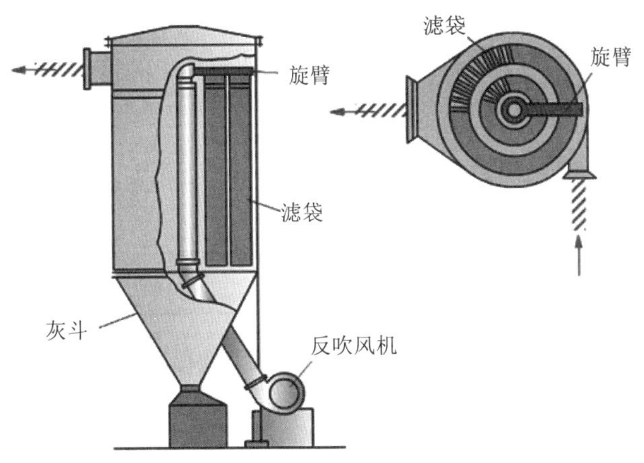

图 6-66 回转反吹扁袋式除尘器

五、袋式除尘器的选择、设计和应用

1. 选择与设计

设计流程包括：

1）选择过滤介质：与温度和气体与粉尘的其他性质相适应。

2）选择清灰方式：与滤布相适应。

3）计算气布比。

4）计算穿透率。

5）计算需要的过滤面积和袋室数目。

6）提出风机和管道的技术要求。

7）经济核算（图 6-67）。

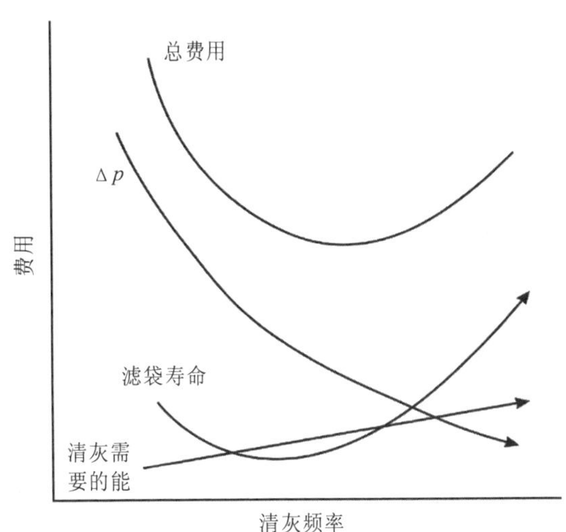

图 6-67 费用与清灰频率之间的关系

（1）选定除尘器形式、滤料及清灰方式

根据对除尘效率的要求、厂房面积、投资和设备订货的情况等，选定除尘器类型；

根据含尘气体特性，选择合适的滤料；

根据除尘器形式、滤料种类、气体含尘浓度、允许的压力损失等初步确定清灰方式。

表 6-12 清灰方式的应用

应用	气布比	主要清灰方式	主要滤布种类	粉尘	
				粒径	密度
谷物加工	12～14	RA	F	大	低
石灰石（采石场）	6～8	PJ	F	大	中
氧化铅	1.5～2	S	W	小	
煤飞灰（取暖锅炉）	2～3	RA	W	小	
煤飞灰（工业锅炉）	4～5	PJ	W/F	中	
水泥（窑炉）	2～3	RA	W	中	

注：RA—空气反吹；PJ—脉冲喷吹；S—振打清灰；F—毡制；W—纺织。

滤料的比较见表 6-13。

表 6-13 部分滤料的性能

滤料	相对费用/美元	温度/℉
聚酯	6	275
诺梅克斯	14	400
特氟隆	45	450
玻璃纤维布	25	500
Hugglas	30	500

（2）计算过滤面积

$$A = \frac{Q}{60v_F} \tag{6-77}$$

一般情况下的过滤气速归纳如下：

简易清灰：v_F=0.20～0.75 m/min；

机械振动清灰：v_F=1.0～2.0 m/min；

逆气流反吹清灰：v_F=0.5～2.0 m/min；

脉冲喷吹清灰：v_F=2.0～4.0 m/min。

（3）除尘器设计

1）确定滤袋尺寸：直径 d 和高度 l。

2）计算每条滤袋面积：$a=\pi dl$。

3）计算滤袋条数：$n=A/a$。

4）当滤袋条数多时，根据清灰方式及运行条件将滤袋分成若干组，每组内相邻两滤袋之间的净距一般取 50～70 mm。

（4）测定除尘器的性能

1）穿透性。

2）压力损失：利用 U 形管压力计测定。

测量位置：系统的总压降（为风机技术条件所需要）；法兰盘连接袋滤器的压降；滤袋两侧的压降。

3）滤袋出现孔洞时的检验。

4）对滤袋或小块过滤介质进行测试：透气性、耐腐蚀性、抗张试验等。

袋式除尘器的运行：最佳操作→最佳费用，即长期的最低费用。

表 6-14　袋式除尘器的运行

建设投资费用		运行费用	
项目	投资比例/%	项目	所占比例/%
袋滤室	33.6	电力	15.6
管道	27.3	劳务	39.0
基建和安装	11.8	厂内杂项开支	32.5
风机和马达	10.5	滤布	13.0
处理设备	4.2		
设计	4.2		
试车	4.2		
测试仪表	2.1		
运输费	2.1		

2. 应用

1）袋式除尘器作为一种高效除尘器，广泛用于各种工业部门的尾气除尘。

2）比电除尘器结构简单、投资省、运行稳定，可以回收高比电阻粉尘。

3）与文丘里除尘器相比，动力消耗小，回收的干粉尘便于综合利用。

4）对于微细的干燥粉尘，采用袋式除尘器捕集是适宜的。

六、颗粒层除尘器

颗粒层除尘器是利用颗粒状物料（如硅石、砾石、焦炭等）作填料层的一种内部过滤式除尘装置。颗粒层除尘器的除尘机理与袋式除尘器类似，主要靠惯性碰撞、截留及扩散作用等。

第六节 除尘器的选择与发展

一、除尘器的合理选择

1. 除尘器的选择

选用的除尘器必须满足排放标准规定的排放浓度。

2. 除尘器的分级效率

粉尘的物理性质对除尘器性能具有较大的影响，除尘器的分级效率见表 6-15。

表 6-15 除尘器的分级效率

除尘器名称	全效率/%	不同粒径时的分级效率/%				
		0～5 μm	5～10 μm	10～20 μm	10～44 μm	>44 μm
带挡板的沉降室	58.6	7.5	22	43	80	90
普通的旋风除尘器	65.3	12	33	57	82	91
长锥体旋风除尘器	84.2	40	79	92	99.5	100
喷淋塔	94.5	72	96	98	100	100
电除尘器	97.0	90	94.5	97	99.5	100
文丘里除尘器（ΔP=7.5 kPa）	99.5	99	99.5	100	100	100
袋式除尘器	99.7	99.5	100	100	100	100

3. 气体的含尘浓度

当气体的含尘浓度较高时，在静电除尘器或袋式除尘器前应设置低阻力的初净化设备，去除粗大尘粒。

4. 气体温度和其他性质也是选择除尘设备时必须考虑的因素

高温、高湿气体不宜采用袋式除尘器：烟气中同时含有 SO_2、NO 等气态污染物，可以考虑采用湿式除尘器，但是必须注意腐蚀问题。

5. 捕集粉尘的处理

选择除尘器时，必须同时考虑捕集粉尘的处理问题。

6. 其他因素

①设备的位置，可利用的空间，环境条件等。

②设备的一次投资（如设备、安装和工程等）以及操作和维修费用（表 6-16）。

表 6-16　常见除尘设备的投资费用和运行费用　　单位：万元/100 000 m^3废气

设备	投资费用	运行费用
高效旋风除尘器	100	100
袋式除尘器	250	250
电除尘器	450	150
塔式除尘器	270	260
文丘里除尘器	220	500

二、除尘设备的发展

1）除尘设备趋向高效率。

2）发展处理大烟气量的除尘设备。

3）着重研究提高现有高效除尘器的性能。

4）发展新型除尘设备：

①宽间距或脉冲高压电除尘器；

②环形喷吹袋式除尘器；

③顺气流喷吹袋式除尘器；

④带电水滴湿式洗涤器；

⑤带电袋式除尘器等。

三、案例——生物质锅炉烟气净化

据测算，贵港市木材行业年排放二氧化硫 141.67 t、氮氧化物 564.67 t、颗粒物 195.65 t，分别占广西木材加工行业污染物排放量的 4.6%、26.3%、12.0%，对环境空气质量影响较大。

生物质锅炉烟气污染特征见表 6-17，主要特征有：烟气颗粒物浓度高，达 850 mg/m^3以上；烟气湿度 3.5%以上，温度 180～350℃，高温、高湿环境易引起滤袋水解损坏；烟气含焦油、含火星，易产生焦油糊袋、火星烧袋问题。

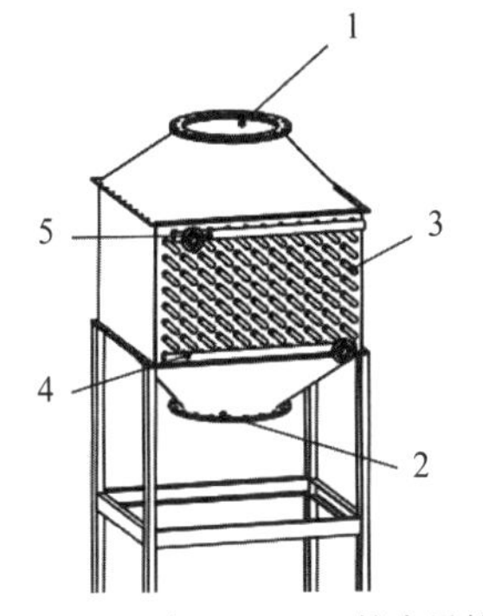

1—进风口；2—出风口；3—捕火星管束；
4—冷却水进水；5—冷却水出水

图 6-68　火星捕捉器结构

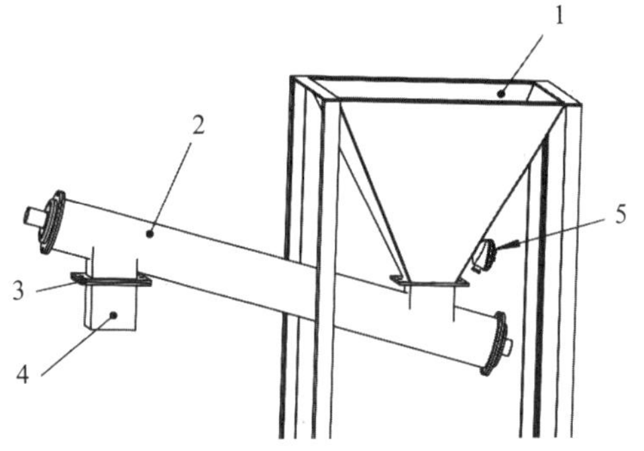

1—阻燃添加剂料仓；2—螺旋输送机；3—气动阀碟；
4—阻燃添加剂下料口；5—料位计

图 6-69　阻燃添加剂喷粉装置结构

表 6-17 生物质锅炉排放烟气特性

项目		主要结果	单位	主要问题影响
粉尘粒径	＞58 μm	20	% （质量百分比浓度）	粒径跨度大，单一除尘技术效果不明显
	26～58 μm	47		
	3～25 μm	32		
	＜3 μm	1		
颗粒物浓度		≥850	mg/m^3	浓度较高，易“冒黑烟”
烟气含湿量		≥3.5	%	易造成布袋水解损坏
烟气温度		180～350	℃	
烟气带火星、焦油情况		存在		易烧袋、糊袋

表 6-18 生物质锅炉除尘设备运行情况

序号	锅炉型号	颗粒物浓度（原始值）/（mg/m^3）	烟气温度/℃	除尘器			
				进口温度/℃	差压/Pa	喷吹压力/MPa	处理后颗粒物浓度/（mg/m^3）
1	2 t/h	≥850	180～250	112	＜1 300	0.3～0.4	6.85
2	4 t/h			123			8.31
3	6 t/h			118			7.7
4	8 t/h			125			8.45
5	10 t/h			120			9.02

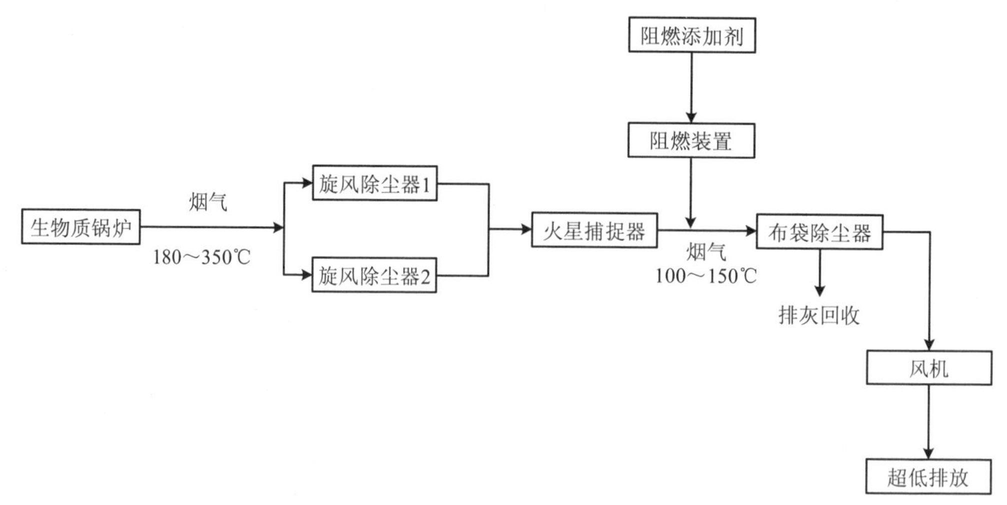

图 6-70 生物质锅炉新型除尘技术工艺

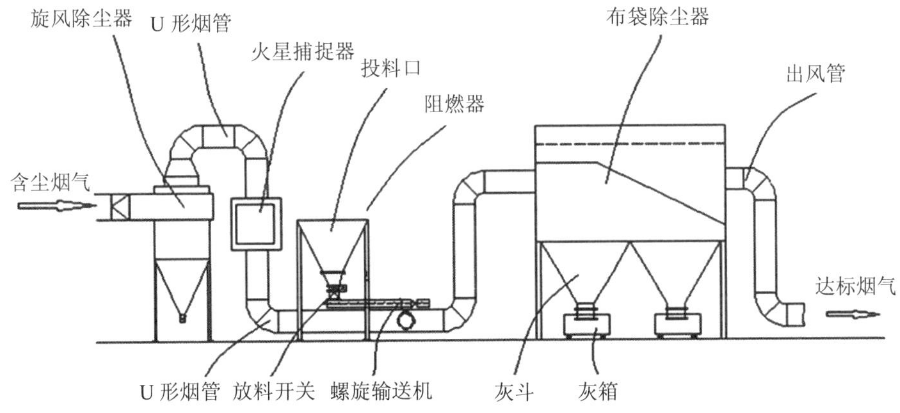

图 6-71 高温、高湿、携带火星的烟尘除尘系统

习 题

1 如何改善电除尘器对高比电阻粉尘的捕集效率？

2 电除尘器除尘的基本原理是什么？它由哪些基本过程组成？

3 试分析影响电除尘器除尘效率的因素。

4 简要分析旋风除尘器结构对其除尘效率的影响。

5 设计题：某石棉厂拟建一台重力沉降室净化含石棉尘的气体，原始设计条件为：待净化的石棉尘气量 Q=8 000 m^3/h，石棉尘气体的温度 t=300℃，石棉尘的真密度为 2 200 kg/m^3。在车间附近可建造重力沉降室用地为：长 5 m，宽 2 m，空间不受限制；要求对 d_p > 50 μm 的石棉尘效率达到 100%。（300℃时 μ=1.864×10^{-5} Pa·s）

6 某电除尘器集尘板总面积为 100 m^2，烟气流量为 2.5 m^3/s，该除尘器进、出口烟气含尘浓度的实测值分别为 25 g/m^3 和 0.1 g/m^3，求电除尘器除尘效率 η 和有效驱进速度 ω_e。

7 某通风除尘系统，拟选用重力沉降室将 d_p=40 μm 的粉尘全部除去，已知该粉尘的密度 ρ=2 000 kg/m^3，已设定沉降室的高度为 H=1.5 m，沉降室内气流速度为 0.5 m/s，试确定捕集效率为 90%时该重力沉降室的长度。

8 某电除尘器的除尘效率为 90%，欲将其除尘效率提高至 99%。有人建议使用一种添加剂改变滤饼的比电阻，从而使电除尘器的有效驱进速度提高 1 倍。若此建议可行，电除尘器的效率能满足要求吗？也有人建议，通过提高电除尘器的电压即可满足将除尘效率提高至 99% 的要求。若按此建议，电除尘器的电压应增加多少？

9 直径为 1.09 μm 的单分散相气溶胶通过一重力沉降室，该沉降室宽 20 cm，长 50 cm，共 18 层，层间距 0.124 cm，气体流量是 8.61 L/min，并观测到其操作效率为 64.9%。问需要设置多少层可能得到 80%的操作效率？

10　有一沉降室长 7.0 m，高 12 m，气速 30 cm/s，空气温度 300 K，尘粒密度 2.5 g/cm^3，空气黏度 0.067 kg/（m·h），求该沉降室能 100%捕集的最小粒径。

11　气溶胶含有粒径为 0.63 μm 和 0.83 μm 的粒子（质量分数相等），以 3.61 L/min 的流量通过多层沉降室。给出下列数据，运用斯托克斯定律和坎宁汉校正系数计算沉降效率。L=50 cm，ρ=1.05 g/cm^3，b=20 cm，h=0.129 cm，μ=0.000 182 g/（cm·s），n=19 层。

12　试确定旋风除尘器的分割粒径和总效率，给定粉尘的粒径分布如下：

平均粒径范围/μm	0 ~ 1	1 ~ 5	5 ~ 10	10 ~ 20	20 ~ 30	30 ~ 40	40 ~ 50	50 ~ 60	> 60
质量百分数/%	3	20	15	20	16	10	6	3	7

已知气体黏度为 2×10^{-5} Pa·s，颗粒比相对密度为 2.9，旋风除尘器气体入口速度为 15 m/s，气体在旋风除尘器内的有效旋转圈数为 5 次；旋风除尘器直径为 3 m，入口宽度 76 cm。

13　含尘气流用旋风除尘器净化，含尘粒子的粒径分布可用对数正态分布函数表示，且 D_m=20 μm，σ=1.25。在实际操作条件下该旋风除尘器的分割直径为 5 μm，试基于颗粒质量浓度计算该除尘器的总除尘效率。

14　在气体压力为 1 atm、温度为 293 K 下运行的管式电除尘器，圆筒形集尘管直径为 0.3 m，L=2.0 m，气体流量 0.075 m^3/h。若集尘板附近的平均场强 E=100 kV/m，粒径为 1.0 μm 的粉尘荷电量 q=0.3×10^{-15}C，计算该粉尘的驱进速度 W 和电除尘器效率。

15　某板式电除尘器的平均电场强度为 3.4 kV/cm，烟气温度为 423 K，电场中离子浓度为 10^8 个/m^3，离子质量为 5×10^{-26} kg，粉尘在电场中的停留时间为 5 s。试计算：（1）粒径为 5 μm 的粉尘的饱和电荷值；（2）粒径为 0.2 μm 的粉尘的荷电量；（3）计算上述两种粒径粉尘的驱进速度。假定：（1）烟气性质近似于空气；（2）粉尘的相对介电系数为 1.5。

16　电除尘器的集尘效率为 95%，某工程师推荐使用一种添加剂以降低集尘器上粉尘层的比电阻，预期可使电除尘器的有效驱进速度提高 1 倍。若工程师的推荐成立，试求使用该添加剂后电除尘器的集尘效率。

17　一个文丘里除尘器用来净化含尘气体。操作条件如下：液气比 L=1.36 L/m^3，喉管气速为 83 m/s，粉尘密度为 0.7 g/cm^3，取校正系数 0.2，忽略 C，计算除尘器效率。烟气中粉尘的粒度分布如下：

粒径/μm	质量百分数/%
< 0.1	0.01
0.1 ~ 0.5	0.21
0.5 ~ 1.0	0.78
1.0 ~ 5.0	13.0
5.0 ~ 10.0	16.0

粒径/μm	质量百分数/%
10.0 ~ 15.0	12.0
15.0 ~ 20.0	8.0
> 20.0	50.0

18 水以液气比 12 L/m^3 进入文丘里除尘器，喉管气速为 116 m/s，气体黏度为 1.845×10^{-5} Pa·s，颗粒密度为 1.789 g/cm^3，平均粒径为 1.2 μm，f 取 0.22。求文丘里除尘器的压力损失和穿透率。

19 直径为 2 mm 的雨滴以其终末沉降速度穿过 300 m 厚的大气近地层，大气中含有粒径为 3 μm 的球形颗粒，颗粒的质量浓度为 80 μg/m^3。

（1）每个雨滴下降过程中可以捕集多少颗粒？

（2）由于捕集这些颗粒，雨滴的质量增加了百分之几？

20 以 2.5 mm/h 的速率发生了大面积降雨，雨滴的平均直径为 2 mm，其捕集空气中的悬浮颗粒物的效率为 0.1，若净化空气中 90%的悬浮颗粒物，这场雨至少要持续多长时间？

21 利用清洁滤袋进行一次实验，以测定粉尘的渗透率，气流通过清洁滤袋的压力损失为 250 Pa，300 K 的气体以 1.8 m/min 的流速通过滤袋，滤饼密度 1.2 g/cm^3，总压力损失与沉积粉尘质量的关系如下。试确定粉尘的渗透率（以 m^2 表示），假设滤袋面积为 100.0 cm^2。

Δp / Pa	612	666	774	900	990	1 062	1 152
M/kg	0.002	0.004	0.010	0.02	0.028	0.034	0.042

22 除尘器系统的处理烟气量为 10 000 m^3/h，初始含尘浓度为 6 g/m^3，拟采用逆气流反吹清灰袋式除尘器，选用涤纶绒布滤料，要求进入除尘器的气体温度不超过 393 K，除尘器压力损失不超过 1 200 Pa，烟气性质近似于空气。试确定：（1）过滤速度；（2）粉尘负荷；（3）除尘器压力损失；（4）最大清灰周期；（5）滤袋面积；（6）滤袋的尺寸（直径和长度）和滤袋条数。

第七章　气态污染物控制技术基础

气态污染物是指能与大气形成均相混合体系的污染物，占排入大气污染物种类的75%。包括硫氧化物、氮氧化物、碳氧化物、有机化合物（挥发性、多环芳烃）、金属挥发物（汞、铅）。

气态污染物的净化方法原理为：利用其与空气的物理、化学性质差异，经物理、化学变化，改变其物相或物质结构，从而实现分离和转化。包括燃烧、吸收、吸附、催化等方法，需要吸收剂、吸附剂、催化剂和能源等。技术复杂、代价较高，尚无普遍适用的方法。

目前气态污染物控制技术的发展趋势包括：控制气态污染物的产生；多目标污染物协同控制；综合治理；新机理、新技术和新设备的开发。

本章将重点介绍气体吸收、吸附和催化的基本原理以及气态污染物控制中的一些问题。

第一节　气体吸收

利用气体混合物（A+B）中污染物组分（A）在溶剂（S）中的溶解度大或能发生化学反应，使污染物溶解在溶剂（S+A）中或生成新的无害物质，从而分离或消除气体中的有害物质的过程称为吸收。

$$(\mathrm{A}+\mathrm{B})_{\mathrm{g}}+\mathrm{S}_{\mathrm{l}}=(\mathrm{A}+\mathrm{B})_{\mathrm{l}}+\mathrm{B}_{\mathrm{g}}$$

一、吸收剂

气态污染物与吸收剂见表 7-1。

表 7-1　气态污染物与吸收剂

污染物	吸收剂
SO_2	H_2O，NH_3，NaOH，Na_2CO_3，Na_2SO_4，$Ca(OH)_2$，$CaCO_3$，CaO，MgO，$Mg(OH)_2$，MnO，ZnO
NO_x	H_2O，NH_3，NaOH，Na_2SO_4，$(NH_4)_2SO_4$，$FeSO_4$-EDTA
HF	H_2O，NH_3，NaOH，Na_2CO_3
HCl	NH_3，Na_2CO_3，$C_2H_5ONH_2$，$C_4H_3O_2S$
H_2S	NaOH，Na_2CO_3，$Ca(OH)_2$

污染物	吸收剂
Cl_2	CH_3COOH，NaOH
Pb	K_4MnO_4，NaClO，H_2SO_4，KI-I_2
Hg	KI-I_2，S 粉，H_2SO_4，NaCl，$CaCl_2$

吸收剂的选择：吸收容量大，选择性高，饱和蒸气压低，沸点适宜，黏度小、腐蚀小、廉价易得。

二、物理吸收与气-液平衡

1．吸收平衡概念

污染物不断被吸收溶解，同时有一部分污染物析出。当 A 的通入量达到一定值时，进入吸收液中的 A 和析出的 A 量相等，即达到平衡，它是吸收操作的极限。

2．吸收平衡表示法

（1）实验图表法

如图 7-1 所示。

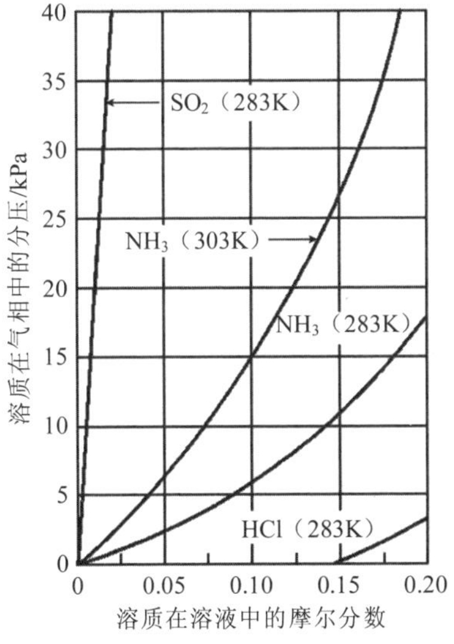

图 7-1　常见气体的吸收平衡图

（2）数学模型法——亨利定理

当气压不太高（$<5\times10^5$ Pa）时，在一定的温度下稀溶液中的溶质溶解度与气相中溶质的平衡分压成正比。即

$$c = f(P^*) = HP^* \quad x = P^* / E \text{ 或 } y^* = mx \tag{7-1}$$

$$H = \frac{\rho_s}{m_s \cdot E} = \frac{\rho_s}{m_s} \cdot \frac{1}{E}; \quad EH = \frac{\rho_s}{m_s}; \quad m = \frac{E}{P_{总}} \tag{7-2}$$

式中：E——亨利常数，Pa；

H——溶解度常数，kmol/（$m^2 \cdot s \cdot Pa$）；

m——相平衡常数；

P^*——气相平衡分压，Pa；

$P_{总}$——气相总压，Pa；

y^*——气相平衡摩尔分数；

x——液相溶质平衡摩尔分数；

ρ_s——液相溶剂密度，kg/m^3。

三、吸收机理与吸收速率

1．气体吸收过程的实质

气体吸收过程即为溶质（A）从气相传递到液相的传质过程：A→气膜→气液相界面→液膜→液相主体。

传质途径：分子扩散、湍流扩散。

（1）双膜模型（应用最广）

基本假定：界面两侧存在气膜和液膜，膜内为层流，传质阻力只在膜内；气膜和液膜外湍流流动，无浓度梯度，即无扩散阻力；气液界面上，气液达溶解平衡；膜内无物质积累，即达稳态。

（2）渗透模型

基本假定：气液界面上的液体微元不断被液相主体中浓度微元置换；每个微表面元与气体接触时间都为 τ；界面上微表面元在暴露时间 τ 内的吸收速率是变化的。

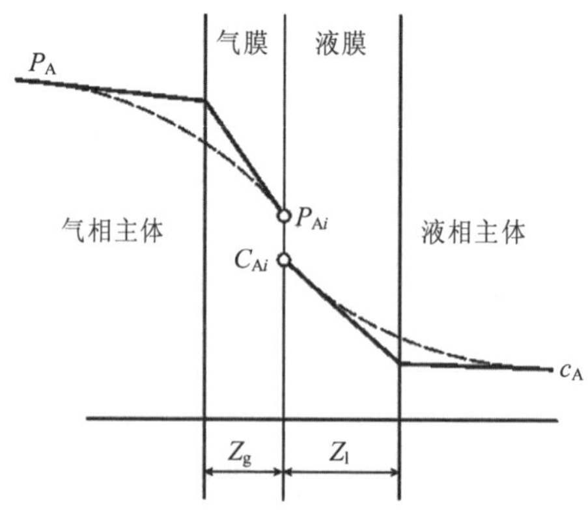

图 7-2　气液两相接触模型

（3）表面更新模型

基本假设：各微表面元具有不同的暴露时间，t=0～∞；各微表面元的暴露时间（龄期）

符合正态分布。

（4）其他模型

表面更新模型的修正、基于流体力学的传质模型、界面效应模型。

2．吸收速率

单位时间内溶质 A 通过单位面积进入液相的物质的量［kmol/（$m^2 \cdot s$）］。传质速率等于吸收速率（N_A）。

对于气膜：

$$N_A = \frac{推动力}{阻力} = \frac{(p_A - p_{Ai})}{1/k_g} = k_g(p_A - p_{Ai}) \tag{7-3}$$

式中：k_g——气膜传质系数，$k_g = D_{Ag}/Z_g$，kmol/（$m^2 \cdot s \cdot Pa$）；

P_A——A 物质在气相主体的分压，Pa；

P_{Ai}——A 物质在气液界面上的气相分压，Pa；

D_{Ag}——气膜分子扩散系数，kmol/（$m \cdot s$）；

Z_g——气膜厚度，m。

对于液膜：

$$N_A = \frac{推动力}{阻力} = \frac{(c_{Ai} - c_A)}{1/k_l} = k_l(c_{Ai} - c_A) \tag{7-4}$$

式中：k_l——液膜传质系数，$k_l = D_{Al}/Z_l$，m/s；

c_{Ai}——A 物质在气液界面上的液相浓度，kmol/m^3；

C_A——A 物质在液相主体浓度，kmol/m^3；

D_{Al}——液膜分子扩散系数，m^2/s；

Z_l——液膜厚度，m。

总传质系数：

由 $$p_A - p_{Ai} = \frac{N_A}{k_g}, \quad c_{Ai} - c_A = \frac{N_A}{k_L}$$

$c_A = HP_x^*$，$c_{Ai} = HP_{Ai}$，得

$$N_A = K_{Ag}(p_A - p_A^*), \quad \frac{1}{K_{Ag}} = \frac{1}{k_g} + \frac{1}{H \cdot k_l} \tag{7-5}$$

式中：K_{Ag}——气相总传质阻力，kmol/（$m^2 \cdot s \cdot Pa$）；

p_A^*——与液相浓度呈平衡关系的气相分压，Pa。

$$N_A = K_{Al}(c_A^* - c_A), \quad \frac{1}{K_{Al}} = \frac{1}{k_l} + \frac{H}{k_g} \tag{7-6}$$

式中：K_{Al}——气相总传质阻力，kmol/（$m^2 \cdot s \cdot Pa$）；

c_A^*——与气相分压呈平衡关系的液相浓度，$kmol/m^3$。

3. 吸收速率的确定

吸收速率的影响因素复杂，主要通过实验测定和经验公式确定。

对于易吸收的气体，H 大，由气膜控制，例如 NH_3+H_2O

$$k_g \cdot a = 6.07 \times 10^{-4} G^{0.9} L^{0.39} \tag{7-7}$$

对于难溶气体，由液膜控制，例如 CO_2+H_2O，H 小

$$k_l \cdot a = 2.57 \times U^{0.96} \tag{7-8}$$

对于中性溶解度气体，例如 SO_2+H_2O

$$k_g \cdot a = 9.81 \times 10^{-4} G^{0.7} L^{0.25}, \quad k_l \cdot a = a \times L^{0.82} \tag{7-9}$$

以上各式中：G——气相质量流率；kg/（$m^2 \cdot h$）；

L——液相质量流率；kg/（$m^2 \cdot h$）；

U——液体喷淋密度，m^3/（$m^2 \cdot h$）；

a——与温度有关的常数。

表 7-2　常数 *a* 取值与温度的关系

温度/℃	10	15	20	25	30
a	0.009 3	0.010 2	0.011 6	0.012 8	0.014 3

四、化学吸收

化学吸收即液相伴有显著化学反应的吸收过程。

化学反应使溶质在液相的平衡浓度降低，从而增大了吸收推动力和设备吸收容量；缩短了液相传质距离，阻力减小，使总传质系数增大，吸收速率加快；提高了填料表面的吸收效果。

1. 化学吸收平衡

$$A_g \Leftrightarrow A_l + S_l \Leftrightarrow P$$

相平衡：$aA_g \underset{液}{\overset{气}{\Leftrightarrow}} aA_l$，　$[A] = H_A \cdot P_A^*$

化学平衡：$aA + b_B \Leftrightarrow c_C + d_D$，$K = \dfrac{[C]^c[D]^d}{[A]^a[B]^b} \Rightarrow [A] = \left\{\dfrac{[C]^c[D]^d}{K[B]^b}\right\}^{\frac{1}{a}}$

化学吸收平衡关系：

$$P^*=\frac{[A]}{H_{\mathrm{A}}}=\frac{1}{H_{\mathrm{A}}}\cdot\left[\frac{[C]^c[D]^d}{K[B]^b}\right]^{\frac{1}{a}} \tag{7-10}$$

1）若被吸收组合与溶剂相互作用（吸收剂与被吸收气体相互作用），如水吸收氨气即为该过程

$$\mathrm{A_g}\Leftrightarrow \mathrm{A_l}+\mathrm{S_l}\overset{k}{\longleftrightarrow}\mathrm{M_l}\text{，}\quad C_{\mathrm{A}}=[\mathrm{A}]+[\mathrm{M}]$$

$$k=\frac{[\mathrm{M}]}{[\mathrm{A}]+[\mathrm{B}]}=\frac{C_{\mathrm{A}}-[\mathrm{A}]}{[\mathrm{A}][\mathrm{S}]}\Rightarrow[\mathrm{A}]=\frac{C_{\mathrm{A}}}{1+k[\mathrm{S}]}$$

$$P_{\mathrm{A}}^*=\frac{[\mathrm{A}]}{H_{\mathrm{A}}}=\frac{C_{\mathrm{A}}}{H_{\mathrm{A}}\left[1+k[\mathrm{S}]\right]} \tag{7-11}$$

亨利常数增大了$1+k[\mathrm{S}]$倍，有利于吸收。

2）被吸收的组分在溶液中离解，若用水分吸收剂，生成的反应物又离解成离子时，则化学反应按离解反应平衡来建立。即

$$\mathrm{A_g}\Leftrightarrow \mathrm{A_l}+\mathrm{S_l}\overset{k}{\longleftrightarrow}\mathrm{M_l}\overset{kl}{\longleftrightarrow}k^++\mathrm{A}^-$$

离解平衡常数：$k_1=\frac{[k^+][\mathrm{A}^-]}{[\mathrm{M_l}]}$

因$[k^+]=[\mathrm{A}^-]$，故$[k^+]=\sqrt{k_1[\mathrm{A}]}$

组分 A 总浓度：$C_{\mathrm{A}}=[\mathrm{A}]+[k^+]=[\mathrm{A}]+\sqrt{k_1[\mathrm{A}]}$，$[\mathrm{A}]=H_{\mathrm{A}}\cdot P^*$

$$C_{\mathrm{A}}=H_{\mathrm{A}}\cdot P^*+\sqrt{k_1H_{\mathrm{A}}\cdot P^*} \tag{7-12}$$

说明被吸收组分溶解度增大了。

3）被吸收组分与活性组分作用

对于化学反应：$\mathrm{A+S_l=M}$

设$[\mathrm{S_l}]$的起始浓度为C_{S}^0，转化率为R，则

反应平衡常数

$$K=\frac{[\mathrm{M}]}{[\mathrm{A}][\mathrm{S}]}=\frac{C_{\mathrm{s}}^0\cdot R}{[\mathrm{A}]C_{\mathrm{s}}^0(1-R)}=\frac{R}{[\mathrm{A}](1-R)}$$

$$P^*=\frac{[\mathrm{A}]}{H_{\mathrm{A}}}=\frac{R}{KH_{\mathrm{A}}(1-R)} \tag{7-13}$$

溶解组分浓度可以用生成物的平衡浓度计：

$$C_A = RC_s^0 = C_s^0 \frac{KH_A P_A^*}{1+KH_A P_A^*} \tag{7-14}$$

可以看出，组分 A 的量随平衡分压而增大，还受活性组分起始浓度的影响，且总小于 C_s^0。类似吸收较多见，如碱液吸收 SO_2、酸吸收 NH_3 等。

例 7-1 试求 20℃下，混合气体中 SO_2 平衡分压为 0.5 atm 时，SO_2 在水中的溶解度。已知 H_{SO_2}=1.63 kmol/（m^3·atm），离解常数 K=1.7×10^{-2} kmol/m^3。

解：SO_2 溶于水后电离，即

$$SO_2(l) \Leftrightarrow H^+ + HSO_3^-$$

故溶解度为溶解态 SO_2 浓度和离解态 SO_2 浓度之和

$$\begin{aligned} C_{SO_2} &= H_{SO_2} \cdot P_{SO_2}^* + \sqrt{KH_{SO_2} P_{SO_2}^*} \\ &= 1.63 \times 0.05 + \sqrt{1.7 \times 1.63 \times 0.05 \times 0.01} = 0.118\ (\text{kmol/m}^3) \end{aligned}$$

2. 化学吸收速率

气相扩散：溶质从气相主体到气液相界面的扩散机理与物理吸收相同，扩散速率也与物理吸收相同。

$$N_A = \frac{推动力}{阻力} = \frac{(P_A - P_{Ai})}{k_g} = k_g(P_A - P_{Ai}) \tag{7-15}$$

液相扩散：溶质到达界面后，便开始与溶剂中的反应组分进行化学反应，反应组分由液相主体扩散到界面或界面附近并与扩散来的溶质相遇形成反应面。反应面的位置取决于反应速率与扩散速率的相对大小。

$$N_A = k_l(C_{Ai} - C_{AL}),\quad N_R = k_r C_{BL}^m C_{AL}^n \tag{7-16}$$

（1）慢反应情况

溶质和活性反应组分的浓度都稍微减小，反应在液膜内进行，反应部分所占比例很小，溶质浓度变化为一稍微下凹的曲线，活性组分在靠近界面处稍有下降，并不断从液相主体向界面扩散补充，吸收速率主要由反应速率控制。液相活性组分存在，黏度上升，液相扩散系数下降。推动力上升，吸收速率上升，仍按物理吸收计算，误差在 8%以内，如 Na_2CO_3 吸收 CO_2。

（2）快反应情况

溶质没扩散到液相主体之前便消耗殆尽，反应完全在液膜内进行，溶质的浓度变化曲线是曲率较大的下凹曲线，并在液相主体内降为零。活性组分浓度变化梯度与溶质相对应，若过量，其在界面的浓度不为零。吸收速率由扩散速率和反应速率双重控制，液相扩散系数和扩散速率都增大。如 NaOH 吸收 CO_2、浓硫酸吸收 SO_3。

对于一级不可逆吸收速率：

化学吸收速率：

$$N_{\mathrm{A}} = K'_{\mathrm{AG}}\left(p_{\mathrm{AG}} - \frac{p_{\mathrm{A}}^{*}}{\cos\gamma}\right) \tag{7-17}$$

化学吸收系数：

$$\frac{1}{K'_{\mathrm{AG}}} = \frac{1}{k_{\mathrm{AG}}} + \frac{1}{\beta \cdot H_{\mathrm{A}} \cdot k_{\mathrm{AL}}} \tag{7-18}$$

增强系数：

$$\beta = \frac{\gamma}{\tan\gamma} \tag{7-19}$$

膜内转化系数：

$$\gamma^2 = \frac{k_{\mathrm{r}} \cdot D_{\mathrm{AL}}}{k_{\mathrm{AL}}^2} \tag{7-20}$$

式中：k_{r}——反应速度常数，h^{-1}；

K_{AL}——液相传质系数，m/s；

D_{AL}——液相分子扩散系数，m^2/s。

当$\gamma \leqslant 0.2$时，$\beta \approx 1$，按物理吸收计算。

当$\gamma \geqslant 2$时，$\beta \approx \gamma$，则

$$\frac{1}{K_{\mathrm{AG}}} = \frac{1}{k_{\mathrm{AG}}} + \frac{1}{\beta \cdot H_{\mathrm{A}} \cdot k_{\mathrm{AL}}} = \frac{1}{k_{\mathrm{AG}}} + \frac{1}{\gamma \cdot H_{\mathrm{A}} \cdot k_{\mathrm{AG}}} = \frac{1}{k_{\mathrm{AG}}} + \frac{1}{H_{\mathrm{A}} \cdot \sqrt{k_{\mathrm{r}} \cdot D_{\mathrm{AL}}}} \tag{7-21}$$

当 $0.2 < \gamma < 2$ 时，则

$$N_{\mathrm{A}} = K'_{\mathrm{AG}}\left(P_{\mathrm{AG}} - \frac{P_{\mathrm{A}}^{*}}{\cos\gamma}\right) \tag{7-22}$$

当$\gamma \to \infty$，$\beta \to \infty$时，按瞬时反应吸收过程计算。

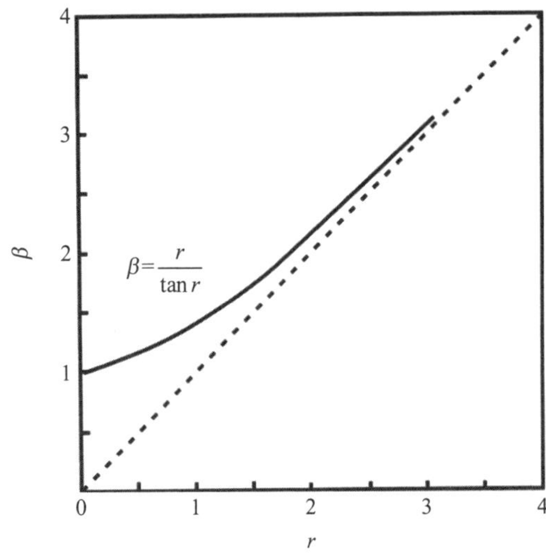

图 7-3　增强系数与膜内转化系数的关系

（3）瞬时反应情况

溶质与活性组分一经接触立即反应完毕，在液膜内任意位置上溶质与活性组分浓度同时直线下降为零。活性组分浓度越大，反应速率越快，反应面越接近相界面，直至与界面重合。其吸收速率由从气相主体到反应面的扩散速率所控制。扩散距离缩短，推动力增大，液膜传质系数和扩散速率显著增加。

当活性组分浓度大于等于临界活性浓度时，反应面与相界面重合，为气膜控制过程，扩散速率等于气膜传质速率。

$$C_{\mathrm{B}} \geqslant C_{\mathrm{B.cr}},\quad N_{\mathrm{A}} = k_{\mathrm{AG}} \cdot p_{\mathrm{AG}} \tag{7-23}$$

临界活性浓度：

$$C_{\mathrm{B.cr}} = \frac{q \cdot D_{\mathrm{A}}}{D_{\mathrm{B}}} \cdot \frac{k_{\mathrm{g}}}{k_{\mathrm{L}}} \cdot p_{\mathrm{AG}} \tag{7-24}$$

当活性组分浓度小于临界活性浓度时，反应面向液相移动，属于扩散控制。

$$C_{\mathrm{B}} \leqslant C_{\mathrm{B.cr}},\quad N_{\mathrm{A}} = K_{\mathrm{AG}}\left(p_{\mathrm{AG}} + \frac{a}{b \cdot H_{\mathrm{A}}} \cdot \frac{D_{\mathrm{BL}}}{D_{\mathrm{AL}}} \cdot C_{\mathrm{BL}}\right) \tag{7-25}$$

例 7-2 用硫酸溶液从氨吸收塔回收尾气中的氨，试计算塔底和塔顶的吸收速率。已知：尾气中氨的进口分压为 5 000 Pa，出口分压为 1 000 Pa，硫酸进口浓度为 0.6 kmol/m^3，出口浓度为 0.5 kmol/m^3，气液逆流操作，气体流量为 45 kmol/h，k_{AG}=0.000 003 5 kmol/（m^2·Pa·h），k_{AL}=0.005 m/h，H=0.000 75 kmol/（m^3·Pa），总压 P=100 000 Pa，D_{AL}=D_{BL}。

解： 为瞬时反应：$2NH_3 + H_2SO_4 \longrightarrow (NH_4)_2SO_4$，

反应系数比为 b/a=0.5

在塔顶处：$P_{\mathrm{AG_1}}$=1 000 Pa，C_{BL}=0.6 kmol/m^3

在塔底处：$P_{\mathrm{AG_2}}$=5 000 Pa，C_{BL}=0.5 kmol/m^3

对塔顶：活性组分临界浓度

$$C_{\mathrm{B.cr_2}} = \frac{q \cdot D_{\mathrm{A}}}{D_{\mathrm{B}}} \cdot \frac{k_{\mathrm{g}}}{k_{\mathrm{L}}} \cdot p_{\mathrm{AG_2}} = 0.5 \times \frac{0.000\,003\,5}{0.005} \times 1 \times 5\,000 = 1.75\mathrm{kmol/m^3} > C_{\mathrm{BL_2}} = 0.5\ \mathrm{kmol/m^3}$$

$$\frac{1}{K_{\mathrm{AG}}} = \frac{1}{k_{\mathrm{AG}}} + \frac{1}{H_{\mathrm{A}} \cdot k_{\mathrm{AL}}} = \frac{1}{3.5 \times 10^{-6}} + \frac{1}{7.5 \times 10^{-4} \times 0.005} = 285\,714.3 + 266\,666.7 = 552\,381$$

$$K_{\mathrm{AG}} = 1.81 \times 10^{-6}\ \mathrm{kmol/(m^2 \cdot Pa \cdot h)}$$

$$\begin{aligned} N_{\mathrm{A2}} &= K_{\mathrm{AG}}\left(p_{\mathrm{AG}} + \frac{a}{b \cdot H_{\mathrm{A}}} \cdot \frac{D_{\mathrm{BL}}}{D_{\mathrm{AL}}} \cdot C_{\mathrm{BL}}\right) = 1.81 \times 10^{-6}\left(5\,000 + \frac{1}{0.5 \times 7.5 \times 10^{-4}} \times 1 \times 0.5\right) \\ &= 0.011\,5\ \mathrm{kmol/(m^2 \cdot h)} \end{aligned}$$

五、吸收设备计算

1. 塔径计算

$$D=\sqrt{\frac{4V}{\pi\omega}}\text{，}\quad \omega=(0.6\sim0.8)u_f \tag{7-26}$$

式中：D——塔径，m；

V——气体体积流量，m^3/s；

ω——气体空塔速度，m/s；

u_f——气体泛点速度，m/s。

2. 填料层高度计算

设 G 为气体流量（kmol/s）；L 为吸收液流量（kmol/s）。

则惰性组分：

$$G_B=G(1-y)\text{，}\quad L_s=L(1-x)$$

对微元填料层 dz 作物料衡算，即

气体中 A 的含量减小量=吸收剂的吸收量=传质的量

$$-\mathrm{d}(Gy)=ky\cdot a(y-y^*)\mathrm{d}z=\mathrm{d}(Lx)$$

$$-G_B\mathrm{d}\left(\frac{y}{1-y}\right)=ky\cdot a(y-y^*)=-G_B\frac{\mathrm{d}y}{(1-y)^2}=-G\frac{\mathrm{d}y}{1-y}$$

故

$$Z=\int_0^z\mathrm{d}z=-\int_{y_1}^{y_2}\frac{G}{k_g\cdot a}\frac{\mathrm{d}y}{(1-y)(y-y^*)}=\frac{G}{k_g\cdot a}\int_{y_2}^{y_1}\frac{\mathrm{d}y}{(1-y)(y-y^*)} \tag{7-27}$$

又由：

$$N_{Ag}=k_y(y-y_i)\text{，}\quad N_{Al}=k_x(x_i-x)$$

$$\Rightarrow\frac{y-y_i}{x_i-x}=\frac{k_x\cdot a}{k_y\cdot a} \tag{7-28}$$

表示斜率为：$\frac{k_x\cdot a}{k_y\cdot a}$，通过点$(x,y)$和$(x_i,y_i)$的直线方程。

平衡线：

$$y_i=mx_i \tag{7-29}$$

操作线：

$$y=\frac{L}{V}x+(y_1-\frac{L}{G}x_1) \tag{7-30}$$

六、吸收设备

1. 吸收设备的基本要求和类型

（1）对吸收设备的基本要求

①气液之间有较大的接触面积和一定的接触时间。

②气液之间扰动剧烈，吸收阻力小，吸收效率高。

③操作稳定并有合适的弹性。

④气流通过时的压降小。

⑤结构简单，制造维修方便，造价低廉。

⑥针对具体情况，要求具有抗蚀和防堵能力。

（2）吸收设备的分类

①表面吸收器：凡能使气液两相在固定的接触面上进行吸收操作的设备均称为表面吸收器，如填料塔、湍球塔等。废气由塔底进入，吸收剂由塔顶均匀地喷淋到填料层中并向下流动。废气与吸收剂在填料层中充分接触，吸收传质的平均推动力大，吸收效果好。

②鼓泡式吸收器：典型的鼓泡式吸收器是板式塔，塔内装有多孔塔板，板上装满吸收剂，呈连续相；气体由板下进入，在塔板上与液体形成鼓泡层，在此有害组分被吸收。常见的设备有鼓泡塔和各种板式塔。

③喷洒式吸收器：用喷嘴将液体喷射成为许多细小的液滴，以增大气-液接触面，完成传质过程。比较典型的设备是空心喷洒吸收器（喷雾塔或称空塔）和文丘里吸收器。

2. 几种常用吸收塔的结构与特点

（1）填料塔

填料塔的典型结构如图 7-4 所示。塔内装有支撑板，板上堆放填料层，吸收液通过安装在填料上部的分布器洒向填料。填料在整个塔内可堆成一层，也可分成几层。当填料分层堆放时，层与层之间常装有液体再分布装置，逆流式填料塔应用最多。吸收剂自塔顶向下喷淋，均匀地流经填料层，气体从塔底被送入，沿填料间空隙上升，填料的润湿表面作气液接触的传质表面。常用的填料塔填料有拉西环、鲍尔环、鞍形和波纹填料等，如图 7-5 所示。

填料塔运行稳定，操作时，一般要求液体喷淋密度在 10 m^3/（$m^2 \cdot h$）以上，且喷淋均匀。填料塔的空塔气速一般为 0.3～1.5 m/s，压降通常为 0.15～0.60 kPa/m 填料，液气比为 0.5～2.0 kg/m^3。

填料塔的优点有：结构简单、便于制造，气液接触良好，压降较小等。

缺点有：当烟气中含有悬浮颗粒时，填料容易堵塞，清理检修时填料损耗大。

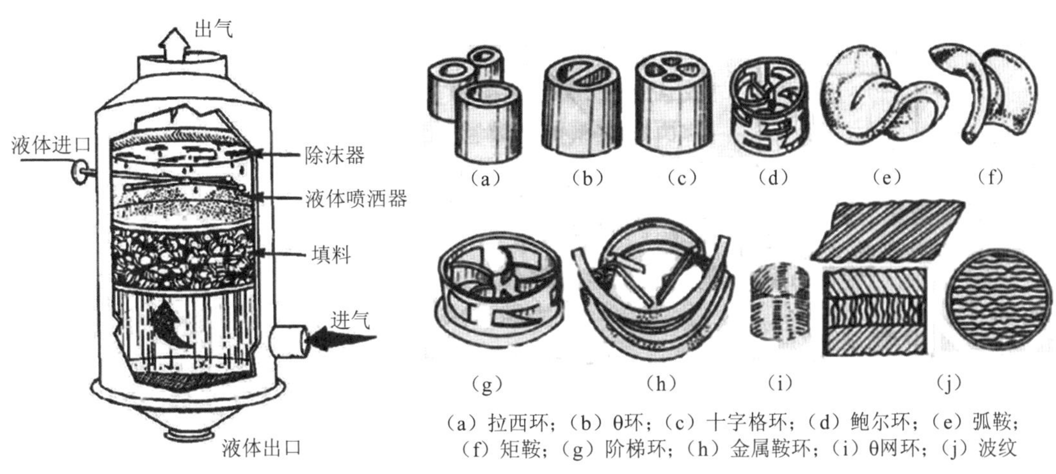

(a) 拉西环；(b) θ环；(c) 十字格环；(d) 鲍尔环；(e) 弧鞍；(f) 矩鞍；(g) 阶梯环；(h) 金属鞍环；(i) θ网环；(j) 波纹

图 7-4 填料塔结构　　**图 7-5 填料形状**

(2) 湍球塔

湍球塔结构如图 7-6 所示，在塔内筛板上装有空心或实心小球。气流高速通过筛板时，小球在塔内湍动旋转，相互碰撞，吸收剂自上向下喷淋，多为逆流吸收操作。湍球塔采用的小球通常由聚乙烯、聚丙烯或发泡聚苯乙烯等塑料制作，也有采用不锈钢的。小球直径有 25 mm、30 mm、38 mm 等几种规格，当塔的直径大于 200 mm 时，填料的静止床层高度控制在 0.2～0.3 m。操作时，湍球塔的空塔速度一般为 2～6 m/s，阻力损失为 0.4～1.2 kPa。

湍球塔的优点是气流速度高，处理能力大，设备体积小，吸收效率高，不易被固体颗粒堵塞。它的缺点是阻力较高，塑料小球不能承受高温，使用寿命短，需经常更换。除尘、脱硫一体化时可考虑使用它。

(3) 筛板塔

筛板塔的结构如图 7-7 所示，在截面为圆形的塔内，沿塔高装有多层筛板。筛板上开有 2～15 mm 的小孔，开孔率一般为 6%～25%。操作时，气体自下而上经筛孔进入筛板上的液层，气液在筛板上交错流动，通过气体的鼓泡进行吸收。气液可以进行逐级多次接触。

一般控制空塔速度为 1.0～2.5 m/s，气体穿过筛孔的气速为 4.5～12.8 m/s，每块板的压降为 0.8～2.0 kPa。

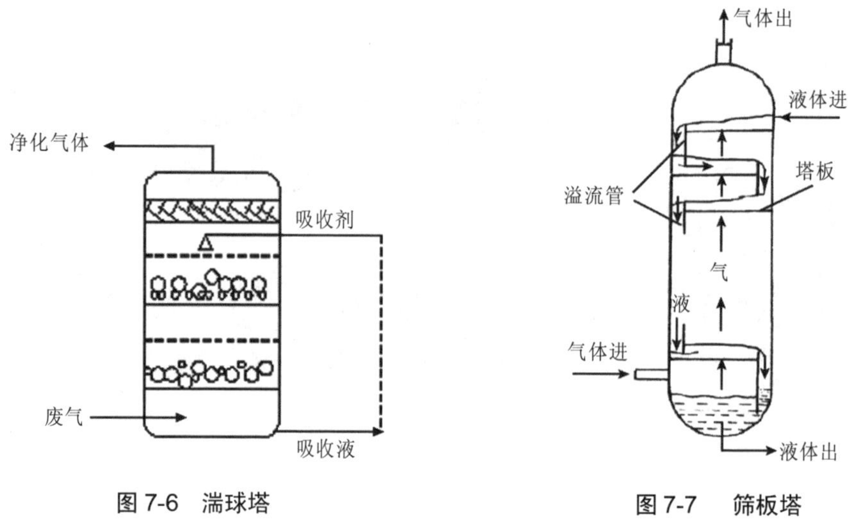

图 7-6　湍球塔　　　　图 7-7　筛板塔

（4）喷淋塔（空塔）

用喷嘴将液体喷射成为许多细小的液滴，以增大气-液相的接触面积，完成传质过程。比较典型的设备是空心喷洒吸收器和文丘里吸收器。喷淋塔的结构见图 7-8。

在吸收器中，气体通常是自下而上流动，而液体则是由装在塔顶的喷射器呈喇叭状喷洒。当塔体比较高时，可将喷洒器分层放置，也可以采用组合喷洒方式。

空塔结构简单，造价低廉，阻力小，效率较高（＞90%），因此，在火电厂烟气湿法脱硫中得到广泛应用。

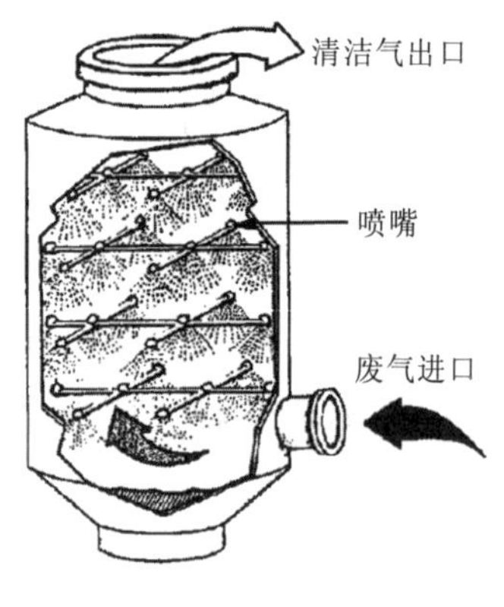

图 7-8　喷淋塔

3. 吸收设备的运行管理

（1）选择和掌握适当的空塔气速

空塔气速分别为：填料塔 1.5～2 m/s，筛板塔、空塔 2 m/s 以上，湍球塔 4 m/s 左右。填料塔操作时不能产生“液泛”；筛板塔不能产生“喷塔”；湍球塔不能产生“短路”等。

空塔气速越高，处理能力越大，但塔高也必须越高，要考虑气液接触时间。高的空塔气速会造成严重的雾沫夹带，将给除雾器增加负担。

（2）控制好液气比

液气比是指处理 1 m^3 气体所需吸收剂的体积。液气比增大，气液传质速率增大，从而增大污染物的去除率。在工程中，允许最小的液气比（L/G）$_{min}$ 由吸收塔的运行特性决定，可根据吸收塔的物料衡算和操作线方程计算。实际 L/G=（1.1～2.0）（L/G）$_{min}$。可根据以下原则考虑：

①文丘里吸收器或喷淋塔，气-液接触面积与 L/G 成正比，因此 L/G 与污染物去除率有直接的正比关系，而与废气的浓度无关。

②控制和调整吸收液浓度（pH 值）。

③注意系统的防垢和堵塞。

④其他注意事项：温度、压力、密封、泄漏等。

第二节　气体吸附

一、气体吸附定义

利用多孔介质将气体污染物（A）浓集于固体（D）表面，从而达到气体分离的过程，称为吸附。

$$(A+B)_g + D_s \longleftrightarrow (A+D)_s + B_g$$

A 为吸附质，D 为吸附剂。

常用设备包括固定床、移动床、流化床。

物理吸附：由吸附质分子与固体吸附剂的表面分子间范德华力作用产生放热过程，吸附速率快慢，受温度影响较小，一般是单分子层吸收。

化学吸附：由吸附质分子与吸附剂的表面分子发生化学反应引起，反应热大，有选择性，温度越高吸附速率越快，有单层或多层吸收，吸收不可逆。

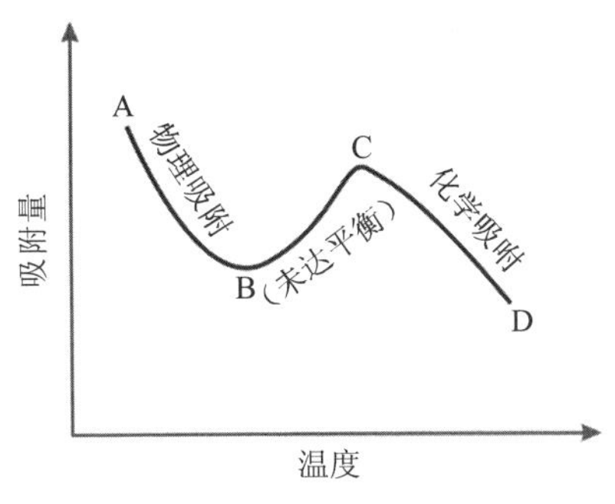

图 7-9　吸附过程

二、吸附剂

吸附是吸附剂的表面现象引起的，表面能越大，吸附力越强；比表面积越大，表面能越大，吸附力越强。

1. 主要吸附剂

主要吸附剂包括活性炭、活性氧化铝、硅藻土、硅胶、沸石分子筛等（表 7-3）。

表 7-3 常用吸附剂的特性

吸附类型	活性炭	活性氧化铝	硅胶	沸石分子筛		
				4A	5A	13X
堆积密度/（kg/m^3）	200～600	750～1 000	800	800	800	800
比热容/[kJ/（kg·K）]	0.836～1.254	0.836～1.045	0.92	0.794	0.794	—
操作温度上限/K	423	773	673	873	873	873
平均孔径/Å	15～25	18～48	22	4	5	13
再生温度/K	373～413	473～523	393～423	473～573	473～574	473～575
比表面积/（m^2/g）	600～1 600	210～360	600	—	—	—

2. 影响气体吸附的因素

操作条件：低温有利于物理吸附，适当高温有利于化学吸附，增大气体压力有利于吸附，固定床气流速度控制在 0.2～0.6 m/s。

吸附剂的性质：孔隙率、孔径、粒度等影响比表面积，从而影响吸附效果。

吸附质的性质和浓度：主要吸附与吸附剂微孔直径相当的气体分子，吸附质的分子量、沸点、饱和性也影响吸附量。

3. 吸附剂的选择

①比表面积大；②良好的选择性；③良好的再生性；④吸附容量大；⑤良好的机械强度、热稳定性及化学稳定性；⑥廉价易得。

4. 吸附剂再生

吸附剂饱和后需要再生，主要方法有加热解吸再生、降压或真空解吸再生、萃取、置换再生、化学转化再生等。

三、吸附机理

1. 吸附平衡

当吸附速度=脱附速度时吸附平衡，此时吸附量达到极限值。极限吸附量受气体压力和温度的影响。

吸附等温线：经过多年研究，已观察到 6 种类型的等温吸附线（图 7-10 和图 7-11）。

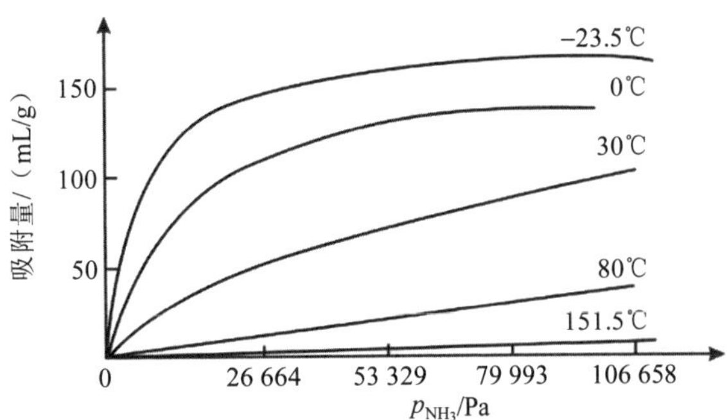

图 7-10　NH_3 在活性炭上的吸附等温线

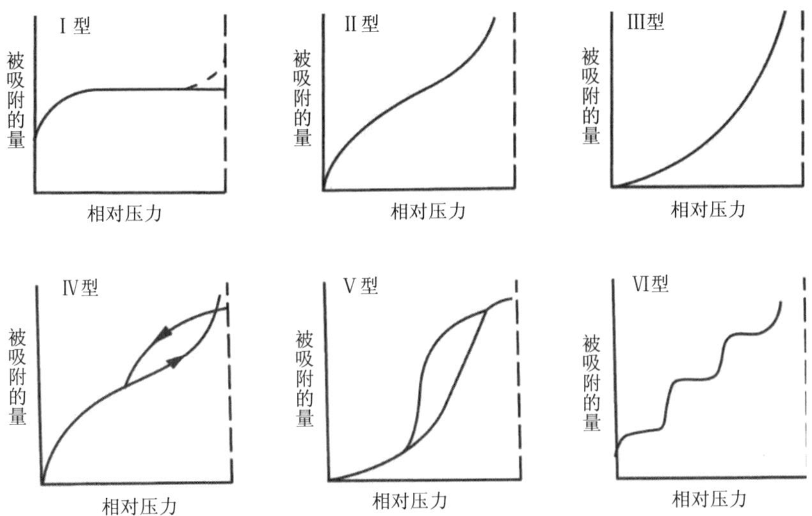

I 型：80 K 下 N_2 在活性炭上的吸附；II 型：78 K 下 N_2 在硅胶上的吸附；
III型：351 K 下溴在硅胶上的吸附；IV型：323 K 下苯在 FeO 上的吸附；
V 型：373 K 下水蒸气在活性炭上的吸附；VI型：惰性气体分子分阶段多层吸附

图 7-11　吸附等温线的主要类型

（1）弗罗德里希（Freundlich）方程（I 型等温线中压部分）

$$Y = kP^n \tag{7-31}$$

两边取对数后变为直线方程：

$$\lg Y = \lg k + n \lg P \tag{7-32}$$

式中：Y——单位吸附剂的吸附量，kg/kg；

P——吸附质在气相中的平衡分压，Pa；

k，n——经验常数，由实验确定。

（2）朗格缪尔（Langmuir）方程（ I 型等温线）

$$Y=\frac{ABP}{1+BP} \tag{7-33}$$

$$\frac{P}{V}=\frac{1}{BV_{\mathrm{m}}}+\frac{P}{V_{\mathrm{m}}} \tag{7-34}$$

式中：V——被吸附气体在表态下的体积，m^3；

P——吸附质在气相中的平衡分压，Pa；

V_{m}——吸附剂被覆盖满一层时吸附气体在标态下的体积，m^3；

A——饱和吸附量，kg/kg；

B——吸附与解吸速率常数之比。

（3）BET 方程（Ⅰ、Ⅱ、Ⅲ型等温线，多分子层吸附）

$$V=\frac{V_{\mathrm{m}}CP}{(p_0-p)[1+(C-1)P/P_0]} \tag{7-35}$$

$$\frac{P}{V(P_0-P)}=\frac{1}{V_{\mathrm{m}}C}+\frac{(C-1)P}{V_{\mathrm{m}}CP_0} \tag{7-36}$$

式中：V——被吸附气体在表态下的体积，m^3；

P——吸附质在气相中的平衡分压，Pa；

P_0——吸附剂温度下吸附质的饱和蒸气压，Pa；

V_{m}——吸附剂被覆盖满一层时吸附气体在标态下的体积，m^3；

C——与吸附热有关的常数。

2．吸附速率

（1）物理吸附速率方程

吸附平衡仅表明吸附过程的极限，需要无限长时间，但在实际生产过程中，吸附时间是有限的，吸附量取决于吸附速率，吸附过程本质上是气体污染物向固体表面的扩散过程。

吸附过程可以分为以下几步：

①外扩散（气流主体→外表面）；

②内扩散（外表面→内表面）；

③吸附。

外扩散速率：
$$N_{\mathrm{A}}=k_y\alpha_{\mathrm{P}}(Y_{\mathrm{A}}-Y_{\mathrm{A}}^*) \tag{7-37}$$

内扩散速率：
$$N_{\mathrm{A}}=k_x\alpha_{\mathrm{P}}(X_{\mathrm{A}}^*-X_{\mathrm{A}}) \tag{7-38}$$

吸附平衡方程：
$$Y_{\mathrm{A}}^*=mX_{\mathrm{A}} \tag{7-39}$$

总吸附速率方程：
$$N_{\mathrm{A}}=k_y\alpha_{\mathrm{P}}(Y_{\mathrm{A}}-Y_{\mathrm{A}}^*)=k_x\alpha_{\mathrm{P}}(X_{\mathrm{A}}^*-X_{\mathrm{A}}) \tag{7-40}$$

$$\frac{1}{K_y\alpha_P}=\frac{1}{k_x\alpha_P}+\frac{m}{k_x\alpha_P};\frac{1}{K_x\alpha_P}=\frac{1}{k_x\alpha_P}+\frac{1}{k_y\alpha_P m}$$

式中：N_A——气-固吸附传质速率，kg/（$m^3 \cdot s$）；

k_y、k_x——分别为气相和固相吸附传质分系数，kg/（$m^2 \cdot s$）；

K_y、K_x——分别为气相和固相总传质分系数，kg/（$m^2 \cdot s$）；

Y_A、X_A——分别为气相和固相吸附质质量分数；

Y_A^*、X_A^*——分别为气相和固相平衡吸附质质量分数；

m——气-固相平衡常数；

α_P——吸附剂比表面积，m^2/m^3。

（2）动力学过程控制吸附速率方程

$$N_A=K\left[Y_A\left(q_s-q_A\right)-\frac{q_A}{m}\right] \tag{7-41}$$

式中：K——化学平衡常数；

q_s——平衡吸附容量，kg/（$m^3 \cdot s$）；

q_A——单位时间内的吸附容量，kg/（$m^3 \cdot s$）。

（3）活性炭吸附速率方程（二氧化硫、甲苯和氨气等气体）

$$N_A=k(q_s-q_A)/t^n \rightarrow \ln\frac{q_s}{q_s-q_A}=k\cdot t^{1-n}/(1-n) \tag{7-42}$$

式中：k、n——常数。

四、吸附功率与设备计算

1. 吸附工艺

（1）固定床

有卧式和立式两种，由壳体和吸附剂组成，吸附和解吸交替进行，间歇操作。适用于小型、分散、间歇源治理，应用广泛（图 7-12～图 7-15）。

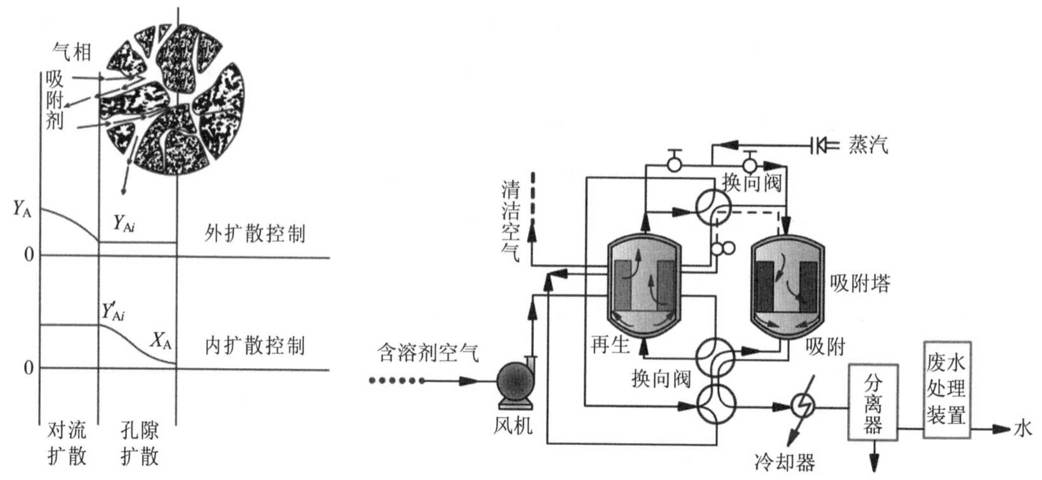

图 7-12 吸附过程与两种极端浓度曲线

图 7-13 半连续式回收有机溶剂固定床吸附流程

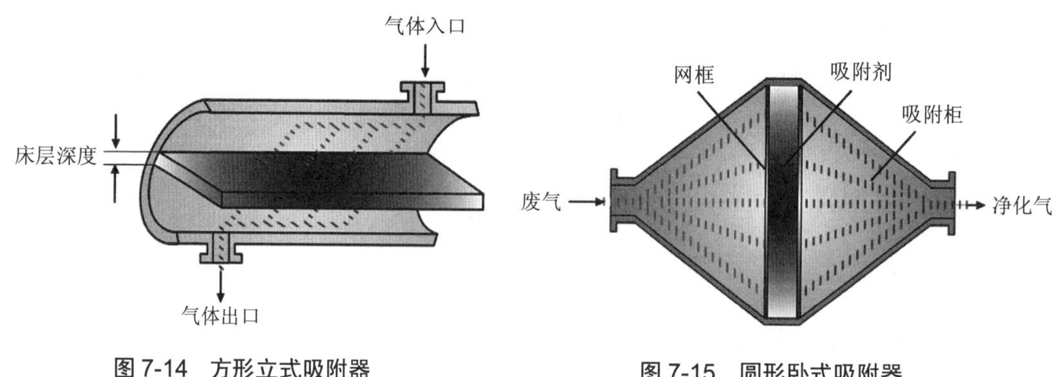

图 7-14 方形立式吸附器

图 7-15 圆形卧式吸附器

（2）流动床（移动床）

由冷却器、吸附塔、分配板、提升管、再生器组成，固体和气体都以恒定的速度流过吸附器，应用于稳定、连续、量大的气体净化，动力能量消耗较大、吸附剂磨损严重（图 7-16）。

（3）流化床（沸腾床）

由冷却器、吸附塔、分配板、提升管组成，气固接触充分、气速大，适用于治理连续性、气量大的污染源，吸附剂和器壁磨损严重，出气常含吸附剂粉末（图 7-17）。

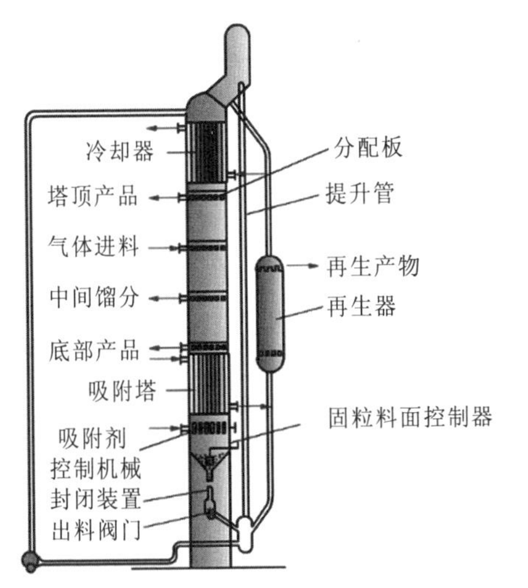

图 7-16　移动床吸附器

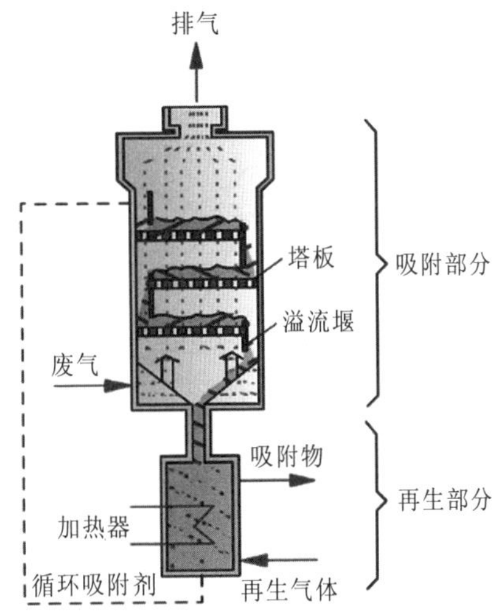

图 7-17　流化床吸附器

流化床吸附器优点有：

1）由于流体与固体的强烈扰动，大大强化了气固传质和传热。

2）由于采用小颗粒吸附剂，使单位体积中吸附剂表面积增大。

3）固体的流态化优化了气固的接触，提高了界面的传质速率，从而强化了设备的生产能力，由于流化床采用了比固定床大得多的气速，因而可以大大减少设备投资。

4）由于气体和固体同处于流化状态，不仅可使床层温度分布均匀，而且可以实现大规模的连续生产。

2. 固定床吸附器计算

气体污染物在床层内的浓度分布如图 7-18 所示，气体以初始浓度 Y_A 进入床层，浓度不断降低，最终气体排出的浓度降为 0，随着气体的不断进入，床层吸附剂逐渐饱和，吸附曲线不断向右移动，出口气体中开始出现污染物，当浓度为 Y_B 时，床层已经穿透，吸附操作应该停止，并进行吸附剂的再生处理，称为穿透点。

从气体开始通入穿透点所经历的吸附时间称为穿透时间。

保护作用时间：

$$\tau' = \frac{\alpha \rho_b}{v \rho_0} L \text{（假设吸附层完全饱和）}$$

实验得到的平衡关系如图 7-19 所示。

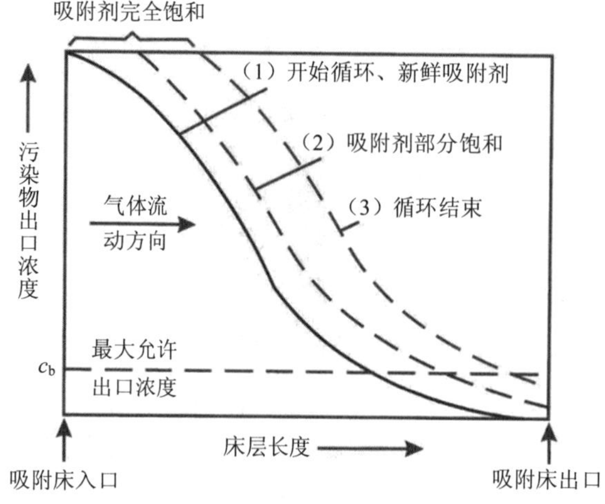

图 7-18　固定床吸附过程出口浓度随床层长度变化

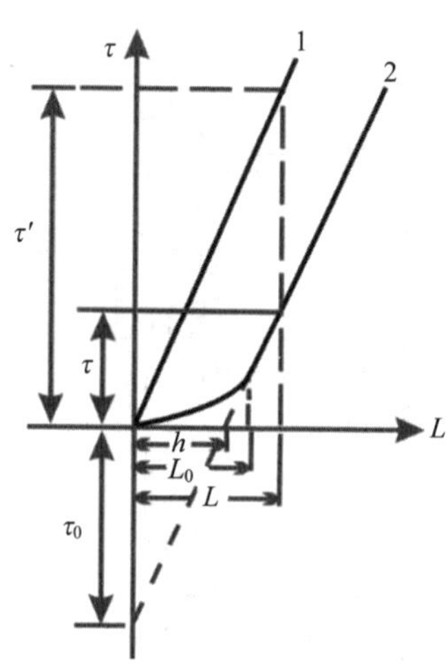

图 7-19　τ—L 实际曲线与理论曲线的比较

希洛夫方程：

$$\tau = \frac{\alpha\rho_b}{v\rho_0}L - \tau_0 = K(L-h) \tag{7-43}$$

式中：α ——静活度，%；

L——吸附层厚度，m；

ρ_b ——吸附剂堆积密度，kg/m^3；

v ——气体流速，m/s；

ρ_0——污染物浓度，kg/m^3；

τ_0——保护作用时间损失，s；

h——死区长度，m；

K——吸附层保护作用系数，s/m。

3. 吸附区长度的确定

描述吸附床排出气体污染物浓度随排出气体量变化的关系曲线，称为理想穿透曲线（图 7-20）。

设：①等温吸附；

②低浓度吸附；

③吸附等温线为下凹曲线；

④吸附区长度为常数；

⑤吸附床层大于吸附区长度。

吸附床长度公式：

$$\frac{L_0}{L}=\frac{W_A}{W_E-(1-f)W_A} \tag{7-44}$$

式中：L_0——吸附区长度；

W_A——穿透至耗竭的惰性气体通过量；

W_E——耗竭时的通过量；

$1-f$——吸附区内的饱和度。

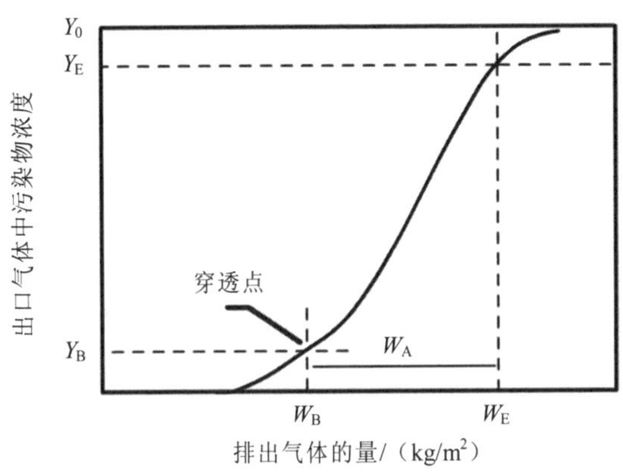

图 7-20　穿透曲线

例 7-3　用连续移动床逆流等温吸附过程净化含 H_2S 的空气。吸附剂为分子筛。空气中 H_2S 的浓度为 3%（重量），气相流速为 6 500 kg/h，假定操作在 293 K 和 1 atm 下进行，H_2S 的净化率要求为 95%，试确定：

（1）分子筛的需要量（按最小需要量的 1.5 倍计）；

（2）需要再生时，分子筛中 H_2S 的含量；

（3）需要的传质单元数。

解：（1）吸附器进口气相组成：

$$H_2S\text{ 的流量}=0.03\times 6\,500=195\text{ kg/h}$$

$$\text{空气的流量}=6\,500-195=6\,305\text{ kg/h}$$

吸附器出口气相组成：

$$H_2S=0.05\times(195)=9.75\text{ kg/h}$$

$$\text{空气}=6\,305\text{ kg/h}$$

$$Y_1=\frac{195}{6\,305}=0.03$$

$$Y_2=\frac{9.75}{6\,305}=1.55\times10^{-3}$$

假定 $X_2=0$，从图得 $X_{1\,最大}=0.114\,7$

$$(L_S/G_S)_{最小}=\frac{0.03-0.001\,55}{0.114\,7-0.000\,0}=0.284$$

$$(L_S/G_S)_{实际}=1.5(L_S/G_S)_{最小}=1.5\times0.284=0.372$$

所以实际需要的分子筛=0.372×6 305=2 345.5 kg/h

Y	Y^*	$\frac{1}{Y-Y^*}$
0.001 55	0.00	645
0.005	～0.00	200
0.010	0.000 1	101
0.015	0.000 5	69
0.020	0.001 8	55
0.025	0.004 3	48.3
0.030	0.007 8	45.0

（2）$X_{1实际}=\frac{195-9.75}{2\,345.5}=0.097$

（3）$N_{OG}=\int_{Y_2}^{Y_1}\frac{dY}{Y-Y^*}$

图解积分法计算 N_{OG}

$N_{OG}=3.127$

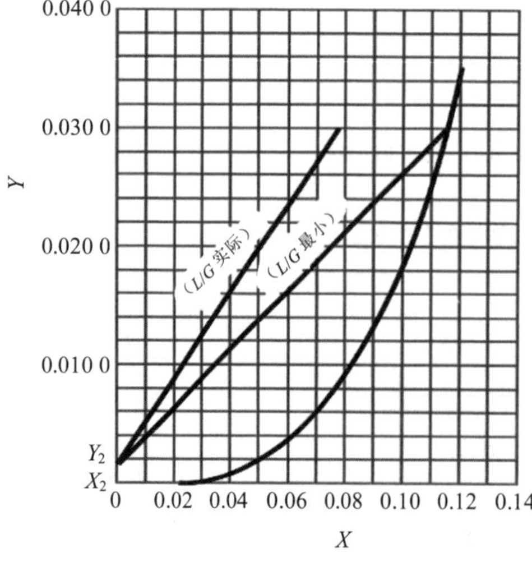

图 7-21　吸附平衡关系曲线

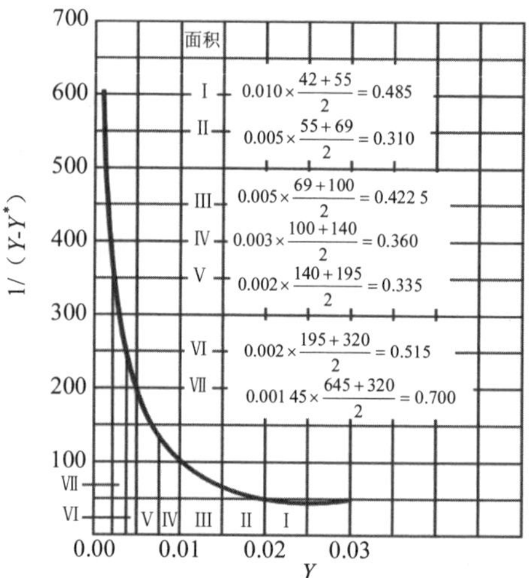

图 7-22　图解积分

第三节 气体的催化净化

利用催化剂的催化作用，将废气中的有害物质转化为无害物质或易于除去的一种废气治理方法。例如，NO_x在催化作用下与H_2反应生成N_2、H_2O等。催化剂是提高化学反应速度和控制反应方向的最有效方法。其应用包括：

1）工业尾气和烟气去除SO_2和NO_x；

2）有机挥发性气体VOCs和臭气的催化燃烧净化；

3）汽车尾气的催化净化。

一、催化作用和催化剂

1. 催化作用

催化剂的催化作用是通过推进反应进程而降低分子的活化能来实现的。催化剂只能加速反应进程而不能改变反应进程。其作用有：①降低活化能；②提高反应速率。

任何化学反应的进行都需要一定的活化能，而活化能的大小直接影响反应速度，它们之间的关系可用阿累尼乌斯方程表示：

$$K = A \cdot \exp\left(-\frac{E}{RT}\right) \tag{7-45}$$

式中：K——反应速度常数；

A——频率因子，单位与K相同；

E——活化能，kJ/mol；

R——气体常数，kJ/（K·mol）；

T——热力学温度，K。

催化作用有两个显著特征：①对于正逆反应的影响相同，不改变化学平衡；②选择性。

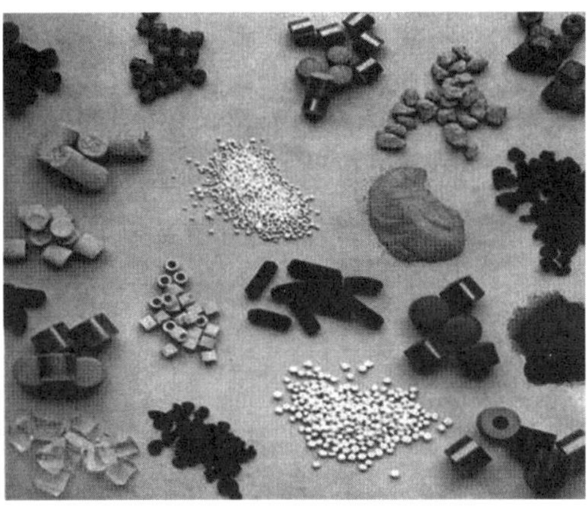

图7-23 各种催化剂

2. 催化剂

催化剂是加速化学反应，而本身的化学组成在反应前后保持不变的物质。

（1）组成

包括活性物质和载体。活性物质如 V_2O_5 等。

载体有硅藻土、硅胶、活性炭、分子筛及某些金属氧化物（如 Al_2O_3、MgO 等）。

表 7-4 净化气态物质所用的几种催化剂的组成

用途	主活性物质	载体
有色冶炼烟气制酸，硫酸厂尾气回收制酸等 $SO_2 \longrightarrow SO_3$	V_2O_5，含量 6%～12%	SiO_2（助催化剂 K_2O 或 Na_2O）
硝酸生产及化工等工艺尾气 $NO_2 \longrightarrow N_2$	Pt、Pd，含量 0.5%	Al_2O_3-SiO_2
	$CuCrO_2$	Al_2O_3-MgO
碳氢化合物的净化 $CO+HC \longrightarrow CO_2+H_2O$	Pt、Pd、Rh	Ni、NiO、Al_2O_3
	CuO、Cr_2O_3、Mn_2O_3、稀土金属氧化物	Al_2O_3
汽车尾气净化	Pt（0.1%）	硅铝小球，蜂窝陶瓷
	碱土、稀土和过渡金属氧化物	α-Al_2O_3、γ-Al_2O_3

（2）催化剂的性能

1）活性（A）：催化效能大小的标准。

表示方法：

$$A= G/（\tau \cdot W_R）$$

式中：A——催化剂活性，kg/（h·g）；

G——产品质量，kg；

τ——反应时间，h；

W_R——催化剂质量，g。

2）催化剂的选择性（B）

$$B = \frac{\text{反应所得目的产物摩尔数}}{\text{通过催化剂床层后反应了的反应物摩尔数}} \times 100\%$$

活性与选择性是催化剂本身最基本的性能指标，是选择和控制反应参数的基本依据。

3）催化剂的稳定性

包括热稳定性、机械稳定性和抗毒性三个方面，三者共同决定了催化剂在反应装置中的使用寿命。

影响催化剂寿命的因素主要有催化剂的老化和中毒两个方面。催化剂的老化是指催化剂在正常工作条件下逐渐失活的过程，如活性组分的流失、烧结、积炭结焦、机械粉碎等。催化剂中毒是指反应物中少量的杂质使催化剂活性迅速下降的现象，对大多数催化剂，有毒物质有 HCN、CO、H_2S、S、As、Pb 等。

二、气固相催化反应动力学

气固相催化反应的总速度不仅取决于催化剂表面化学反应速度，还与气固相界面的大小和相间的扩散速度有关。

1. 气固催化反应过程（图 7-24）

①反应物从气流主体至催化剂外表面；

②进一步向催化剂的微孔内扩散；

③反应物在催化剂的表面上被吸附；

④吸附的反应物转为生成物；

⑤生成物从催化剂表面脱附下来；

⑥脱附生成物从微孔向外表面扩散；

⑦生成物从外表面扩散到气流主体。

①⑦为外扩散；②⑥为内扩散；③④⑤为动力学过程。

催化剂中的浓度分布如图 7-25 所示。

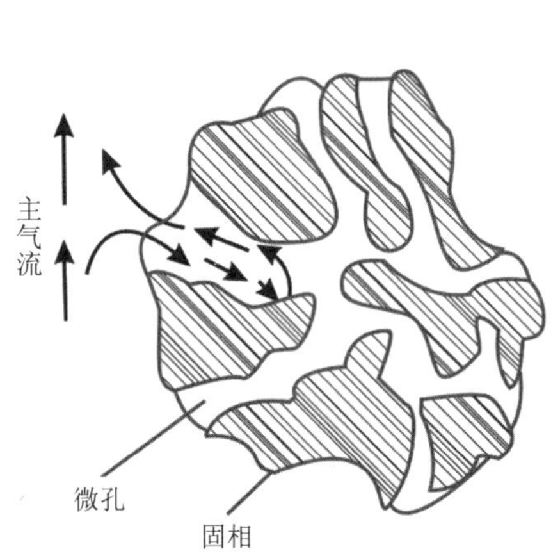

图 7-24　催化反应过程示意图

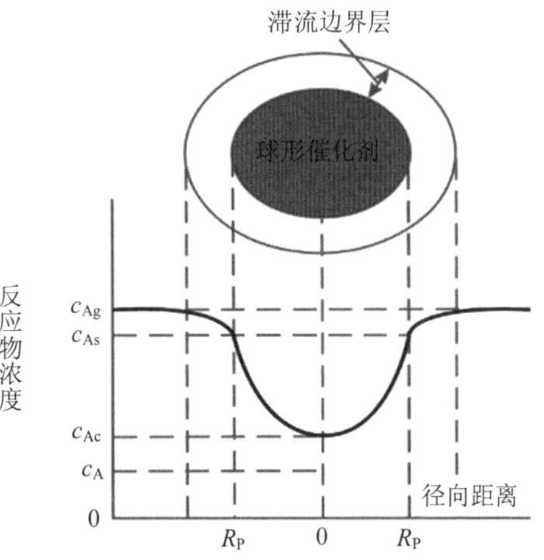

图 7-25　不同控制过程反应物 A 的浓度分布

上述步骤中，速度最慢（阻力最大）者，决定着整个过程的总反应速度，称该步骤为控制步骤（图 7-26）。

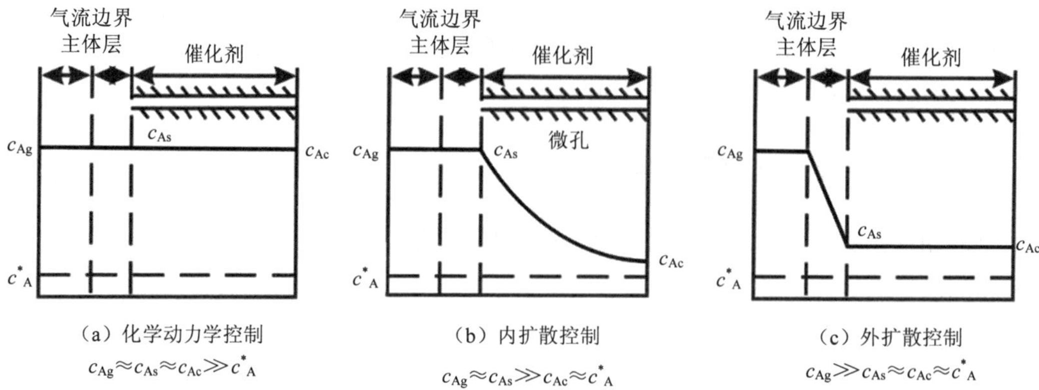

（a）化学动力学控制
$c_{Ag} \approx c_{As} \approx c_{Ac} \gg c^*_A$

（b）内扩散控制
$c_{Ag} \approx c_{As} \gg c_{Ac} \approx c^*_A$

（c）外扩散控制
$c_{Ag} \gg c_{As} \approx c_{Ac} \approx c^*_A$

图 7-26　不同控制过程反应物 A 的浓度分布

2．气固催化剂反应动力学方程

表 7-5　A+B↔R+S 反应动力学过程

项目	表面反应控制	吸附或脱附控制
A 的吸附	$A+\sigma \Leftrightarrow A\sigma$	$A+\sigma \hat{\Leftrightarrow} A\sigma$
B 的吸附	$B+\sigma \Leftrightarrow B\sigma$	$B+\sigma \hat{\Leftrightarrow} B\sigma$
表面反应	$A\sigma+B\sigma \hat{\Leftrightarrow} R\sigma+S\sigma$	$A\sigma+B\sigma \Leftrightarrow R\sigma+S\sigma$
R 的脱附	$R\sigma \Leftrightarrow R+\sigma$	$R\sigma \Leftrightarrow R+\sigma$
S 的脱附	$S\sigma \Leftrightarrow S+\sigma$	$S\sigma \Leftrightarrow S+\sigma$

反应速度取决于带^反应（最慢反应），其他都达到平衡。

表面化学反应速率

$$r_A = -\frac{dN_A}{dV_R}$$

对于催化床，工程上常用的催化剂反应速度表达式为

$$r_A = N_{A0}\frac{dx}{dV_R} = \frac{N_{A0}dx}{AdL} = \frac{N_{A0}dx}{Qdt} = c_{A0}\frac{dx}{dt} \tag{7-46}$$

式中：N_A——反应物 A 的流量，kmol/h；

N_{A0}——反应物 A 的初始流量，kmol/h；

V_R——反应气体体积，m^3；

x——转化率；

L——反应床长度，m；

A——反应床截面积，m^2；

Q——反应气体流量，m^3；

t——接触时间，h；

c_{A0}——反应物的初始浓度，kmol/m^3。

3．外扩散的传质速率

$$r_A = k_G S_e \varphi_a (C_{AG} - C_{AS}) \tag{7-47}$$

式中：k_G——扩散系数，m/h；

S_e——单位体积催化剂的外表面积，m^2/m^3；

φ_a——催化剂的有效表面系数；球形 $\varphi_a=1$；

C_{AG}——主气流中反应物 A 的浓度，mol/m^3；

C_{AS}——催化剂外表面上 A 的浓度，mol/m^3。

（1）内扩散反应速率

$$r_A = \eta k_s S_i f(C_A) \tag{7-48}$$

式中：k_s——反应速率常数；

η——催化剂有效系数；

S_i——单位体积催化剂的内表面积，m^2/m^3；

$f(C_A)$——与颗粒内 A 实际浓度 C_A 分布有关的函数。

（2）催化剂有效系数

反应催化剂微孔内浓度分布对反应速率的影响

$$\eta = \frac{\text{实际反应速率}}{\text{按外表面反应物浓度计算得到的理论反应速率}} = \frac{\int_0^{S_i} k_S f(C_{AS'})\mathrm{d}S}{k_S f(C_{AS}) S_i}$$

在内扩散的影响下

1）催化剂微孔内表面上反应物含量很低，沿微孔方向降至平衡浓度。

2）催化剂的内表面积并未充分利用。

3）η 值较小。

催化剂有效系数 η 的计算方法：

1）实验测定。

2）计算法。

$$\eta = \frac{3}{\phi_s}\left[\frac{1}{\tan(n\phi_s)} - \frac{1}{\phi_s}\right] \tag{7-49}$$

$$\phi_s = R\sqrt{\frac{k_s C_S^{\,n-1}}{D_{eff}}} \tag{7-50}$$

式中：ϕ_s——球形催化剂的蒂勒模数；

R——催化剂的特性长度，即为球形颗粒半径；

D_{eff}——催化剂颗粒内有效扩散系数，m^2/h；

n——反应级数。

若ϕ_s很小，$\eta \approx 1$，说明内扩散的影响可以忽略，反之不易忽视。

表 7-6　不同形状催化剂的有效系数

ϕ_s	η		
	球形	薄皮	长圆柱体
0.1	0.994	0.997	0.995
0.2	0.977	0.987	0.981
0.5	0.876	0.924	0.892
1	0.672	0.762	0.698
2	0.416	0.482	0.432
5	0.187	0.200	0.197
10	0.097	0.100	0.100

4. 内外扩散的影响

（1）外扩散控制

1）降低催化剂表面反应物浓度，从而降低反应速度。

2）表现因数：K_G。

3）消除方法：提高气速，以增强湍流程度，减小边界层厚度；气速提高到一定程度，转化率趋于定值，外扩散影响消除——下限流速。

（2）内扩散控制

1）降低催化剂内反应物浓度，从而降低反应速度；

2）表现因数：η。

3）消除方法：尽量减小催化剂颗粒大小；粒径减小到一定程度，转化率趋于定值，内扩散影响消除。

三、气固相催化剂反应器的设计

1. 设计基础

（1）停留时间

停留时间决定反应的转化率，其大小由催化床的空间体积、物料的体积流量和流动方式决定：

$$t = \varepsilon V_R / Q \tag{7-51}$$

式中：V_R——催化剂体积，m^3；

Q——反应气体的实际体积流量，m^3/h；

ε——催化床孔隙率，%。

（2）反应器的流动模型

连续式反应器有活塞流、混合流两种；实际流态介于两者之间；反应器内每一点的流态各不相同，停留时间各异；不同停留时间的物料在总量中所占的百分率具有相应的统计分布——停留时间分布函数；工业上，连续釜式反应器为理想混合反应器；径高比大的固定床为活塞流反应器。

（3）空间速度

空间速度是指单位时间通过单位体积催化床的反应物料体积。

接触时间为空间速度的倒数：

$$\tau'=1/W_{sp}=V_R/Q_N \tag{7-52}$$

式中：V_R——催化剂体积，m^3；

Q_N——反应气体体积流量（标态），m^3/h。

2. 催化反应器的设计计算

催化反应器的设计有两种计算方法，一种是经验计算法，另一种是数学模型法。

（1）经验计算法

通常经验计算法将催化床作为一个整体，利用经验参数设计，通过中间实验确定最佳工艺条件。催化剂装载量的经验计算如下：

$$V_R=Q/W_{sp} \tag{7-53}$$

式中：W_{SP}——空间速度，1/h。

（2）数学模型法

反应的动力学方程+物料流动方程+物料衡算+热量衡算。

反应热效应小的催化床——等温分布计算：

$$\begin{aligned}&W_R=N_{A0}\int_0^x\frac{dx_A}{r_A}\\&r_A=k_AC_A^n=k_AQ^{-n}[N_{A0}(1-x)]^n\\&Q=\frac{RT}{P}\sum n_i\end{aligned} \tag{7-54}$$

式中：W_R——催化剂重量，kg；

$\sum n_i$——反应体系中各种气体分子的总摩尔数。

转化率较高的工业反应器，温度分布具有明显的轴向温差，轴向等温分布计算：

$$\begin{aligned}&Q=r_A dV(-\Delta H_r)=N_{A0}dx(-\Delta H_r)\\&N_{A0}(-\Delta H_r)dx_A=N_0\overline{C_p}dT\\&V_R=N_{A0}\int_0^x\frac{dx_A}{r_A}\end{aligned} \tag{7-55}$$

式中：ΔH_r——反应的反应热效应，kJ/mol；

N_0——总的平衡分子流量，mol/h；

$\overline{C_p}$——混合气体的平均定压比热，kJ/（mol·K）。

气固相催化反应器的优点有：①流体接近于平推流，返混小，反应速度较快；②固定床中催化剂不易磨损，可长期使用；③停留时间可严格控制，温度分布可适当调节，选择性和转化率高。

缺点有：①传热差（热效应大的反应，传热和温控是难点）；②催化剂更换需停产进行。

几种常见的催化反应器如图 7-27 所示。

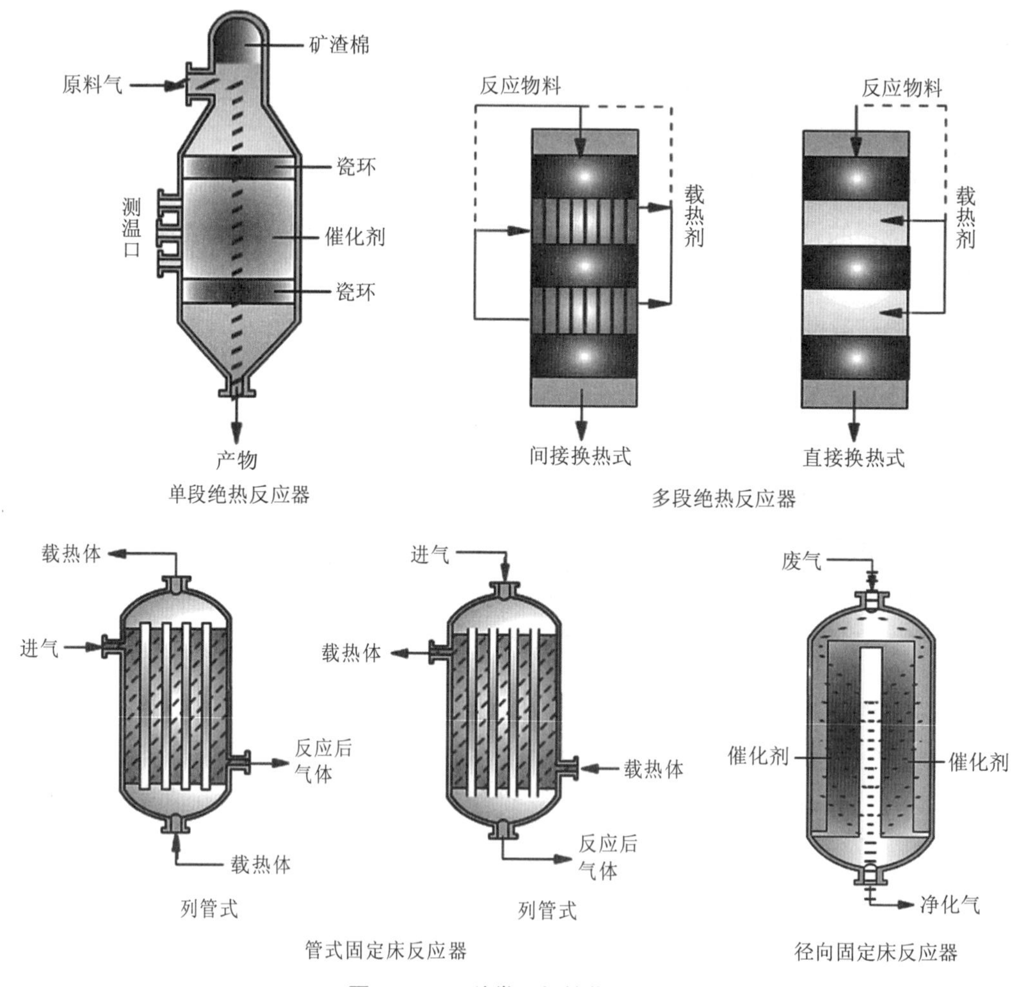

图 7-27　几种常见的催化反应器

反应器类型的选择主要根据以下几点：①根据反应热的大小和对温度的要求，选择反应器的结构类型；②尽量降低反应器阻力；③反应器应易于操作，安全可靠；④结构简单，造价低廉，运行与维护费用低。

常用的不同形状催化剂如图 7-28 所示。

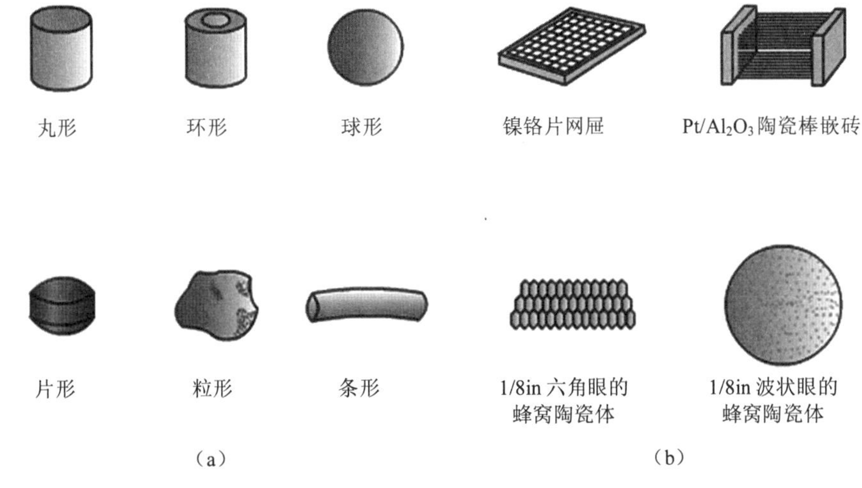

图 7-28 不同形状的催化剂

（3）固定床的阻力计算

$$\Delta P = f \cdot \frac{H}{d_s} \cdot \frac{\rho \upsilon^2 (1-\varepsilon)}{\varepsilon^3}$$

$$f = 150 / R_{em} + 1.75 \tag{7-56}$$

$$R_{em} = \frac{d_s \upsilon \rho}{\mu (1-\varepsilon)}$$

实际计算应根据温度和流量的变化，将床层分段计算：

$$\Delta P = f \cdot \frac{H}{d_s} \cdot \frac{\rho \upsilon^2 (1-\varepsilon)}{\varepsilon^3} \tag{7-57}$$

式中：ΔP——床层阻力，Pa；

H——床高，m；

υ——空床流速，m/s；

μ——气体黏度，Pa·s；

ρ——气体密度，kg/m^3；

d_s——颗粒体积表面积平均直径，μm；

ε——空床孔隙率，%。

阻力与床高和空塔气速的平方成正比，即与截面积的三次方成反比，与粒径成反比，与孔隙率的三次方成反比。

3. 环境工程中使用的催化剂

1）有害物排放浓度要求很低，催化反应要有极高效率。

2）处理气体量大，催化剂活性要求高，耐冲刷、压力降低，强度高。

3）抗毒性强，化学稳定性高，有很好的选择性。

4）设备简单，占地少，催化剂便于恢复再生，无二次污染。

习 题

1 简述吸收塔计算的基本流程。

2 某混合气体中含有 2% CO_2（体积分数），其余为空气。混合气体的温度为 30℃，总压强为 500 kPa。从手册中查得 30℃时在水中的亨利系数 $E=1.88\times10^{-5}$ kPa，试求溶解度系数 H 及相平衡常数 m，并计算每 100 g 与该气体相平衡的水中溶有多少 gCO_2？

3 用乙醇胺（MEA）溶液吸收 H_2S 气体，气体压力为 20 atm，其中含 0.1%H_2S（体积分数）。吸收剂中含 0.25 mol/m^3 的游离 MEA。吸收在 293 K 进行。反应可视为如下的瞬时不可逆反应：$H_2S + CH_2CHCH_2NH_2 \longrightarrow HS^- + CH_2CHCH_2NH_3^+$。

已知：$k_{Al}a$=108 h^{-1}，$k_{Ag}a$=216 mol/（m^3·h·atm），D_{Al}=5.4×10^{-6} m^2/h，D_{Bl}=3.6×10^{-6} m^2/h。

试求单位时间的吸收速度。

4 某活性炭填充固定吸附床层的活性炭颗粒直径为 3 mm，把浓度为 0.15 kg/m^3 的 CCl_4 蒸汽通入床层，气体速度为 5 m/min，在气流通过 220 min 后，吸附质达到床层 0.1 m 处；505 min 后达到 0.2 m 处。设床层高 1 m，计算吸附床最长能够操作多少分钟而 CCl_4 蒸汽不会逸出？

5 利用活性炭吸附处理脱脂生产中排放的废气，排气条件为 294 K、1.38×10^5 Pa，废气量 25 400 m^3/h。废气中含有体积分数为 0.02 的三氯乙烯，要求回收率 99.5%。已知采用的活性炭的吸附容量为 28 kg 三氯乙烯/100 kg 活性炭，活性炭的密度为 577 kg/m^3，其操作周期为 4 h，加热和解吸 2 h，备用 1 h，试确定活性炭的用量和吸附塔尺寸。

6 为减少 SO_2 向大气环境的排放量，一管式催化反应器用来把 SO_2 转化为 SO_3。其反应方程式为：$2SO_2+O_2 \longrightarrow 2SO_3$。总进气量为 7 264 kg/d，进气温度为 250℃，SO_2 的流速是 227 kg/d。假设反应绝热进行且二氧化硫的允许排放量为 56.75 kg/d。试计算气流的出口温度。SO_2 反应热为 171.38 kJ/mol，热容为 0.20 J/（g·K）。

第八章　硫氧化物的污染控制

早期的二氧化硫污染限于局地，造成局地环境大气中二氧化硫浓度升高；近 100 年来，由二氧化硫等酸性气体导致的酸沉降成为举世关注的区域性环境问题。人们开始关注由二氧化硫等气态污染物在大气中形成的二次微细粒子，它不仅影响人体健康、大气可见度，甚至导致全球气候变化。控制二氧化硫的排放已经成为世界各国的共同行动。

第一节　硫循环及硫排放

图 8-1 显示了由于人为活动造成的硫在自然环境中的循环。人类使用的所有有机燃料都含有一定量的硫。例如，木材的硫含量较低，约为 0.1%或更低。大多数煤炭的含硫量在 0.5%～3%，石油的硫含量在木材和煤炭之间。当燃料燃烧时，其中的硫大部分转化为 SO_2。

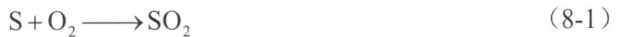

$$S + O_2 \longrightarrow SO_2 \qquad (8\text{-}1)$$

人为活动是造成二氧化硫大量排放的主要原因。大部分的 SO_2 控制方法都可以用以下反应式表示：

$$CaCO_3 + SO_2 + 0.5O_2 \longrightarrow CaSO_4 + CO_2 \qquad (8\text{-}2)$$

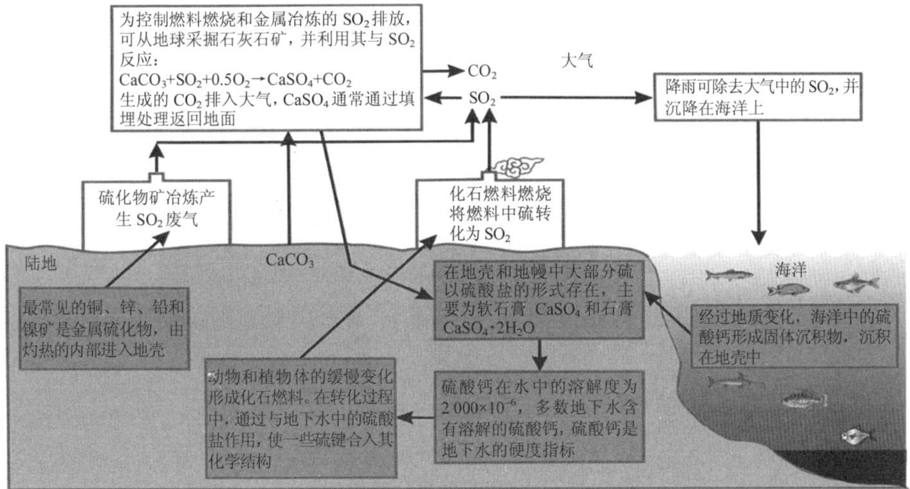

图 8-1　受人类活动影响的硫在环境中的循环

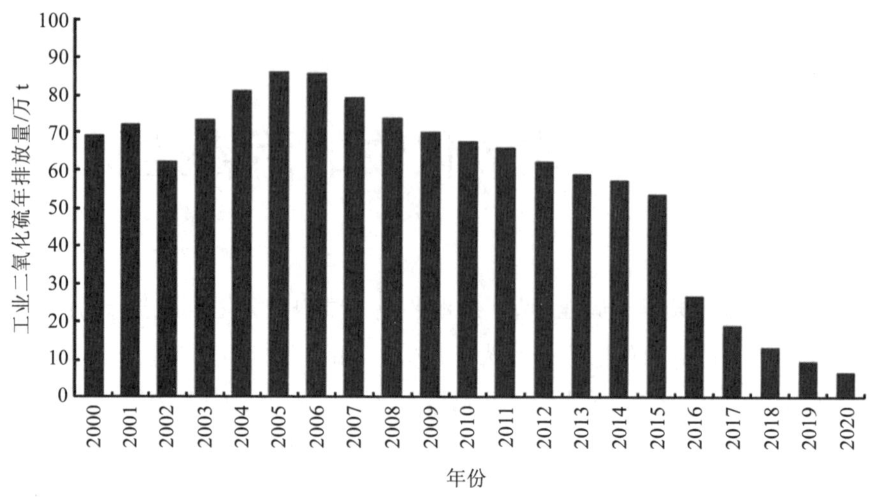

图 8-2　全国工业二氧化硫排放量年际变化

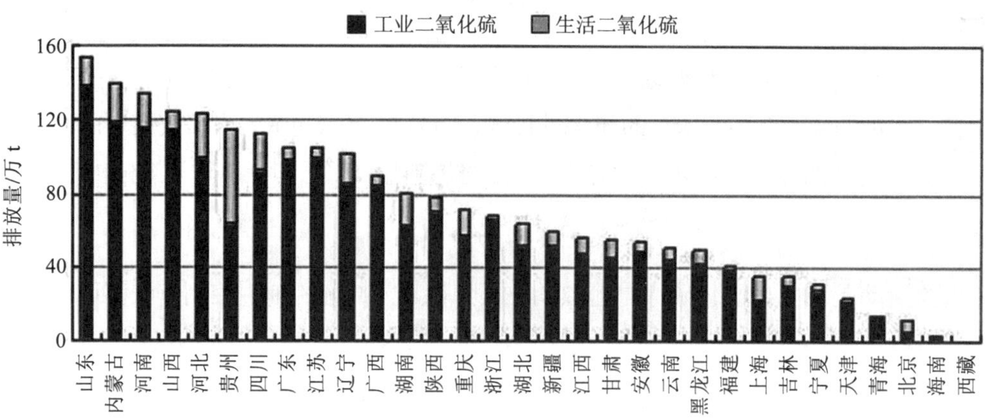

图 8-3　各地区二氧化硫排放情况

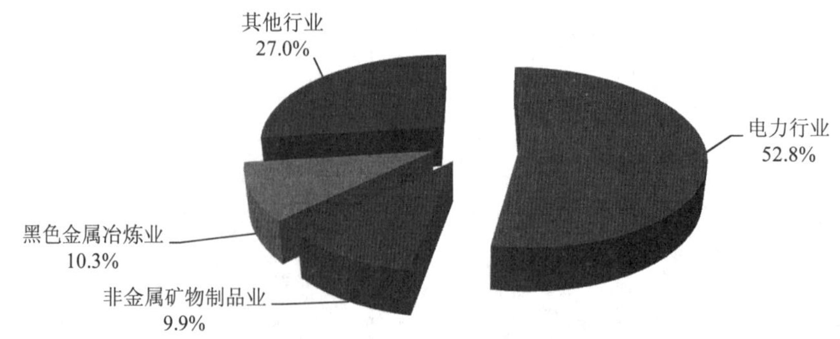

图 8-4　工业行业二氧化硫排放情况

大量的 SO_2 排放与能源活动密切相关，化石燃料（主要是煤炭和石油）的燃烧造成的排放占其中的 80%。因此控制 SO_2 排放的重点是控制与能源活动有关的排放。控制方法有：采用低油燃料和清洁能源代替、燃烧脱硫、燃烧过程中脱硫和末端尾气脱硫。

第二节　燃烧前燃料脱硫

一、煤炭的固态加工

（1）物理洗煤

利用黄铁矿硫和煤的密度不同而通过重力分选和水选将黄铁矿硫和部分矿物质除去，可使煤的含硫量降低 40%、灰分降低 70%左右。

（2）化学洗煤

加氢脱硫、加氧脱硫、碱液浸煤后用微波照射等，适合于含硫量很高的洗中煤。可以脱除煤中有机硫的 25%～70%。

（3）微生物洗煤

利用生物氧化-还原降解反应脱除煤中硫的一种低能耗方法。其脱硫率可以达到 50%～70%。

我国以物理选煤为主。跳汰占 59%、重介质选煤占 23%、浮选占 14%。2020 年年底，我国原煤洗选总量达到 32 亿 t，入选比例达到 80%及以上，洗选能力达到 34 亿 t 及以上。

二、煤炭的转化

1．煤的气化

采用空气、氧气、CO_2 和水蒸气作为气化剂，在气化炉内反应生成不同组分、不同热值的煤气。气化设备包括移动床、流化床和气流床三种。

2．煤的液化

通过化学加工将煤转化为液态烃燃料或化工原料等液体产品。包括直接液化和间接液化。

三、重油脱硫

在催化剂作用下通过高压加氢反应，切断碳与硫的化学键，使氢与硫作用形成 H_2S 从重油中分离。重油脱硫的困难在于要彻底加工燃料，破坏原来的组织并产生新的产物：固态、液态和气态物质。

重油脱硫主要包括两种方法：直接脱硫和间接脱硫。

第三节　流化床燃烧脱硫

一、流化床燃烧技术概述

1）气流速度介于临界速度和输送速度之间，煤粒保持流化状态。

2）流化床利于燃料的充分燃烧。

3）按流态分为鼓泡流化床和循环流化床。

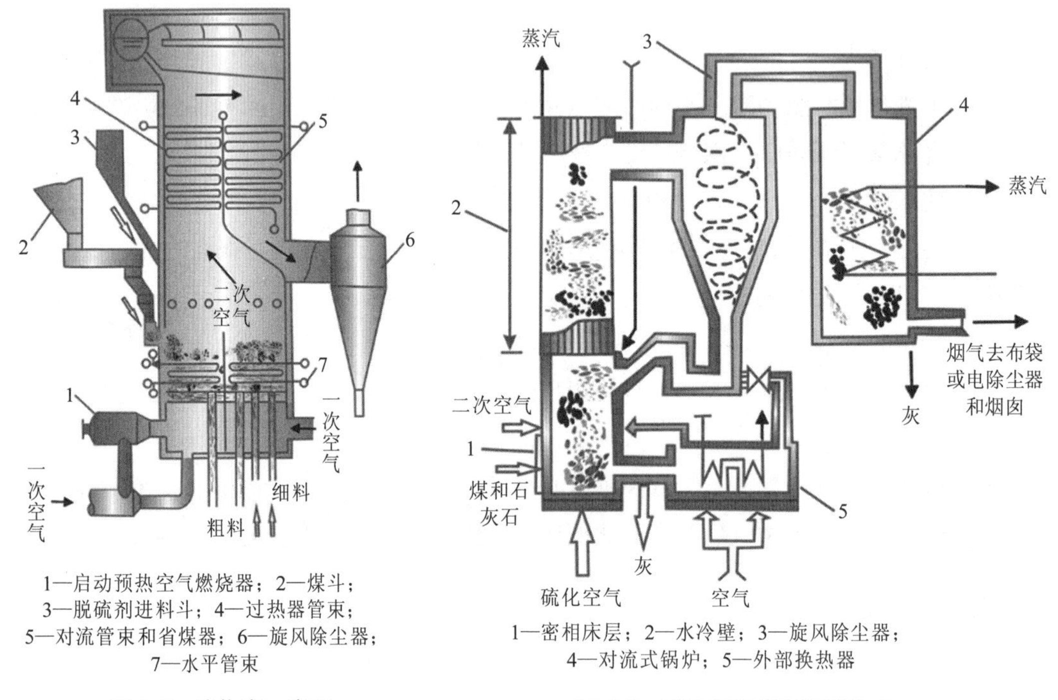

图 8-5　流化床示意图

图 8-6　脱硫剂煅烧及硫酸盐化

循环流化床燃烧（CFBC）技术指小颗粒的煤与空气在炉膛内处于沸腾状态下，即高速气流与所携带的稠密悬浮煤颗粒充分接触燃烧的技术。

循环流化床锅炉脱硫是一种炉内燃烧脱硫工艺，以石灰石为脱硫吸收剂，燃煤和石灰石自锅炉燃烧室下部送入，一次风从布风板下部送入，二次风从燃烧室中部送入。石灰石受热分解为氧化钙和二氧化碳。气流使燃煤、石灰颗粒在燃烧室内强烈扰动形成流化床，燃煤烟气中的 SO_2 与氧化钙接触发生化学反应被脱除。

为了提高吸收剂的利用率，将未反应的氧化钙、脱硫产物及飞灰送回燃烧室参与循环利用。钙硫比达到 2～2.5 时，脱硫率可达 90%以上。

流化床燃烧方式的特点为：

①清洁燃烧，脱硫率可达 80%～95%，NO_x 排放可减少 50%；

②燃料适应性强，特别适合中、低硫煤；

③燃烧效率高，可达 95%～99%；

④负荷适应性好，负荷调节范围为 30%～100%。

二、流化床燃烧脱硫的化学过程

脱硫剂：石灰石（$CaCO_3$）、白云石（$CaCO_3 \cdot MgCO_3$）。

炉内化学反应

$$CaCO_3 \longrightarrow CaO + CO_2 \tag{8-3}$$

$$CaO + SO_2 + \frac{1}{2}O_2 \longrightarrow CaSO_4 \tag{8-4}$$

流化床燃烧方式为脱硫提供了理想的环境。$CaSO_4$ 的摩尔体积大于 $CaCO_3$，由于孔隙堵塞，CaO 不可能完全转化为 $CaSO_4$。

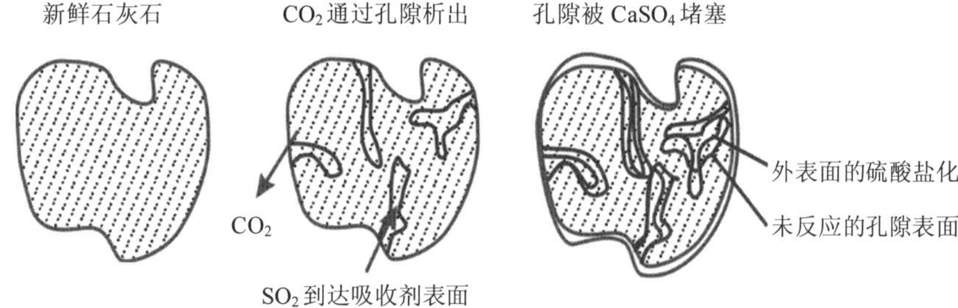

图 8-7 脱硫剂煅烧及硫酸盐化

新的研究进展：

①提高吸收剂的活性，改善 SO_2 的扩散过程：以有机钙盐代替石灰石；以有机固体废物和石灰为燃料制备的有机钙混合物。

优点包括：方便地用于现有锅炉的脱硫脱硝，使锅炉达到环保要求；有效地回收和利用城市固体废物，进一步改善环境；有机钙具有一定的热值，使用后能降低锅炉的煤耗。

②改变吸收剂的喷入位置，避免吸收剂烧结失活。

三、流化床燃烧脱硫的主要影响因素

1. 钙硫比

钙硫比（脱硫剂所含钙与煤中硫之摩尔比）表示脱硫剂用量的指标，是影响最大的性能参数。

脱硫率（η）可以用 Ca/S（R）近似表达：

$$\eta = 1 - \exp(-mR)$$

式中：m——综合影响参数，是主要性能参数床高、硫化速度（气体停留时间）、脱硫剂颗粒尺寸、脱硫剂种类、床温和运行压力等的函数。

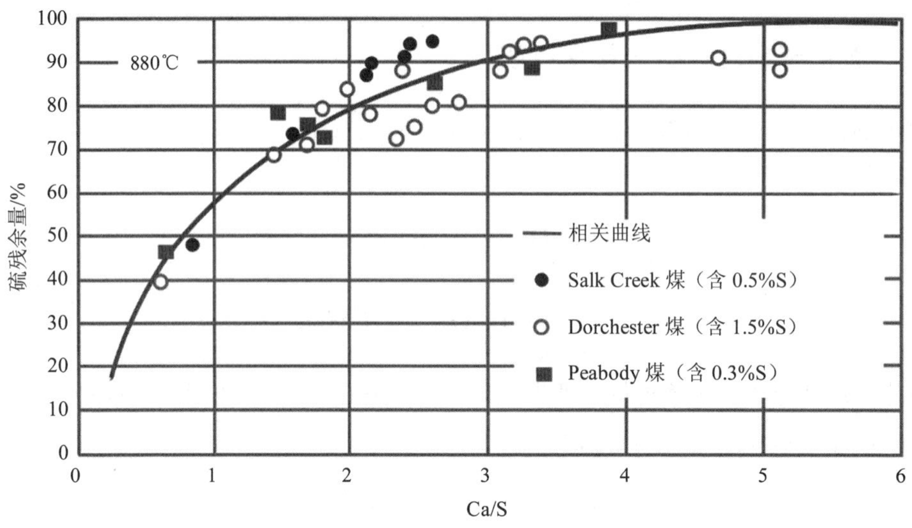

图 8-8　脱硫率与 Ca/S 的关系

2. 煅烧温度

存在最佳脱硫温度范围：温度低时，孔隙量少、孔径小，反应被限制在颗粒外表面。温度过高，$CaCO_3$ 的烧结变得严重。

图 8-9 为常压流化床燃烧时煅烧温度对脱硫率影响的试验结果。图中有一最佳的脱硫温度范围，为 800～850℃。

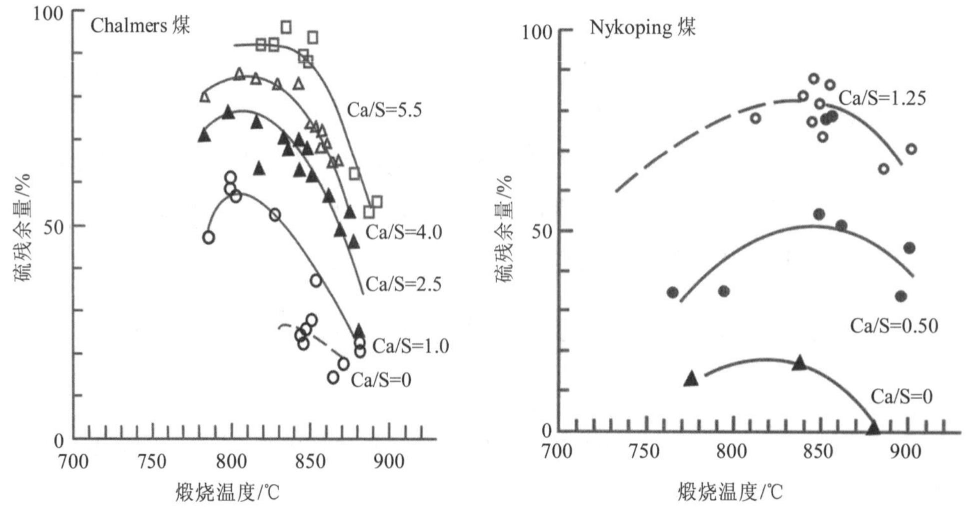

图 8-9　煅烧温度对脱硫率的影响

3．脱硫剂的颗粒尺寸和孔隙结构

颗粒尺寸小于临界尺寸时发生扬析，并非越小越好。颗粒孔隙结构应有适当的孔径大小，既保证一定孔隙容积，又保证孔道不易堵塞（图 8-10）。

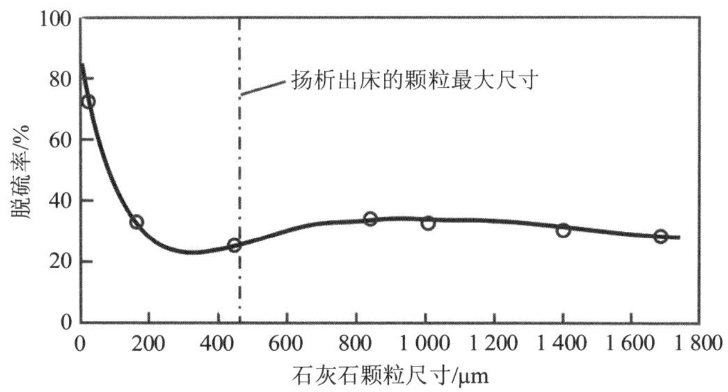

图 8-10 石灰石颗粒尺寸对脱硫率的影响

4．脱硫剂的种类

目前普遍采用天然石灰石和白云石作脱硫剂，它们的含钙量、煅烧分解温度、孔隙尺寸分布、爆裂和磨损等特性互不相同。白云石的孔径分布和低温煅烧性能好，但易发生爆裂扬析，且用量大出石灰石近 2 倍。

四、脱硫剂的再生

不同温度下的再生反应：

①在 1 100℃以上时（一级再生法）：

$$\begin{aligned}&CaSO_4+CO \longrightarrow CaO+CO_2+SO_2\\&CaSO_4+H_2 \longrightarrow CaO+H_2O+SO_2\end{aligned} \quad (8\text{-}5)$$

②在 870～930℃范围时（二级再生法）：

$$\begin{aligned}&CaSO_4+4CO \longrightarrow CaS+4CO_2\\&CaSO_4+4H_2 \longrightarrow CaS+4H_2O\end{aligned} \quad (8\text{-}6)$$

③在 540～700℃范围时：

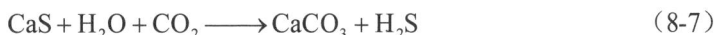

$$CaS+H_2O+CO_2 \longrightarrow CaCO_3+H_2S \quad (8\text{-}7)$$

一级再生法易于再生回收，目前正在开展多方面的研究。

第四节 高浓度 SO_2 尾气的回收和净化

冶炼厂、硫酸厂和造纸厂等的烟气，SO_2 浓度通常为 2%～40%。

其化学反应式为：

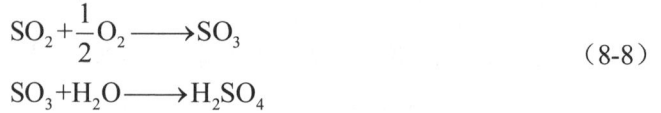

$$SO_2+\frac{1}{2}O_2 \longrightarrow SO_3$$
$$SO_3+H_2O \longrightarrow H_2SO_4 \quad (8\text{-}8)$$

反应为放热反应，温度低时转化率高。

工业上一般采用多层催化床层。

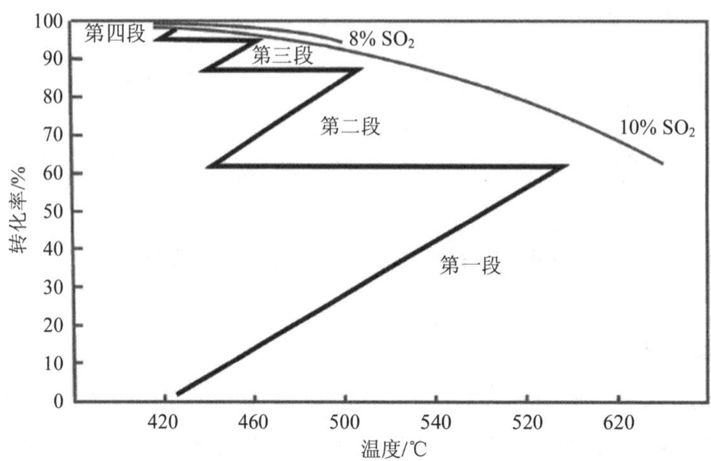

图 8-11 四层催化转化器温度-转化率的关系

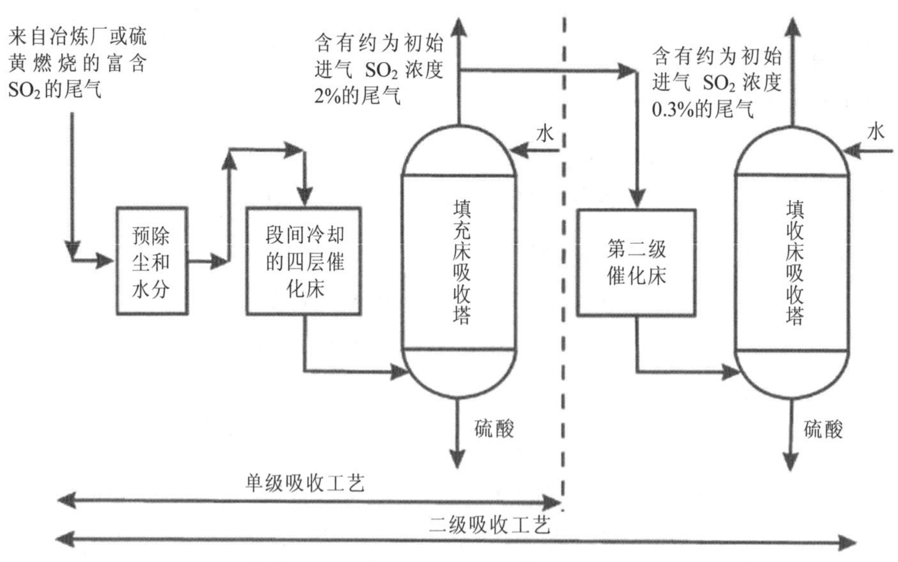

图 8-12 单级和二级吸收工艺流程

第五节　低浓度 SO_2 烟气脱硫——燃烧后脱硫

一、烟气脱硫方法概述

燃烧设施直接排放的 SO_2 浓度通常为 10^{-4}～10^{-3} 数量级。

由于 SO_2 浓度低，烟气流量大，烟气脱硫通常比较昂贵。

烟气脱硫（FGD）技术：

从生成物的状态划分为干法脱硫和湿法脱硫。

从生成物的利用与否划分为抛弃法和回收法。

美国国家环境保护局和联邦动力委员会通过三年的研究，得出结论：FGD 是目前世界上最有效的、最可行、最佳的 SO_2 排放控制技术。

表 8-1　主要烟气脱硫方法的比较

方法	脱硫剂活性成分	操作过程	主要产物
湿法抛弃流程			
石灰石/石灰法	$CaCO_3$/CaO	$Ca(OH)_2$ 浆液	$CaSO_4$、$CaSO_3$
双碱法	Na_2SO_3、$CaCO_3$ 或 NaOH、CaO	Na_2SO_3 溶液脱硫，由 $CaCO_3$ 或 CaO 再生	$CaSO_4$、$CaSO_3$
加镁的石灰石/石灰法	$MgSO_4$ 或 MgO	$MgSO_3$ 溶液脱硫，由 $CaCO_3$ 或 CaO 再生	$CaSO_4$、$CaSO_3$
碳酸钠法	$NaCO_3$	$NaSO_3$ 溶液	$NaSO_4$
海水法	海水	海水碱性物质	镁盐、钙盐
湿法回收流程			
氧化镁法	MgO	$Mg(OH)_2$ 浆液	15% SO_2
钠碱法	$NaSO_3$	Na_2SO_3 溶液	90% SO_2
柠檬酸盐法	柠檬酸钠、H_2S	柠檬酸钠脱硫，H_2S 回收硫	硫黄
氨法	NH_4OH	氨水	硫黄
碱式硫酸铝法	Al_2O_3	硫酸铝溶液	硫酸或液体 SO_2
干法抛弃流程			
喷雾干燥法	$NaCO_3$ 或 $Ca(OH)_2$	$NaCO_3$ 溶液或 $Ca(OH)_2$ 浆液	$NaSO_3$、$NaSO_4$ 或 $CaSO_3$、$CaSO_4$
炉后喷吸附剂增湿活化	CaO 或 $Ca(OH)_2$	石灰或熟石灰粉	$CaSO_3$、$CaSO_4$
循环流化床法	CaO 或 $Ca(OH)_2$	石灰或熟石灰粉	$CaSO_3$、$CaSO_4$
干法回收流程			
活性炭吸附法	活性炭、H_2S 或水	在 400 K 吸附。吸附浓缩的 SO_2 与 H_2S 反应生成 S，或用水吸收生成硫酸	硫黄或硫酸

湿法烟气脱硫的优点为：

①脱硫效率高，有的装置在 Ca/S 约等于 1 时，脱硫效率大于 90%；

②吸收剂利用率高，可超过 90%；

③煤种适应性强，副产品易于回收；

④设备运转率高，达 90%以上。

缺点为：

①装置的基建投资大（占电厂投资的 11%～18%）。

②运行费用高（占电厂总运行费用的 8%～18%）。

二、主要的脱硫方法

1．石灰石/石灰法洗涤

石灰石/石灰法洗涤为目前应用最广泛的脱硫技术。

除 pH 外，影响 SO_2 吸收效率的其他因素包括液气比、钙硫比、气流速度、浆液的固体含量、SO_2 浓度、吸收塔结构。

表 8-2 中分别给出了石灰石/石灰法烟气脱硫的反应机理。这两种机理说明了相应系统所必须经历的化学反应过程。最关键的化学反应是钙离子的形成，因为 SO_2 正是通过这种钙离子与 HSO_3^- 化合而得以从溶液中除去。这一关键步骤也突出了石灰石系统和石灰系统的一个极为重要的区别：在石灰石系统中，Ca^{2+} 的产生仅与 H^+ 的浓度和 $CaCO_3$ 的存在有关。在石灰系统中，Ca^{2+} 的产生仅与 CaO 的存在有关。因此，石灰石系统在运行时 pH 较石灰系统的低。

表 8-2　石灰石和石灰法烟气脱硫反应机理

脱硫剂	石灰石	石灰
主要反应	$SO_2(g)+H_2O \longrightarrow H_2SO_3$ $H_2SO_3 \longrightarrow H^+ + HSO_3^-$ $H^+ + CaCO_3 \longrightarrow Ca^{2+} + HCO_3^-$ $Ca^{2+} + HSO_4^- + 2H_2O \longrightarrow CaSO_3 \cdot 2H_2O + H^+$ $H^+ + HCO_3^- \longrightarrow H_2CO_3$ $H_2CO_3 \rightarrow CO_2 + H_2O$	$SO_2(g)+H_2O \longrightarrow H_2SO_3$ $H_2SO_3 \longrightarrow H^+ + HSO_3^-$ $CaO + H_2O \longrightarrow Ca(OH)_2$ $Ca(OH)_2 \rightarrow Ca^{2+} + 2OH^-$ $Ca^{2+} + HSO_3^- + 2H_2O \longrightarrow CaSO_3 \cdot 2H_2O + H^+$ $2H^+ + 2OH^- \longrightarrow 2H_2O$
总反应	$CaCO_3 + SO_2 + 2H_2O \longrightarrow CaSO_3 \cdot 2H_2O + CO_2$	$CaO+SO_2+2H_2O \longrightarrow CaSO_3 \cdot 2H_2O$

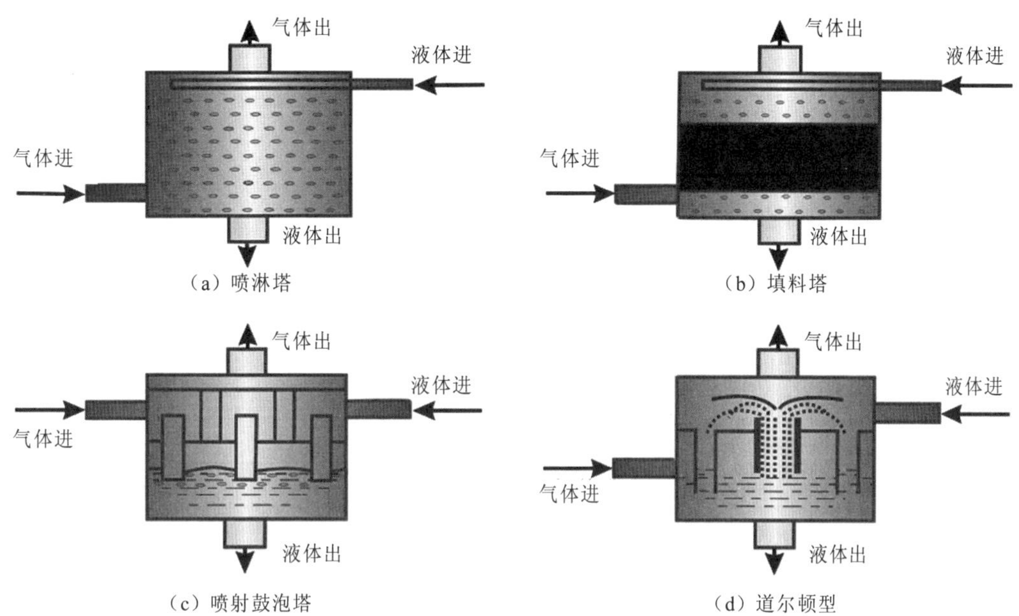

图 8-13　主要洗涤塔的结构示意图

鉴于湿式脱硫法的特点，多种因素影响到吸收洗涤塔的长期可靠运行。湿式烟气脱硫技术的发展需解决以下问题：

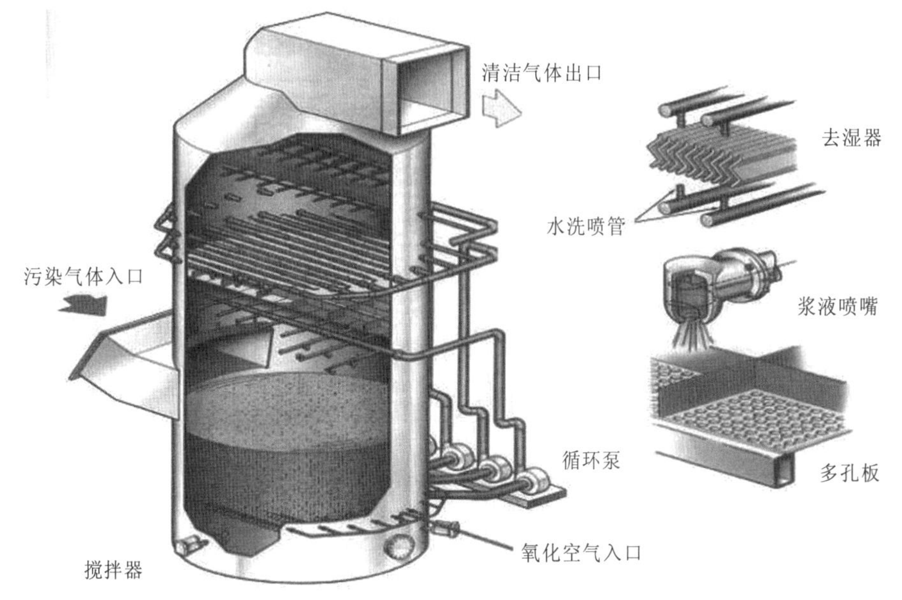

图 8-14　洗涤塔结构示意图

①设备腐蚀；

②结垢和堵塞；

③除雾器阻塞；

④脱硫剂的利用率；

⑤液固分离；

⑥固体废物的处理处置。

表 8-3　石灰石和石灰法烟气脱硫的典型操作条件

脱硫剂	石灰	石灰石
烟气中的 SO_2 体积分数/10^{-6}	4 000	4 000
浆液中的固体含量/%	10～15	10～15
浆液 pH	7.5	5.6
钙硫比	1.05～1.1	1.1～1.3
液气比（标态）/（L/m^3）	4.7	> 8.8
气流速度/（m/s）	3.0	3.0

2. 改进的石灰石/石灰湿法烟气脱硫

（1）加入己二酸的石灰石法

①己二酸抑制气液界面上 SO_2 溶解造成的 pH 值降低，加速液相传质。

②己二酸钙的存在增加了液相与 SO_2 的反应能力。

③降低钙硫比。

（2）添加硫酸镁

SO_2 以可溶性盐的形式吸收，解决结垢问题。

（3）双碱流程

①用碱金属盐类或碱类水溶液吸收 SO_2，后用石灰或石灰石再生。

②解决结垢问题，提高 SO_2 的利用率。

3. 喷雾干燥法烟气脱硫

1）一种湿-干法脱硫工艺，市场份额仅次于湿钙法。

2）脱硫过程。

①SO_2 被雾化的 $Ca(OH)_2$ 浆液或 Na_2CO_3 溶液吸收。

②温度较高的烟气干燥液滴形成干固体废物。

③干固体废物由袋式除尘器或电除尘器捕集。

3）设备和操作简单，废物量小，能耗低（湿法的 1/3～1/2）。

4）主要过程。

①吸收剂制备；

②吸收和干燥；

③固体捕集；

④固体废物处置。

$$
\begin{aligned}
&Ca(OH)_2(s)+SO_2(g)+H_2O(l) \longrightarrow CaSO_3 \cdot 2H_2O(s) \\
&CaSO_3 \cdot 2H_2O(s)+0.5O_2(g) \longrightarrow CaSO_4 \cdot 2H_2O(s)
\end{aligned} \tag{8-9}
$$

5）优点。

①投资和占地面积相对较小；

②无废水排放；

③技术较为成熟。

6）缺点。

①对吸收剂的质量要求较高；

②脱硫副产品大部分是 $CaSO_3$，难以进行综合利用。

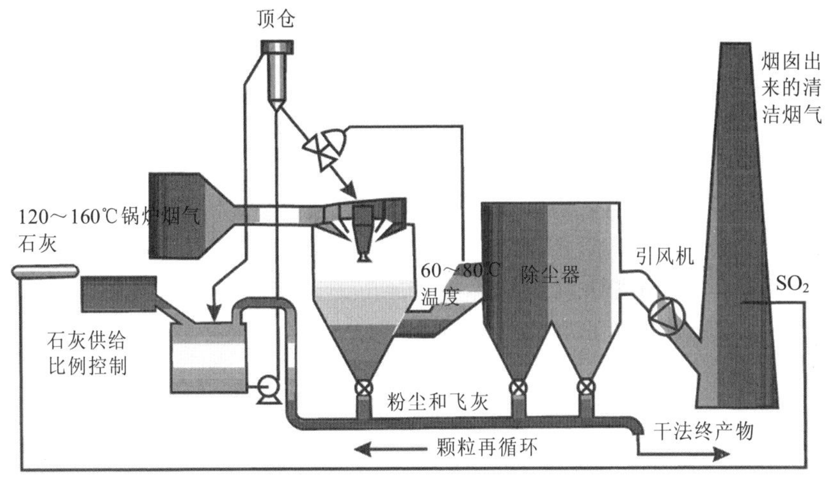

图 8-15 喷雾干燥法烟气脱硫工艺流程

7）吸收塔的温度。

①要求足够低，以满足脱硫化学反应的要求；

②要求保证高于露点，以防止设备和烟道的腐蚀。

在钙硫比不变的情况下，通过水量的变化来控制吸收塔的出口温度。

8）影响喷雾干燥干法烟气脱硫效率的主要因素：

①钙硫比：随着钙硫比的增加，脱硫率也增大，但其增大的幅度由大到小，最后趋于平稳。

②吸收塔出口烟温：温度越低，脱硫率越高。SO_2 脱除反应的基本条件是吸收剂雾滴

必须含有水分。

③灰渣再利用：提高钙的利用率，改善传热传质条件，改善吸收塔塔壁结垢的趋势。

4．其他湿法脱硫工艺

（1）氧化镁法

氧化镁法烟气脱硫工艺流程见图 8-16。

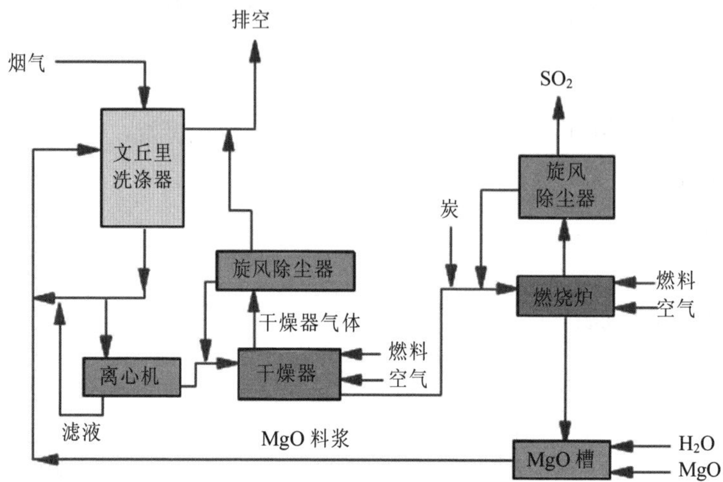

图 8-16 氧化镁法烟气脱硫工艺流程

（2）海水脱硫法

海水脱硫法的基本原理：

①自然界海水呈碱性，pH 值 8.0～8.3；

②SO_2 为海水吸收后，生成可溶性硫酸盐；

③恢复硫自然循环。

海水脱硫工艺流程见图 8-17 和图 8-18。

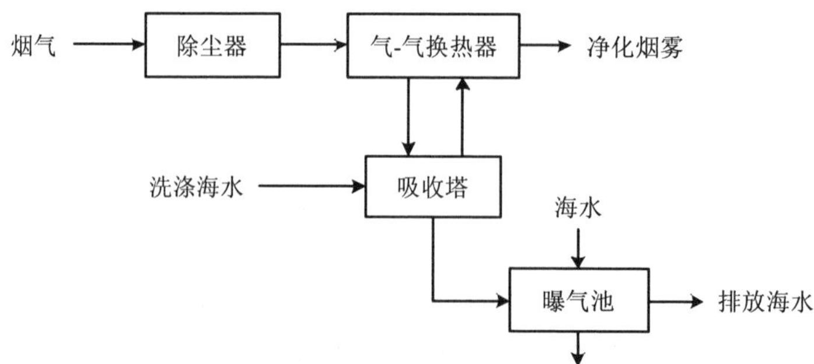

图 8-17 Flakt-Hydro 脱硫工艺流程

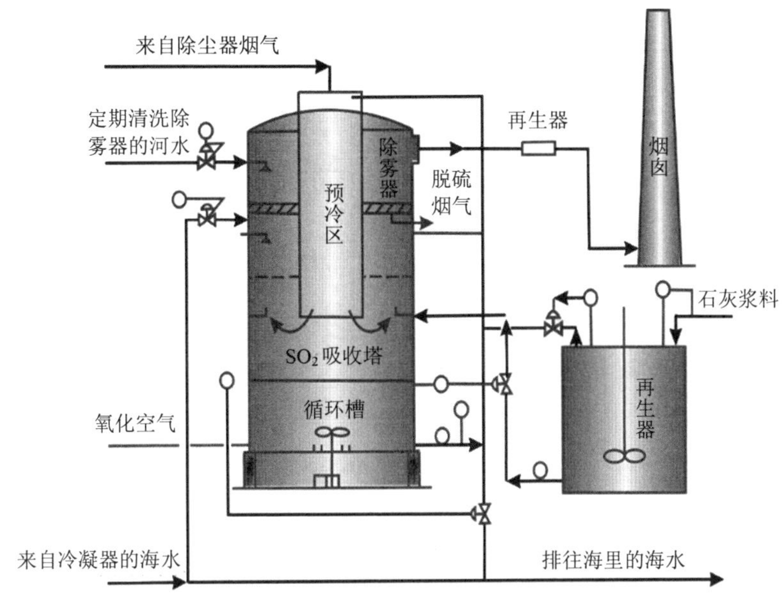

图 8-18　Bechtel 海水烟气脱硫工艺流程

（3）氨法

①吸收过程：烟气依次经过 3 个吸收塔，其中的 SO_3 被吸收液吸收，并生成亚硫酸氨和硫酸氢氨。

$$\begin{aligned} NH_3 + SO_2 + H_2O &\longrightarrow (NH_4)_2SO_3 \\ (NH_4)_2SO_3 + SO_2 + H_2O &\longrightarrow 2NH_4HSO_3 \end{aligned} \tag{8-10}$$

②中和结晶：由吸收反应产生的高浓度亚硫酸氨与硫酸氢氨吸收液，先经过灰渣过滤器除去烟尘，再在结晶反应器内与氨起中和反应，同时用水间接冷却，亚硫酸氨结晶析出。

③结晶分离：由结晶分离器底部出来的含亚硫酸氨结晶悬浮物进入离心机，分离出固体结晶体作为副产品，剩下的滤液再回到吸收塔内重复使用。

④该脱硫工艺的优点：脱硫效率可达到 99%；可得到副产品作化肥；无废水和废弃物排放。

5．干法脱硫技术

（1）干法喷钙脱硫

干法喷钙脱硫流程见图 8-19 和图 8-20。

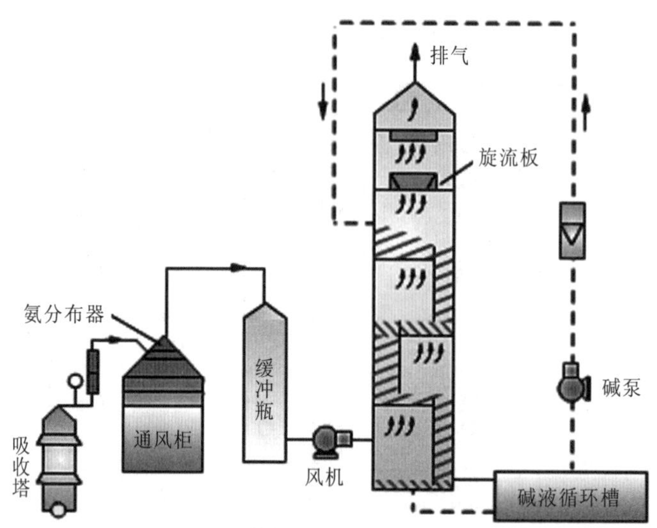

图 8-19　氨-碱溶液吸收流程

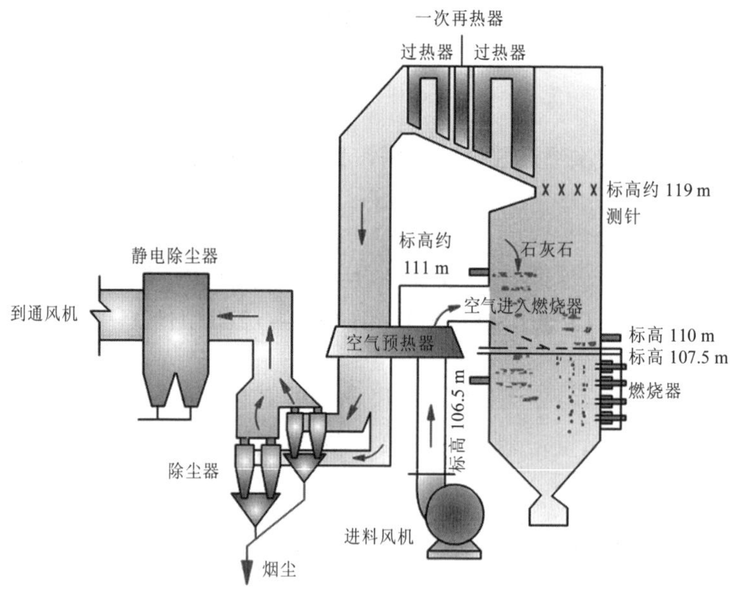

图 8-20　用石灰石直接喷射法从烟气中脱除 SO_2 的流程

（2）循环流化床烟气脱硫

循环流化床烟气脱硫工艺流程见图 8-21。

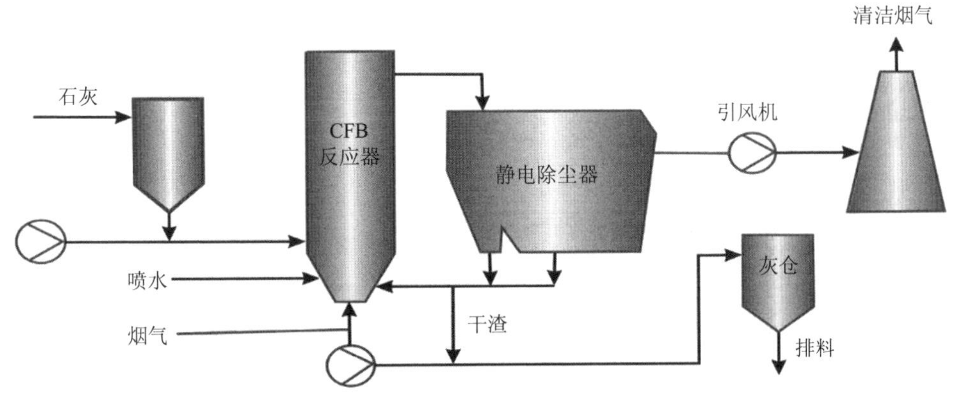

图 8-21　循环流化床烟气脱硫（CFB-FGD）工艺流程

特点：投资较湿法低；无须装设除雾器及烟气再热器；适合于含硫量中等、有高品位石灰石来源的电厂应用。

三、同时脱硫脱氮工艺

1. 电子束辐射法

（1）主要机理

燃煤排烟由氮、氧、水蒸气、CO_2 等主要成分及 SO_2、NO_x 等微量有害成分构成。当电子束照射烟气时，电子束能量大部分被烟气中的氮、氧、水蒸气所吸收，从而生成富有反应活性的游离基（OH 基、O 原子、HO_2 基、N 基）。

（2）SO_2 与 NO_x 的氧化

烟气中的 SO_2 与 NO_x，与因电子束照射而生成的游离基进行反应，分别氧化成硫酸（H_2SO_4）与硝酸（HNO_3）。

（3）硫酸铵与硝酸铵的生成

$$H_2SO_4 + 2NH_3 \longrightarrow (NH_4)_2SO_4 \tag{8-11}$$

$$HNO_3 + NH_3 \longrightarrow NH_4NO_3 \tag{8-12}$$

$$SO_2+2NH_3+H_2O+1/2O_2 \longrightarrow (NH_4)_2SO_4 \tag{8-13}$$

从电子束照射到硫酸铵、硝酸铵生成所需的时间极短，仅约 1 s。

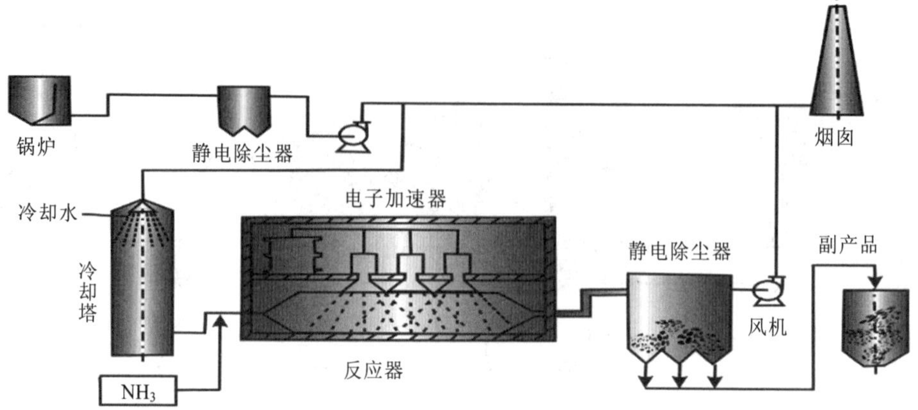

图 8-22　电子束烟气处理流程

该工艺特点：

①电子束透过力、贯穿力强，经屏蔽后可在反应室内集中供给高能量辐照烟气。反应速度快、时间短；

②在同一反应室内同时脱硫与脱硝；

③为干法过程，无废水排放；

④生成的副产品可作农用氮肥，无固体废物；

⑤对烟气条件的变化适应性强；

⑥实现了自动控制，操作较简便。

2. 湿法同时脱硫脱氮工艺

包括：①氯酸氧化法（图 8-23）；

②WSA－SNOX 法；

③湿法 FGD 添加金属螯合剂。

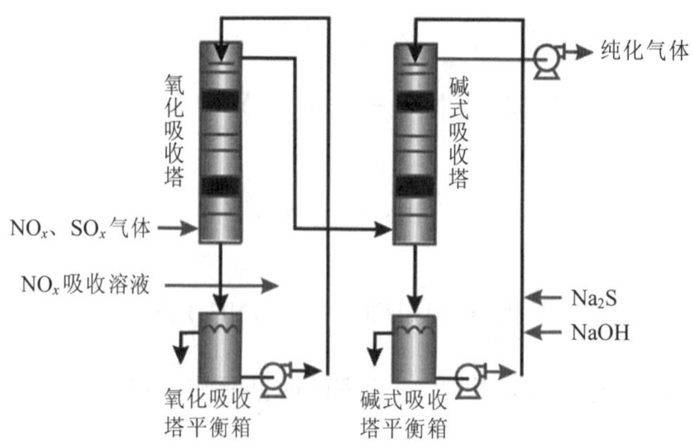

图 8-23　氯酸氧化脱硫脱氮流程图

3. 干法同时脱硫脱氮工艺

包括：①NO_xSO 法（图 8-24）；

②SNRB 法；

③CuO 同时脱硫脱氮工艺。

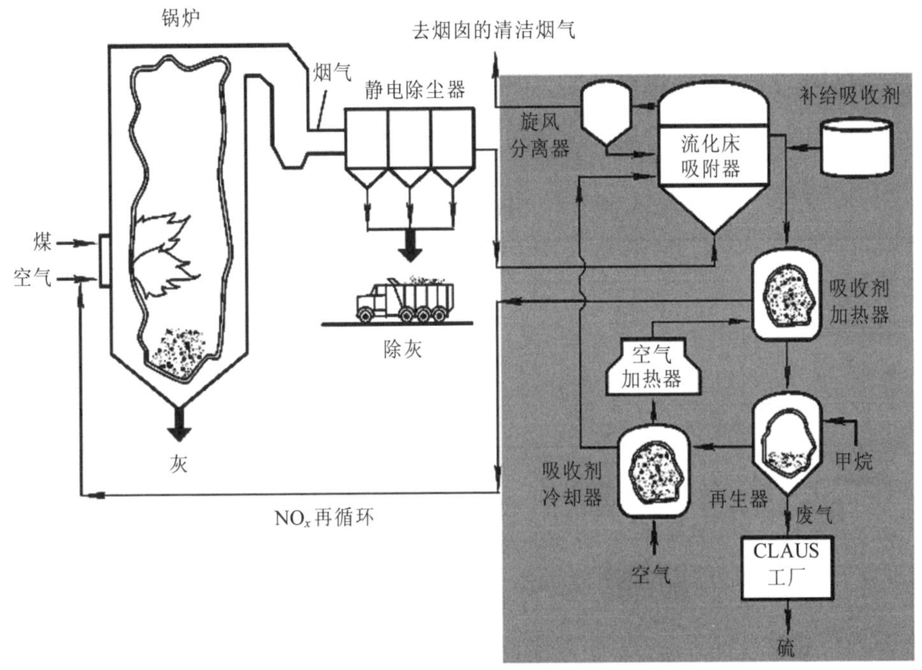

图 8-24 NO_xSO 法系统图

四、烟气脱硫工艺的综合比较

1. 主要涉及因素

①脱硫效率。

②钙硫比。

③脱硫剂利用率。

④脱硫剂的来源。

⑤脱硫副产品的处理处置。

⑥对锅炉原有系统的影响。

⑦对机组运行方式适应性的影响。

⑧占地面积。

⑨流程的复杂程度。

⑩动力消耗。

⑪工艺成熟度。

2．燃煤二氧化硫污染控制技术综合评价

①技术成熟度。依脱硫技术目前所处的开发阶段，分为实验室、中试、示范和商业化四个阶段。

②技术性能。包括脱硫效率、处理能力、技术复杂程度、占地情况、能耗及副产品利用等，反映技术的综合性能。

③环境特性。环境特性根据处理后烟气的 SO_2 排放量与排放标准比较进行评价。

④经济性。选用技术的总投资和 SO_2 单位脱硫成本为综合经济性的评价指标。

表 8-4 燃烧前和燃烧中技术

技术	技术指标		成熟度	经济性	
	环境特性	节能率		投资	成本
选煤	中等-不好	10%	商业化	动力煤：45 元/（t·a） 炼焦煤：65 元/（t·a）	4～5 元/t 7～8 元/t
水煤浆	好	0.5 t 替 1 t 燃料油	商业化示范	152 元/（t·a）	162 元/t
煤气化	好-很好	城市煤气：20% 工业燃料气：10%	德士古商业化引进； 鲁奇商业化引进； 甲烷化技术已示范	1 500 元/（m^3/d） 1 000 元/（m^3/d） 1 300 元/（m^3/d）	0.85 元/m^3 0.65 元/m^3 0.90 元/m^3
煤液化	很好		实验室	400 美元/（t·a）	135 美元/t
先进燃烧器	中等-好		商业化	改装费占锅炉出厂价的 0.36%	—
流化床燃烧	很好	比煤粉炉节煤 10%	商业性示范	与 220 t/h 煤粉炉相当	—
型煤	中等-不好	＞15%	蜂窝煤：商业化 工业型煤：示范	蜂窝煤：50 元/（t·a） 工业型煤：100 元/（t·a）	127 元/t 140 元/t
IGCC	很好	比煤粉炉节煤	将进行商业示范	1 520 美元/kW	—

表 8-5 烟气脱硫技术综合评价

项目	石灰石/石膏法	简易湿法烟气脱硫	磷酸铵法	旋转喷雾干燥	炉内喷钙尾部增湿	海水脱硫
技术性能指标、工艺流程简易情况	主流程简单，石灰浆制备要求较高，流程复杂	流程较简单	脱硫流程简单，制肥部分较复杂	流程较简单	流程简单	流程较简单
工艺技术指标	脱硫率 80%，钙硫比 1.1	脱硫率 70%，钙硫比 1.1	脱硫率 95% 以上	脱硫率 80%，钙硫比 1.5	脱硫率 70%，钙硫比 2	脱硫率 90%
脱硫副产品	脱硫渣主要为 $CaSO_4$，目前未利用	$CaSO_4$、$MgSO_4$、Na_2SO_4 等	脱硫产品为含 N+P_2O_5 的氮磷肥	脱硫渣为烟尘和 Ca 的混合物	脱硫渣为烟尘和 Ca 的混合物	脱硫渣主要为硫酸盐，排放

项目	石灰石/石膏法	简易湿法烟气脱硫	磷酸铵法	旋转喷雾干燥	炉内喷钙尾部增湿	海水脱硫
推广应用前景	燃烧高、中硫煤锅炉，当地有石灰石矿	燃烧高、中硫煤锅炉，当地有石灰石矿	燃烧高硫煤锅炉，附近有磷矿资源	燃烧高、中、低硫煤锅炉	燃烧中、低硫煤锅炉	燃烧中、低硫煤锅炉，沿海地区
电耗占总发电量的比例	1.5%～2%	1%	1%～1.5%	1%	0.5%	1%
烟气再热	需再加热	需再加热	需再加热	不需再加热	不需再加热	需再加热
占地情况	多	少	多	少	少	较大
技术成熟度	国内通过引进已商业化	国内正在引进	国内已进行中试	国内已进行中试	国内已进行工业示范	国内正在引进
环境特性	很好	好	很好	好	好	好
经济性能，FGD占电厂总投资的比例	13%～19%	8%～11%	12%～17%	8%～12%	3%～5%	7%～8%
脱硫成本/（元/t）	750～1 550	730～1 480	1 400～2 000	720～1 230	790～1 290	400～700

习　题

1　根据污染范围，我国的二氧化硫污染属于什么性质的污染？

2　通过碱液吸收气体中 SO_2 的实验写出采用 NaOH 或 Na_2CO_3 溶液作吸收剂，吸收过程发生的主要化学反应。

3　试述石灰石/石灰法洗涤烟气脱硫的工艺过程。

4　试述石灰石系统和石灰系统脱硫的一个极为重要的区别。

5　某新建电厂的设计用煤为：硫含量 3%，热值 26.535 kJ/kg。为达到我国火电厂目前的排放标准，采用的 SO_2 排放控制措施的脱硫效率至少要达到多少？

6　某 300 MW 机组的燃煤化学组成（质量分数）为：C：68.95%；H：2.25%；N：1.4%；S：1.5%；O：6.0%；Cl：0.1%；H_2O：7.8%；灰分：12%。燃煤热值为 27 000 kJ/kg，在空气过剩 20%的条件下燃烧（假设为完全燃烧），机组热效率为 35%。烟气先经布袋除尘器脱出 99%的颗粒物，在除尘器的出口温度为 530 K；再进入换热器经 25℃清水冷凝后，温度降至 350 K。最后进入烟气脱硫装置。计算进入脱硫系统的烟气流量和组成。

7　实验测得某 110 MW 常压循环流化床锅炉的 Ca/S（R）与脱硫率的关系为 $\eta=1-\exp(-0.78R)$，计算该流化床锅炉达到 75%和 85%的脱硫率分别需要的钙硫比。

8　一冶炼厂尾气采用二级催化转化制酸工艺回收 SO_2。尾气中含 SO_2 为 7.8%、O_2 为 10.8%、N_2 为 81.4%（体积）。如果第一级的 SO_2 回收效率为 98%，总的回收效率为 99.7%。计算：

（1）第二级工艺的回收效率为多少？

（2）如果第二级催化床操作温度为 420℃，催化转化反应的平衡常数 K=300，反应平衡时 SO_2 的转化率为多少？

9 某电厂采用石灰石湿法进行烟气脱硫，脱硫率为 90%。电厂燃煤含硫为 3.6%，含灰为 7.7%。试计算:

（1）如果按化学计量比反应，脱除每千克 SO_2 需要多少千克 $CaCO_3$?

（2）如果实际应用时 $CaCO_3$ 过量 30%，每燃烧 1 t 煤需要消耗多少 $CaCO_3$?

（3）脱硫污泥中含有 60%的水分和 40%的 $CaSO_4 \cdot 2H_2O$，如果灰渣和脱硫污泥一起排放，每吨燃煤会排放多少污泥?

10 通常电厂每千瓦机组容量运行时会排放 0.001 56 m^3/s 的烟气（180℃，1 atm）。石灰石烟气脱硫系统的压降约为 2 600 Pa。试问：电厂所发电中有多少比例用于克服烟气脱硫系统的阻力损失？假定动力消耗=烟气流率 × 压降/风机效率，风机效率设为 0.8。

11 在双碱法烟气脱硫工艺中，SO_2 被 Na_2SO_3 溶液吸收。溶液中的总体反应为:

$$Na_2SO_3+H_2O+SO_2+CO_2 \longrightarrow Na^++H^++OH^-+HSO_3^-+SO_3^{2-}+HCO_3^-+CO_3^{2-}$$

在 333 K 时，CO_2 溶解和离解反应的平衡常数为:

$$\frac{[CO_2 \cdot H_2O]}{P_{CO_2}} = K_{hc} = 0.016\,3\ \text{M/atm}，\quad \frac{[HCO_3^-]\cdot[H^+]}{[CO_2 \cdot H_2O]} = K_{c1} = 10^{-6.35}\text{M}，$$

$$\frac{[CO_3^{2-}]\cdot[H^+]}{[HCO_3^-]} = K_{c2} = 10^{-10.25}\,\text{M}$$

溶液中钠全部以 Na^+的形式存在，即[Na]=[Na^+];

溶液中含硫组分包括，[S]=[$SO_2 \cdot H_2O$]+[HSO^{3-}]+[SO_3^{2-}]。

如果烟气的 SO_2 体积分数为 $2\,000 \times 10^{-6}$，CO_2 的浓度为 20%，试计算脱硫反应的最佳 pH。

12 通常燃煤电厂每千瓦发电容量的排烟速率为 0.001 56 m^3/s（烟气温度为 205℃和 1 atm）。烟气经石灰石洗涤器脱硫，其压力损失为 25.4 cm 水柱。试估算烟气脱硫的用电量（以发电总量的百分比表示）。烟气脱硫的用电量可用式动力消耗=烟气流量×压力降/风机效率进行估算，假定风机效率为 80%。

第九章　氮氧化物污染控制

氮氧化物（NO_x）是造成大气污染的主要污染物之一。本章在简要介绍 NO_x 性质和来源的基础上，先讨论燃烧过程中 NO_x 的形成机理，然后介绍固定源 NO_x 污染的控制技术。

第一节　NO_x 的性质及来源

NO_x 包括 N_2O、NO、N_2O_3、NO_2、N_2O_4、N_2O_5，大气中 NO_x 主要以 NO、NO_2 的形式存在。

NO_x 的性质：

①N_2O：单个分子的温室效应为 CO_2 的 200 倍，并参与破坏臭氧层。

②NO：大气中 NO_2 的前体物质，形成光化学烟雾的活跃组分。

③NO_2：具有强烈刺激性，来源于 NO 的氧化、酸沉降。

NO_x 的来源：固氮菌、雷电等自然过程（5×10^8 t/a）；人类活动（5×10^7 t/a）；燃料燃烧占 90%；95%以 NO 的形式存在，其余主要为 NO_2。

我国 NO_x 的排放情况见图 9-1（除香港、澳门和台湾地区，下同）。

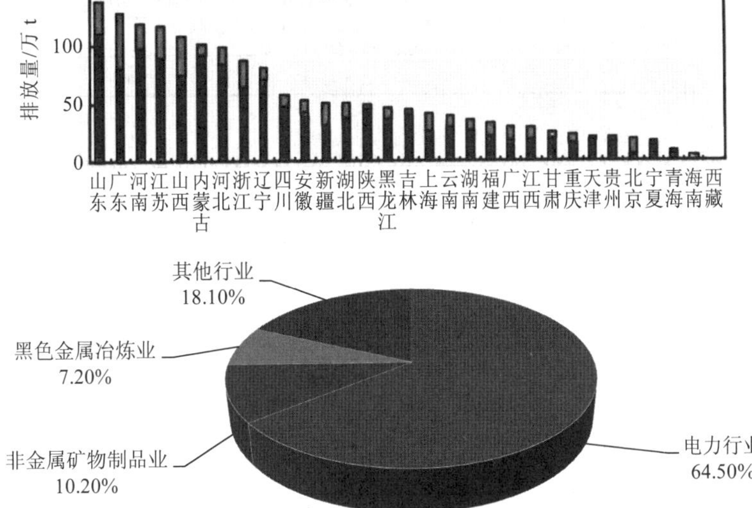

图 9-1　2009 年我国 NO_x 排放情况

表 9-1 1999 年美国各类污染源排放的 NO_x（以 NO_2 表示）

污染源类别	排放量/（10^4 t/a）	百分比/%
固定源燃烧过程		
煤燃烧：电力	447.7	
工业	49.2	
商业	3.36	
小计	500.3	21.7
油燃烧：电力	18.3	
工业	19.4	
商业	7.26	
其他	96.1	
小计	141.1	6.1
气燃烧：电力	34.9	
工业	109.0	
商业	24.1	
小计	168.0	7.3
其他燃烧过程	100.0	4.3
合计	909.4	39.5
工业过程		
化工行业	11.9	
冶金行业	8.0	
石化行业	13.0	
其他工业过程	42.6	
其他	10.0	
合计	85.5	3.7
交通运输：道路用车	779.3	
非道路用车	500.3	
合计	1 279.6	55.5
其他	29.0	1.3
总计	2 303.5	100

第二节 燃烧过程中 NO_x 的形成机理

在燃烧过程中形成的 NO_x 分为三类：

1）燃料型 NO_x：燃料中的固定氮生成的 NO_x。

2）热力型 NO_x：高温下 N_2 与 O_2 反应生成的 NO_x。

3）瞬时 NO_x：低温火焰下由于含碳自由基的存在生成的 NO_x。

一、热力型 NO_x 形成的热力学

1. NO_x 生成量与温度的关系

在高温下产生 NO 和 NO_2 的两个重要反应

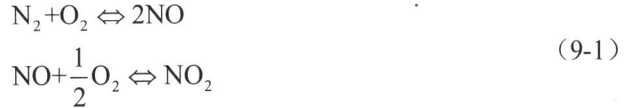

$$N_2+O_2 \Leftrightarrow 2NO$$
$$NO+\frac{1}{2}O_2 \Leftrightarrow NO_2 \tag{9-1}$$

上述反应的化学平衡受温度和反应物化学组成的影响，平衡时 NO_x 浓度随温度升高迅速增加（图 9-2）。

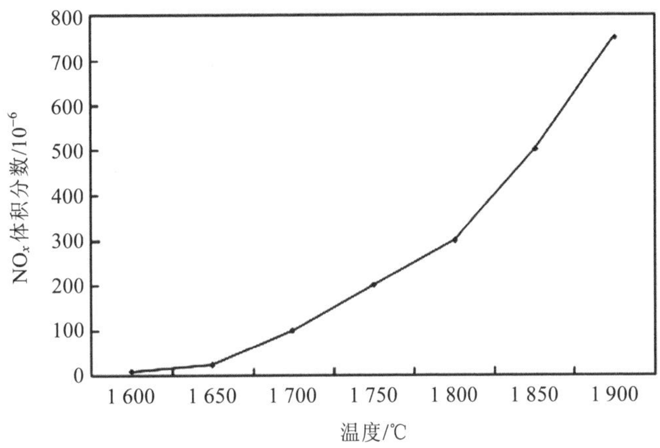

图 9-2　热力型 NO_x 的生成浓度与温度的关系

表 9-2　O_2 和 N_2 生成 NO 的平衡常数

$N_2+O_2 \rightleftharpoons 2NO$	化学反应温度（T）/K	化学反应平衡常数（K_p）
$K_p=\frac{(P_{NO})^2}{(P_{O_2})(P_{N_2})}$ P_{NO}、P_{O_2}、P_{N_2} 分别为 NO、O_2、N_2 的平衡分压，Pa	300	10^{-30}
	1 000	7.5×10^{-9}
	1 200	2.8×10^{-7}
	1 500	1.1×10^{-5}
	2 000	4.0×10^{-4}
	2 500	3.5×10^{-3}

表 9-3　温度和 N_2/O_2 初始浓度比对 NO 平衡浓度的影响

T/K	NO 平衡浓度/10^{-6}	
	N_2/O_2=4	N_2/O_2=40
1 200	210	80
1 500	1 300	500
1 800	4 400	1 650

T/K	NO 平衡浓度/10^{-6}	
	N_2/O_2=4	N_2/O_2=40
2 000	8 000	2 950
2 200	13 100	4 800
2 400	19 800	7 000

2. NO 与 NO_2 之间的转化

表 9-4　NO 氧化为 NO_2 的反应平衡常数

$NO+\frac{1}{2}O_2 \rightleftharpoons NO_2$	T/K	K_p
$K_p=\frac{(P_{NO_2})}{(P_{NO})(P_{O_2})^{0.5}}$	300	10^6
	500	1.2×10^2
	1 000	1.1×10^{-1}
	1 500	1.1×10^{-2}
	2 000	3.5×10^{-3}

表 9-5　同步反应 $N_2+O_2\rightarrow NO$ 和 $NO+O_2\rightarrow NO_2$ 在各种温度下 NO 和 NO_2 的平衡组成

T/K	NO/10^{-6}	NO_2/10^{-6}
300	1.1×10^{-10}	3.3×10^{-5}
800	0.77	0.11
1 400	250	0.87
1 873	2 000	1.8

上述数据说明：

1）室温条件下，NO 和 NO_2 产生量非常小，并且产生的 NO 都会转化为 NO_2。

2）800 K 左右，NO 与 NO_2 生成量仍然很小，但 NO 生成量已经超过 NO_2。

3）常规燃烧温度（>1 500 K）下，有可观的 NO 生成，但 NO_2 量仍然很小。

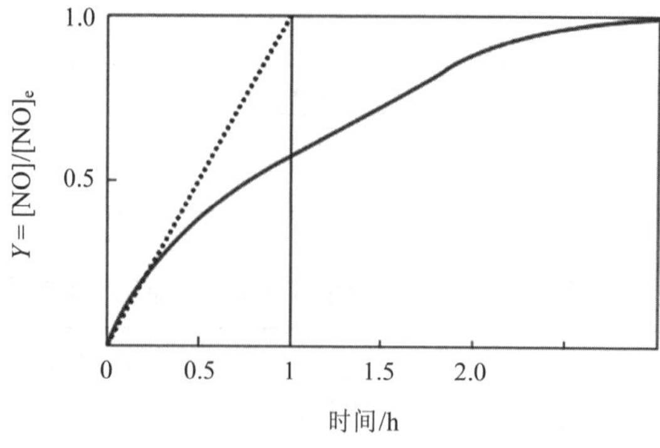

图 9-3　积分得 NO 的形成分数与时间 t 之间的关系

注：图中$[NO]_e$为反应达到平衡时 NO 的浓度。

3．烟气冷却对 NO 和 NO_2 平衡的影响

在烟气冷却过程中，根据热力学计算，NO_x 应主要以 NO_2 的形式存在，但实际 90%～95%的 NO_x 以 NO 的形式存在，主要原因在于动力学控制。

二、热力型 NO_x 形成的动力学——Zeldovich 模型

捷里多维奇（Zeldovich）反应式生成机理：随着反应温度 T 的升高，其反应速率按指数规律增加。当 T<1 500 K 时，NO 的生成量很少，而当 T>1 500 K 时，T 每增加 100 K，反应速率增大 6～7 倍。

$$\begin{gathered} O_2 + M \longrightarrow 2O + M \\ O + N_2 \longrightarrow NO + N \\ N + O_2 \longrightarrow NO + O \end{gathered} \tag{9-2}$$

NO 生成的总速率：

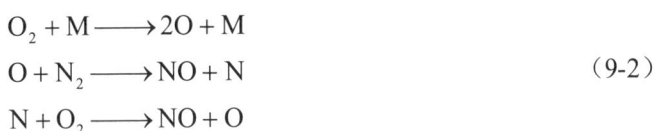

$$\frac{d[NO]}{dt} = k_4[O][N_2] - k_{-4}[NO][N] \tag{9-3}$$

假定 N 原子的浓度保持不变

$$\frac{d[N]}{dt} = k_4[O][N_2] - k_{-4}[N][NO] + k_{-5}[O][NO] - k_5[N][O_2] = 0$$

得到

$$[N]_{稳态} = \frac{k_4[O][N_2] + k_{-5}[O][NO]}{k_{-4}[NO] + k_5[O_2]} \tag{9-4}$$

代入上式，得

$$\begin{aligned} \frac{d[NO]}{dt} &= 2[O]\frac{k_4[N_2] - (k_{-4}k_{-5}[NO]^2/k_5[O_2])}{1 + (k_{-4}[NO]/k_5[O_2])} \\ &= \frac{2k_4[O][N_2]\{1 - [NO]_2/(K_{P,NO}[N_2][O_2])\}}{1 + (k_{-4}[NO]/k_5[O_2])} \end{aligned} \tag{9-5}$$

假定 O 原子的浓度不变

$$[O]_e = \frac{[O2]_e^{1/2} K_{P,NO}}{(RT)^{1/2}} \tag{9-6}$$

最终得

$$\begin{gathered} \frac{dY}{dx} = \frac{M(1 - Y^2)}{2(1 + CY)} \\ M = \frac{4k_4 K_{P,O}[N_2]^{1/2}}{(RT)^{1/2}(K_{P,NO})^{1/2}} \\ C = \frac{k_{-4}(K_{P,NO})^{1/2}[N_2]^{1/2}}{k_5[O_2]^{1/2}} \\ Y = [NO]/[NO]_e \end{gathered} \tag{9-7}$$

积分得 NO 的形成分数与时间 t 之间的关系：

$$(1-Y)^{C+1}(1+Y)^{C-1}=\exp(-Mt) \tag{9-8}$$

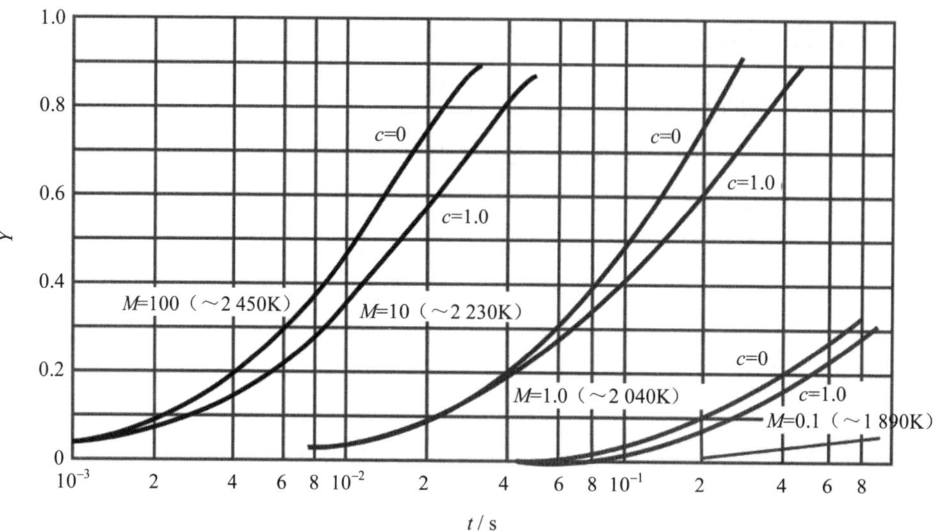

图 9-4　各种温度下形成 NO 的浓度-时间分布曲线（图中 c 为反应级数）

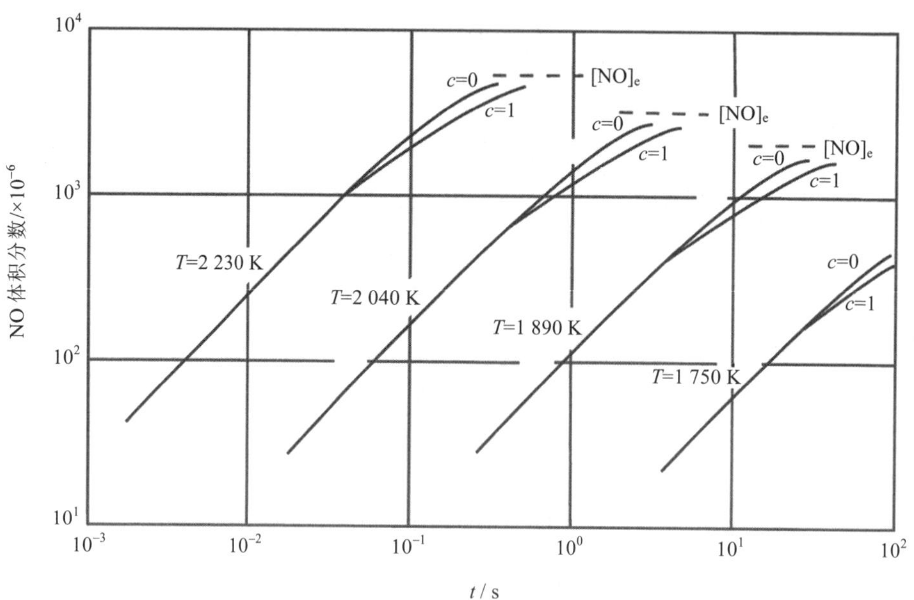

图 9-5　各种温度下 NO 浓度随时间的变化曲线（N_2/O_2=40：1）

三、瞬时 NO_x 的形成

瞬时 NO_x 是 1971 年 Fenimore（费尼莫尔）通过实验发现的。碳氢化合物燃料燃烧在燃料过浓时，在反应区附近会快速生成 NO_x。由于燃料挥发物中碳氢化合物高温分解生成的 CH 自由基可以和空气中氮气反应生成 HCN 和 N，再进一步与氧气作用以极快的速度生成，其形成时间只需要 60 ms，所生成的与炉膛压力 0.5 次方成正比，与温度的关系不大。

上述两种情况生成的氮氧化物都不占 NO_x 的主要部分，不是主要来源。碳氢化合物燃烧时，分解成 CH、CH_2 和 C_2 等自由基团，与 N_2 发生如下反应：

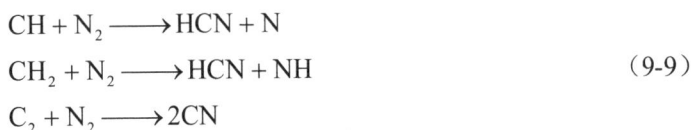

$$\begin{aligned}&CH + N_2 \longrightarrow HCN + N\\&CH_2 + N_2 \longrightarrow HCN + NH\\&C_2 + N_2 \longrightarrow 2CN\end{aligned} \tag{9-9}$$

火焰中存在大量 O、OH 自由基团，与上述产物反应：

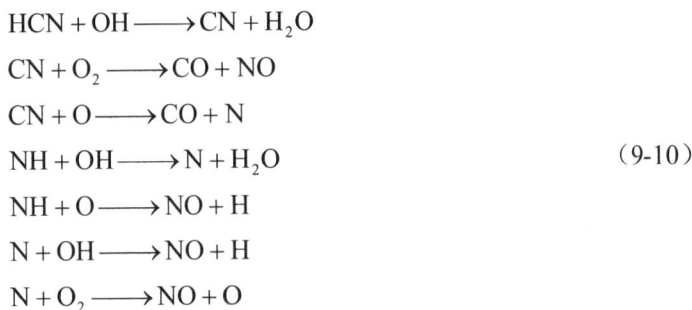

$$\begin{aligned}&HCN + OH \longrightarrow CN + H_2O\\&CN + O_2 \longrightarrow CO + NO\\&CN + O \longrightarrow CO + N\\&NH + OH \longrightarrow N + H_2O\\&NH + O \longrightarrow NO + H\\&N + OH \longrightarrow NO + H\\&N + O_2 \longrightarrow NO + O\end{aligned} \tag{9-10}$$

四、燃料型 NO_x 的形成

由燃料中氮化合物在燃烧中氧化而成。由于燃料中氮的热分解温度低于煤粉燃烧温度，在 600～800℃时就会生成燃料型 NO_x，它在煤粉燃烧 NO_x 产物中占 60%～80%。

在生成燃料型 NO_x 过程中，首先是含有氮的有机化合物热裂解产生 N、CN、HCN 等中间产物基团，然后再氧化成 NO_x。由于煤的燃烧过程由挥发分燃烧和焦炭燃烧两个阶段组成，故燃料型 NO_x 的形成也由气相氮的氧化（挥发分）和焦炭中剩余氮的氧化（焦炭）两部分组成。燃料中的 N 通常以原子状态与 HC 结合，C—N 键的键能较 N≡N 小，燃烧时容易分解，经氧化形成 NO_x。

火焰中燃料氮转化为 NO 的比例取决于火焰区 NO/O_2 的比例。燃料中 20%～80%的氮转化为 NO_x。

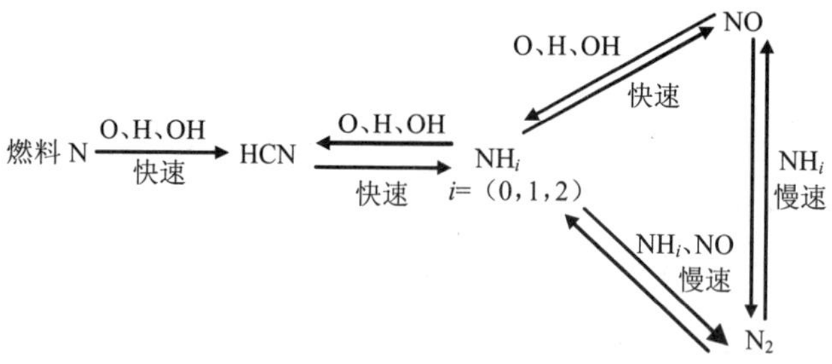

图 9-6　燃料型 NO_x 的形成 1

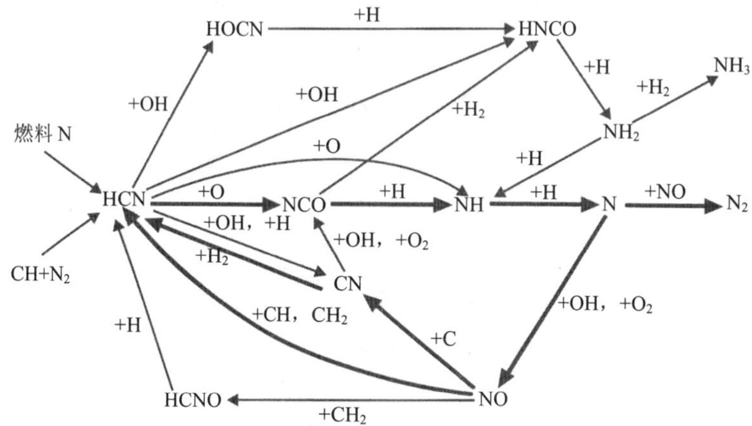

富燃料（1.0<ϕ<1.5）下的反应路径，粗箭头表示控制步骤（Miller and Fisk，1987）

图 9-7　燃料型 NO_x 的形成 2

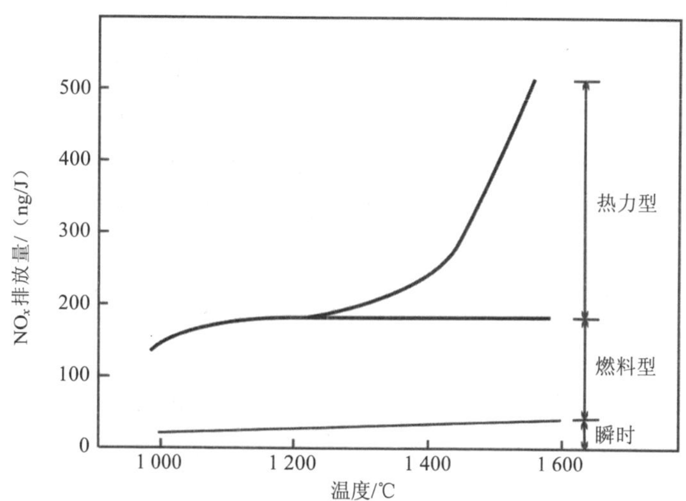

图 9-8　三种 NO_x 形成机理在煤燃烧过程中对 NO_x 排放总量的贡献

第三节 低 NO_x 燃烧技术

一、传统低 NO_x 燃烧技术

凡通过改变燃烧条件来控制燃烧关键参数，以抑制生成或破坏已生成的 NO_x 以达到减少排放的技术称为低燃烧技术。

探讨煤燃烧方式对 NO_x 生成与排放的规律可以知道，NO_x 的生成及破坏与以下因素有关：

①煤种特性，如煤的含氮量、挥发分含量、空气-燃料比（FC/V）以及 V-H/V-N 等；

②燃烧区温度及其分布；

③炉膛内反应区烟气的气氛，即烟气内氧气、氮气、NO_x 和碳氢化合物的含量；

④燃烧器形状；

⑤燃料及燃烧产物在火焰高温区和炉膛内的停留时间。

1. 低空气过剩系数运行技术

①降低 NO_x 的同时提高锅炉热效率。

②CO、HC、炭黑产生量增加。

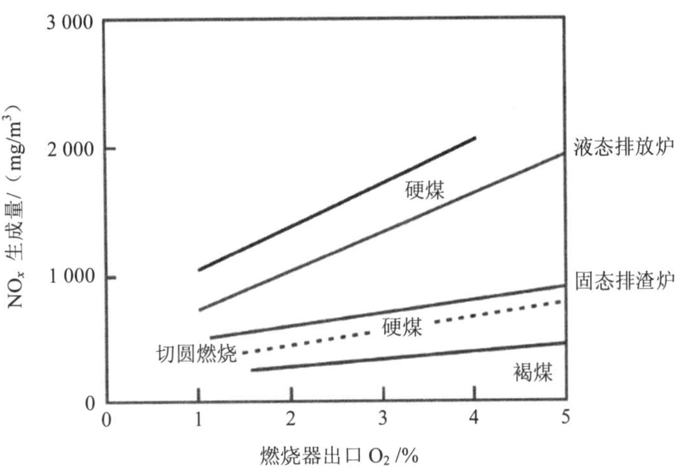

图 9-9 空气过剩系数对 NO_x 生成量的影响

2. 降低助燃空气预热温度

燃烧空气由 27℃预热到 315℃，NO_x 排放量增加 3 倍。

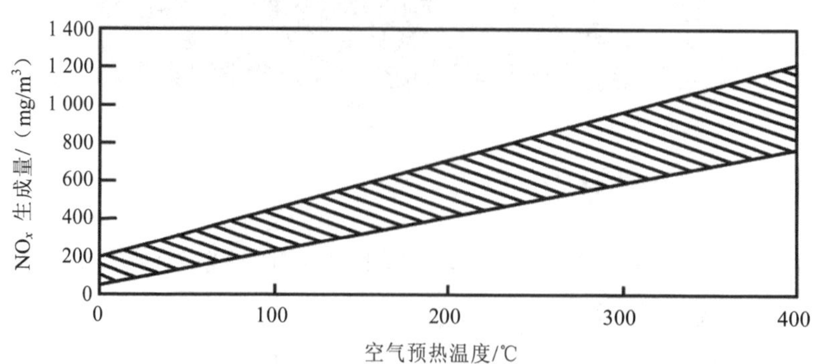

图 9-10　空气预热温度对天然气系统 NO_x 生成量的影响

3．烟气循环燃烧

降低氧浓度和燃烧区温度——主要减少热力型 NO_x。

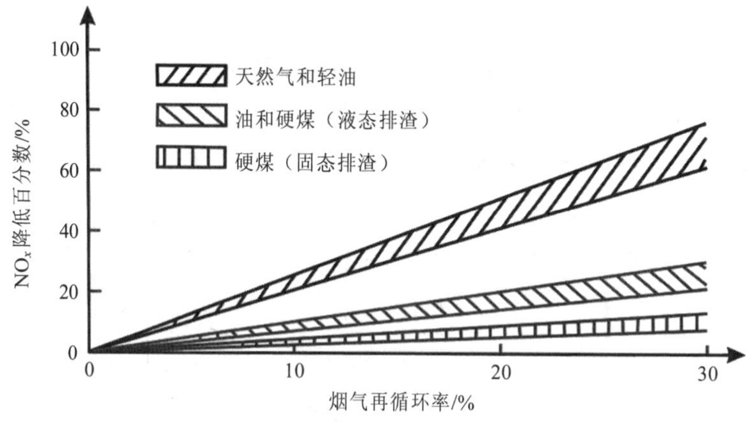

图 9-11　烟气循环燃烧对降低 NO_x 的影响

4．两段燃烧技术

第一段：氧气不足，烟气温度低，NO_x 生成量很小。

第二段：二次空气，CO、HC 完全燃烧，烟气温度低。

二、先进的低 NO_x 燃烧技术

众多的锅炉和燃烧器制造商发展了名目繁多的低 NO_x 燃烧器，它们的原理为：低空气过剩系数运行技术+分段燃烧技术。

1．炉膛内整体空气分级的低 NO_x 直流燃烧器

①炉壁设置助燃空气（OFA，燃尽风）喷嘴；

②类似于两段燃烧技术。

2. 空气分级的低 NO_x 旋流燃烧器

一次火焰区：富燃，含氮组分析出但难以转化。

二次火焰区：燃尽 CO、HC 等。

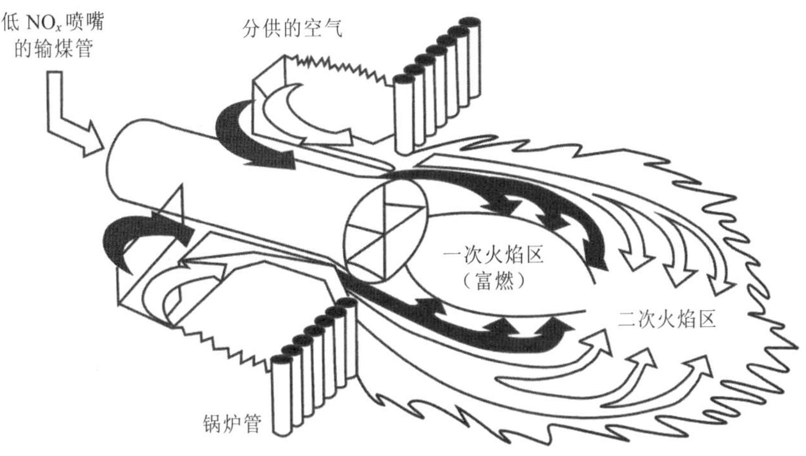

图 9-12 用于壁燃锅炉的分级混合低 NO_x 燃烧器的原理图

3. 空气/燃料分级的低 NO_x 燃烧器

①空气和燃料均分级送入炉膛；

②一次火焰区下游形成低氧还原区，还原已生成的 NO_x。

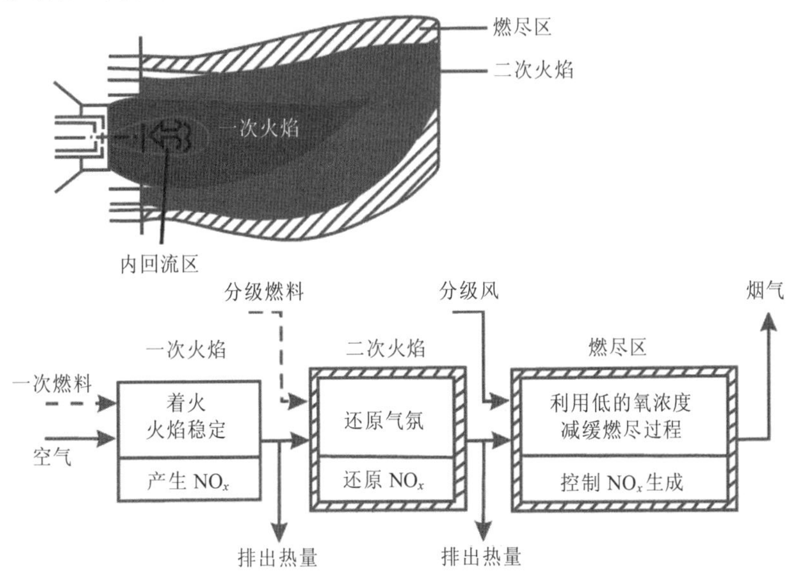

图 9-13 空气/燃料分级的低 NO_x 燃烧器的原理图

第四节　烟气脱硝技术

烟气脱硝是一个棘手的难题，其难点在于处理烟气体积大、NO_x浓度相当低、NO_x的总量相对较大。

一、选择性催化还原法（SCR）

烟气 SCR 脱硝法采用催化剂促进氨与还原反应。若使用钛和铁氧化物类催化剂，其反应温度为 300～400℃，当采用活性焦炭时，其反应温度为 100～150℃。

催化剂包括贵金属、碱性金属氧化物。

还原反应：

$$\begin{aligned}&4NH_3+4NO+O_2\longrightarrow 4N_2+6H_2O\\&8NH_3+6NO_2\longrightarrow 7N_2+12H_2O\end{aligned}\tag{9-11}$$

潜在氧化反应：

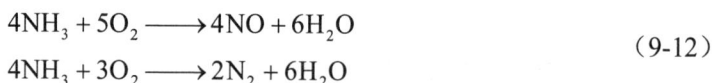

$$\begin{aligned}&4NH_3+5O_2\longrightarrow 4NO+6H_2O\\&4NH_3+3O_2\longrightarrow 2N_2+6H_2O\end{aligned}\tag{9-12}$$

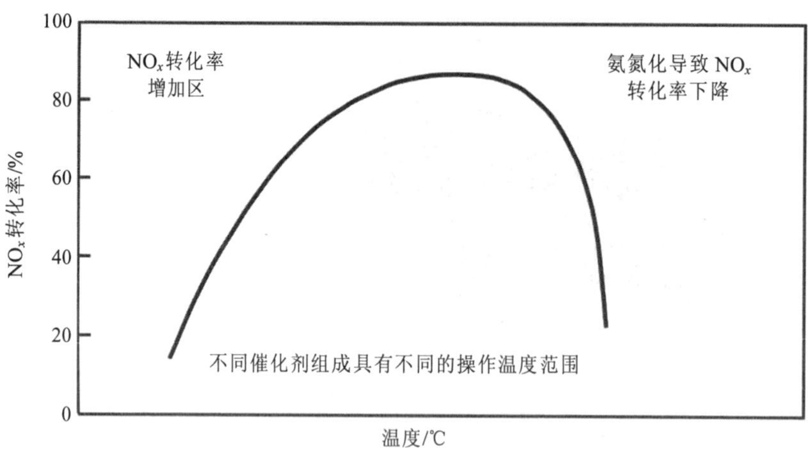

图 9-14　典型 SCR 催化剂对 NO_x 还原率随温度的变化

二、选择性非催化还原法（SNCR）

以尿素或氨基化合物作为还原剂，有较高的反应温度。

化学反应为：

$$\begin{aligned}&4NH_3+6H_2O\longrightarrow 5N_2+6H_2O\\&CO(NH_2)_2+2NO+0.5O_2\longrightarrow 2N_2+CO_2+2H_2O\end{aligned}\tag{9-13}$$

同样地，需要控制温度避免潜在氧化反应发生。

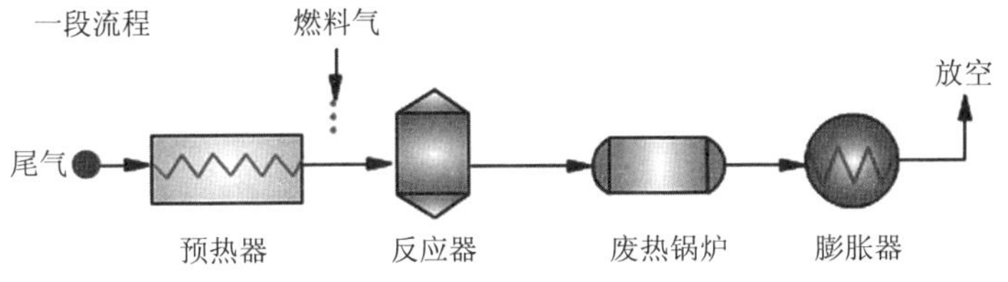

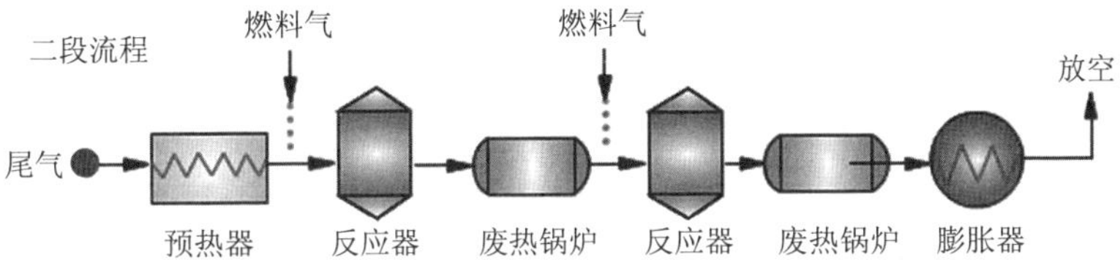

图 9-15 非选择性催化还原法净化 NO_x 工艺流程

三、吸收法净化烟气中的 NO_x

（1）碱液吸收

必须首先将一半以上的 NO 氧化为 NO_2，$NO/NO_2=1$ 效果最佳。

$$
\begin{aligned}
&2NO_2 + 2MOH \rightarrow MNO_3 + MNO_2 + H_2O \\
&NO + NO_2 + 2MOH \rightarrow 2MNO_2 + H_2O \\
&2NO_2 + NaCO_3 \rightarrow NaNO_3 + NaNO_2 + CO_2 \\
&NO + NO_2 + NaCO_2 \rightarrow 2NaNO_2 + CO_2 \\
&M 为 K^+、Na^+、Ca^{2+}、Mg^{2+}、NH_4^+
\end{aligned}
\tag{9-14}
$$

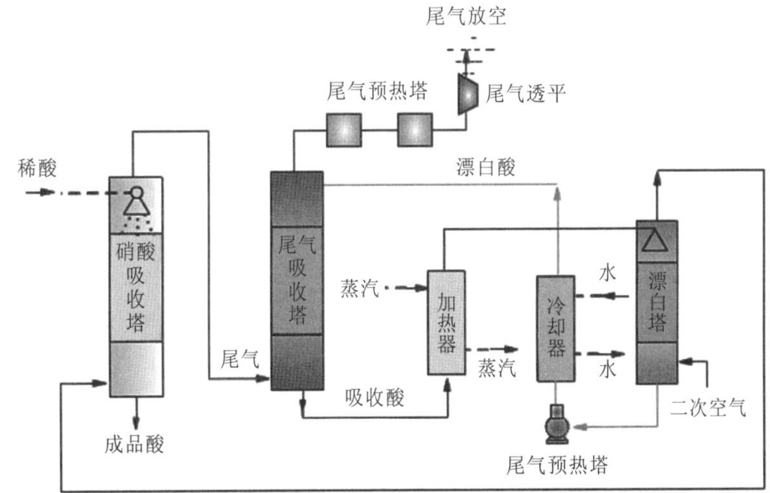

图 9-16 稀硝酸吸收 NO_x 废气工艺流程

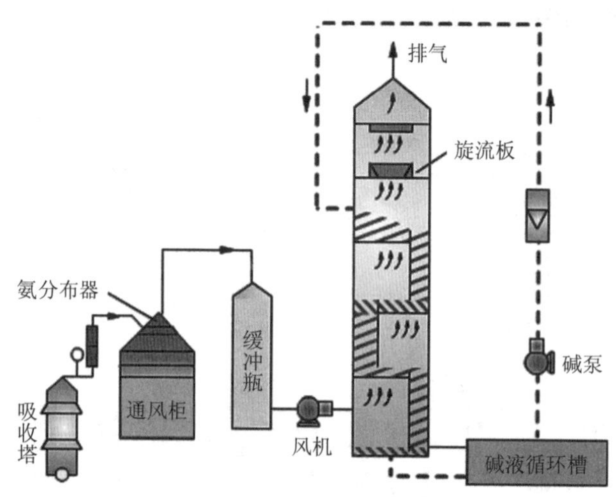

图 9-17 氨-碱溶液吸收流程

（2）强硫酸吸收

$$NO + NO_2 + 2H_2SO_4 \longrightarrow 2NOHSO_4 + H_2O \tag{9-15}$$

几种常见的吸收工艺如图 9-18 和图 9-19。

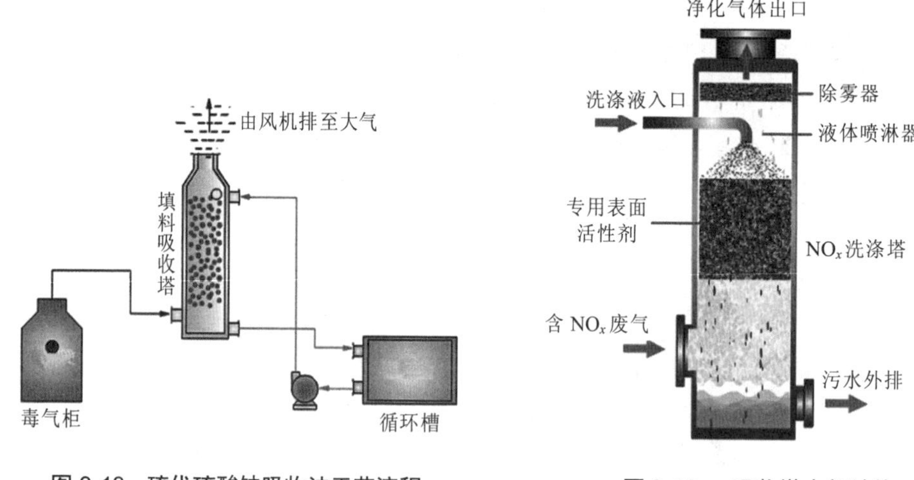

图 9-18 硫代硫酸钠吸收法工艺流程

图 9-19 吸收塔内部结构

四、吸附法净化烟气中的 NO_x

吸附法既能比较彻底地消除 NO_x 的污染，又能将 NO_x 回收利用。常用的吸附剂为活性炭、分子筛、硅胶、含氨泥煤等。

NO_x 和 SO_2 联合控制技术：吸附剂-浸渍碳酸钠 γ-Al_2O_3。反应机理如下：

$$
\begin{aligned}
&Na_2CO_3 + Al_2O_3 \longrightarrow 2NaAlO_2 + CO_2 \\
&2NaAlO_2 + H_2O \longrightarrow 2NaOH + Al_2O_3 \\
&2NaOH + SO_2 + 0.5O_2 \longrightarrow Na_2SO_4 + H_2O \\
&2NaOH + 2NO + 1.5O_2 \longrightarrow 2NaNO_3 + H_2O \\
&2NaOH + 2NO_2 + 0.5O_2 \longrightarrow 2NaNO_3 + H_2O
\end{aligned} \tag{9-16}
$$

采用天然气、一氧化碳可以对吸附剂进行再生，再生反应如下：

$$
\begin{aligned}
&4Na_2SO_4 + CH_4 \longrightarrow 4Na_2SO_3 + CO_2 + 2H_2O \\
&4Na_2SO_3 + 3CH_4 \longrightarrow 4Na_2S + 3CO_2 + 6H_2O \\
&Al_2O_3 + Na_2SO_3 \longrightarrow 2NaAlO_2 + SO_2 \\
&Al_2O_3 + Na_2S + H_2O \longrightarrow 2NaAlO_2 + H_2S
\end{aligned}
$$

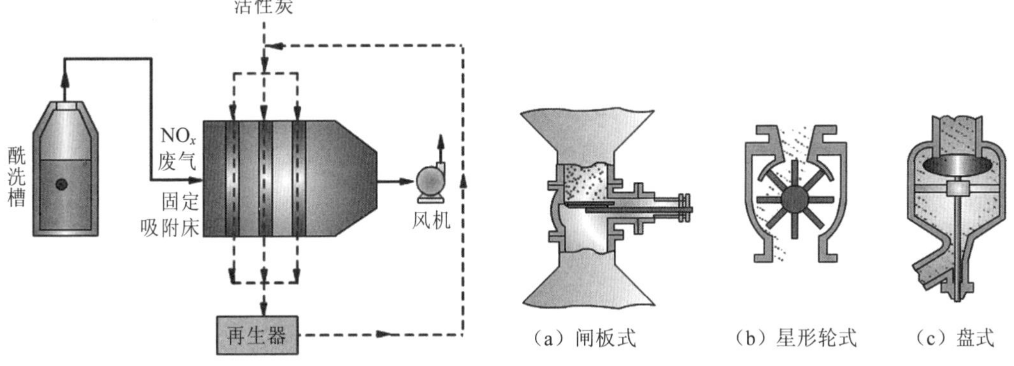

图 9-20　活性炭吸附净化 NO_x 的工艺流程

图 9-21　吸附剂加料装置

该技术对烟气中二氧化硫的去除率达 90%，氮氧化物的去除率达 70%～90%，但吸附剂用量大、设备庞大、投资大、运行动力消耗也大。

习　题

1　低 NO_x 燃烧技术有哪几种？采用这几种技术的时候，各有什么注意事项？

2　某座 1 000 MW 的火电站热效率为 40%，基于排放系数，计算下述三种情况下 NO_x 的排放量（t/d）：

（1）以热值为 6 110 kcal/kg 的煤为燃料；

（2）以热值为 10 000 kcal/kg 的重油为燃料；

（3）以热值为 8 900 kcal/m^3 的天然气为燃料。

3　大型燃煤工业锅炉的 NO_x 排放系数可取为 8.5 kg/t，试计算排烟中 NO_x 的浓度。假定烟气中 O_2 的浓度为 7.5%，煤的化学成分为：C：77.2%；H：5.2%；N：1.2%；S：2.6%；O：5.9%；灰分 7.9%。

4 气体的初始组成以体积计为 8.0%CO_2、12%H_2O、75%N_2和 5%O_2。假如仅考虑N_2与O_2生成 NO 的反应，分别计算下列温度条件下 NO 的平衡浓度:（1）1 250 K;（2）1 550 K;（3）2 100 K。

5 假定煤的元素组成以质量分数计为：氢 3.7%，碳 75.9%，硫 0.9%，氮 0.9%，氧 4.7%，其余为灰分。当在空气过剩系数为 20%的条件下燃烧时，假定燃烧为完全燃烧。如果不考虑热力型NO_x的生成，若燃料中氮（1）20%转化为 NO；（2）50%转化为 NO，试求烟气中 NO 的浓度。

6 基于第二节给出的动力学方程，对于 t=0.01 s、0.04 s 和 0.1 s，估算$[NO]/[NO]_e$的比值，假定 M=70，C=0.5。试问 M=70 所对应的温度是多少？以 K 表示。

7 对于 M=40 和 M=20 重复上面 6 的计算。

8 计算组成为 95%N_2和 5%O_2的烟气达到平衡时，原子态 O 的浓度。假定平衡时的温度为:（1）2 000 K;（2）2 200 K;（3）2 400 K。

9 燃油锅炉的NO_x排放标准为 230×10^{-6}（体积分数），假定油的化学组成为$C_{10}H_{20}N_x$，当空气过剩 50%时发生完全燃烧。当燃料中 50%的氮转化为NO_x，忽略热力型NO_x时，为满足排放标准，氮在油中的最大含量为多少？

10 如何控制燃烧过程引起的 NO_x 污染？与控制燃烧过程引起的二氧化硫污染有哪些重大差别？

11 烟气脱硝技术有哪些方面？

12 简要分析NO_x的排放对环境可能产生的影响。

13 近年来，北京市近地层大气环境中O_3浓度呈逐年增高的趋势，试简要分析O_3的形成机制。若大幅度削减NO_x的排放，能有效降低环境大气中O_3的浓度吗？

14 燃料组成、燃烧条件等都会影响SO_2和NO_x的排放，先进的燃烧过程对减少SO_2和NO_x的排放都有显著效果，燃烧后烟气净化广泛用来减少两者的排放。试从多方面对比控制SO_2和NO_x排放的技术和策略。

第十章　挥发性有机物污染控制

挥发性有机物（volatile oganic compounds，VOCs）是一类有机化合物的统称，在常温下它们的蒸发速率大，易挥发。VOCs 部分来源于大型固定源（如化工厂等）的排放，大量来自交通工具、电镀、喷漆以及有机溶剂使用过程中所排放的废气。

第一节　蒸气压与挥发性

一、蒸气压

蒸气压是判断有机物是否属于挥发性有机物的主要依据。温度越高，蒸气压越大。空气中 VOCs 的含量低，可视为理想气体，符合拉乌尔定律：

$$y_i = x_i \frac{p_i}{p} \tag{10-1}$$

式中：y_i——气相中 i 组分的摩尔分数；

x_i——液体中 i 组分的摩尔分数；

p_i——纯组分 i 的蒸气压，Pa；

p——总压，Pa。

气液平衡：克劳休斯-克拉佩龙（Clausius-Clapyron）方程：

$$\lg p = A - \frac{B}{T} \tag{10-2}$$

式中：p——平衡蒸气压，mmHg；

T——系统温度，K；

A、B——经验常数。

安托万（Antoine）方程：

$$\lg p = A - \frac{B}{t + C} \tag{10-3}$$

式中：t——温度，℃；

A、B、C——经验常数。

表 10-1 几种液体的平衡蒸气压数据

温度/℃	$p_{水}$/mmHg	$p_{乙醇}$/mmHg	$p_{苯}$/mmHg	$p_{甲苯}$/mmHg
0	4.58	12.2		6.9
10	9.21	23.6	44.75	13.0
20	17.54	43.9	74.8	22.3
30	31.82	78.8	118.4	36.7
40	55.32	135.3	181.5	59.1
50	92.51	222.2	268.7	92.6
60	149.4	352.7	388.0	139.5
70	233.7	542.5	542.0	202.4
80	355.1	812.6	748.0	289.7
90	525.8	1 187.0	1 013.0	404.6
100	760	1 690.0	1 335.0	557.2

二、挥发性

一些有机物（如乙烷、丙烷、丁烷）在室温条件下的蒸气压大于大气压，从而发生剧烈的沸腾汽化反应，称为挥发性。

具有挥发性的有机溶剂、燃料（如汽油、液化气等）在装卸、运输和贮存过程中会排出大量 VOCs，引起大气环境污染。表 10-2 给出了不同蒸气压的 VOCs 在标准大气压下的挥发行为。

表 10-2 蒸气压和标准大气压下 VOCs 的行为

蒸气压 p	与大气相通的容器内	密闭且无通风口容器内	密闭有通风口容器内
$p>p_0$	剧烈沸腾，并冷却 $p=p_0$	容器内部压力$>p_0$	剧烈沸腾，通过通风口排出气体
$p=p_0$	沸腾，沸腾速度依赖输入容器的热量	容器内部压力$=p_0$	沸腾，沸腾速度依赖输入容器的热量，通过通风口排出气体
$p<p_0$	液体缓慢汽化	容器内部压力$<p_0$	容器顶空大部分被蒸汽饱和

注：p_0为大气压强，Pa。

第二节 VOCs 污染预防

VOCs 控制技术可分为两类：第一类是以改进工艺技术、更换设备和防止泄漏为主的预防性措施（如替换原材料、改变运行条件、更换设备等）；第二类是以末端治理为主的控制性措施（图 10-1）。

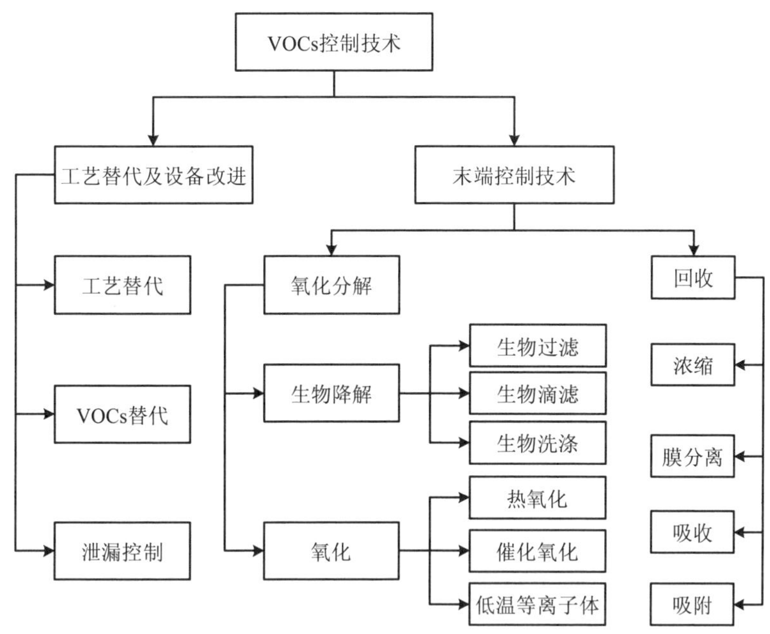

图 10-1　VOCs 控制技术分类

一、VOCs 替代

减少有机溶剂使用，避免 VOCs 产生（表 10-3）。

表 10-3　减少有机溶剂用量的途径

行业	低污染原材料	有机溶剂使用状况
涂料	水溶性涂料	不用有机溶剂
	粉体涂料	不用有机溶剂
	高固体涂料	少用有机溶剂
	无苯涂料	用低毒有机溶剂
印刷	水溶性油墨	不用有机溶剂
	高固体油墨	少用有机溶剂
	无苯油墨	用低毒有机溶剂
黏结	水溶性黏结剂	不用有机溶剂
	无苯黏结剂	用低毒有机溶剂
金属清洗	碱液、乳液等	不用有机溶剂

二、工艺改革

通过工艺改革以减少 VOCs 的形成，比末端治理措施更为经济有效。

①非挥发性溶剂工艺取代挥发性溶剂工艺，如流化床粉剂涂料和紫外平版印刷术。

②石油及石化生产过程：回收利用放空气体。

三、泄漏损耗及控制

1．充入、呼吸和排空损耗

充入、呼吸和排空导致的 VOCs 排放，可按下式计算：

$$m_i=\Delta V\rho_i$$

$$\rho_i=\frac{y_iM_i}{V_{\mathrm{m,g}}} \tag{10-4}$$

$$\frac{m_i}{\Delta V}=\frac{x_i\rho_iM_i}{P}\cdot\frac{P}{RT}=\frac{x_i\rho_iM_i}{RT}$$

式中：m_i——组分 i 的排放量，kg；

ρ_i——容器中排出的空气-VOCs 混合物中组分 i 的浓度，kg/m^3；

M_i——组分 i 的摩尔质量；

y_i——顶空空气中 VOCs 的摩尔分率；

$V_{\mathrm{m,g}}$——混合气体的摩尔体积。

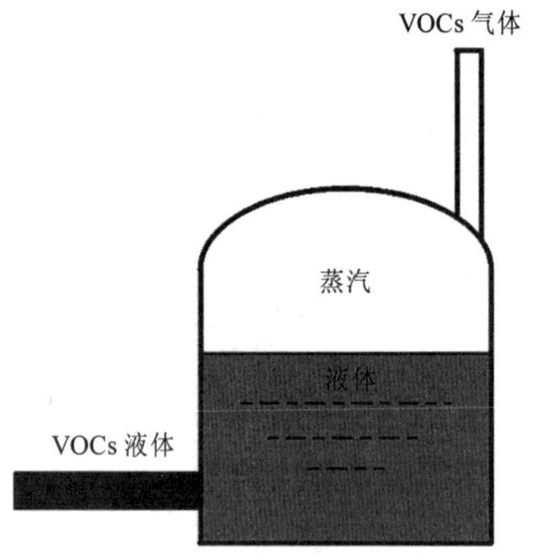

图 10-2　VOCs 充入、呼吸和排空损耗的示意图

2．汽油的转移和呼吸损耗

1）呼吸损耗：呼吸损耗-温度变化使容器产生“吸进和呼出”导致的有机物损耗；白天呼出，夜晚吸进；可通过在容器出口附加的蒸气保护阀来控制。

2）汽油的转移：汽油是一种复杂的化合物，含 50 余种碳氢化物和其他痕量物质，表示为 C_8H_{17}。

3）转移损耗控制方法：浮顶罐，用于储存大量的高挥发性的液体。用于密封的浮顶盖浮在液面上，液面以上没有空隙。液体注入或流出时顶盖随之上下浮动，避免上面所讲述的呼吸损耗。但是这种密封方式（一般采用有弹性的橡胶薄盖，类似于汽车上的雨刷）并不是完美的，仍然会有密封损失。

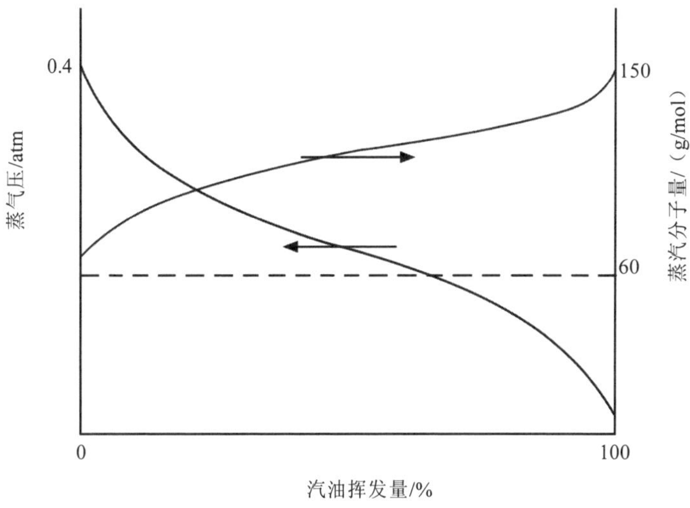

图 10-3 汽油的蒸气压、分子量随挥发量的变化曲线（20℃）

第三节 燃烧法控制 VOCs 污染

用燃烧法将有害的气体、蒸汽、液体或烟尘转化为无害物质的过程称为燃烧法净化，也称焚烧法。其特性如下：

①适用于可燃或高温分解的物质。

②不能回收有用物质，但可回收热量。

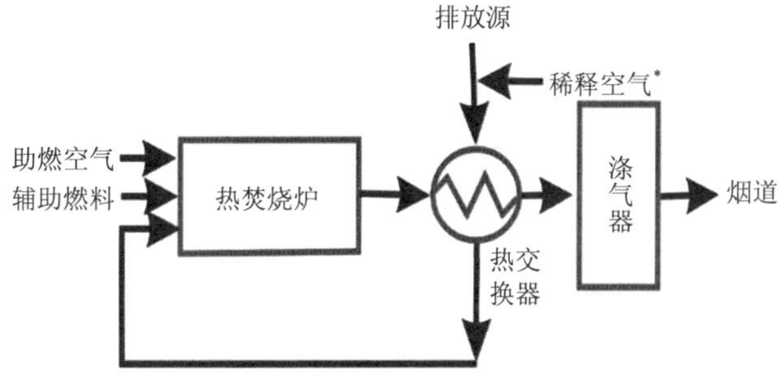

图 10-4 热力燃烧工艺示意图（*视情况加入）

一、VOCs 燃烧原理及动力学

1. 燃烧反应

$$\begin{aligned} &C_8H_{17}+12.25O_2 \longrightarrow 8CO_2+8.5H_2O+Q \\ &C_6H_6+7.5O_2 \longrightarrow 6CO_2+3H_2O+Q \\ &H_2S+1.5O_2 \longrightarrow SO_2+H_2O+Q \end{aligned} \tag{10-5}$$

式中：Q——燃烧时放出的热量，kJ。

2. VOCs 燃烧动力学（一级反应）

单位时间 VOCs 减少量：

$$-\frac{dc_{VOCs}}{dt}=v=\kappa' c_{VOCs}^n c_{O_2}^m \tag{10-6}$$

氧气浓度远高于 VOCs 浓度时

$$v=-\frac{a dc_{VOCs}}{dt}=kc_{VOCs}^n \tag{10-7}$$

式中：v——燃烧速率；

k——燃烧动力学速率常数；

c_{VOCs}——VOCs 的浓度；

n——反应级数。

多数化学反应都遵循阿累尼乌斯方程：

$$k=A\exp\left(-\frac{E}{RT}\right) \tag{10-8}$$

式中：A——反应物分子间碰撞频率分数，实验常数；

E——活化能，实验常数；

R——摩尔气体常数；

T——反应温度。

表 10-4 部分有机物的热氧化参数

VOCs	A/s^{-1}	$E/$（4.18 kJ/mol）	k/s^{-1}		
			538℃	649℃	760℃
丙烯醛	3.30×10^{10}	35.9	6.992 58	102.37	841.47
丙烯腈	2.13×10^{12}	52.1	0.019 46	0.96	20.34
丙醇	1.75×10^{6}	21.4	2.995 28	14.83	52.07
氯丙烷	3.89×10^{7}	29.1	0.560 34	4.93	27.21
苯	7.43×10^{21}	95.9	0.000 11	0.14	38.59

VOCs	A/s^{-1}	E/（4.18 kJ/mol）	k/s^{-1}		
			538℃	649℃	760℃
1-丁烯	3.74×10^{14}	58.2	0.077 60	6.02	183.05
氯苯	1.34×10^{17}	76.6	0.000 31	0.09	8.41
环己胺	5.13×10^{12}	47.6	0.764 67	26.84	438.42
1,2-二氯乙烷	4.82×10^{11}	45.6	0.248 51	7.51	109.11
乙烷	5.65×10^{14}	63.6	0.004 11	0.48	19.93
乙醇	5.37×10^{11}	48.1	0.058 69	2.14	35.97
乙基丙烯酸酯	2.19×10^{12}	46.0	0.880 94	27.44	407.99
乙烯	1.37×10^{12}	50.8	0.028 04	1.25	24.64
甲酸乙酯	4.39×10^{11}	44.7	0.395 62	11.18	154.04
乙硫醇	5.20×10^{5}	14.7	58.863 53	170.6	404.29
氯丙烷	3.89×10^{7}	29.1	0.560 34	4.93	27.21

例 10-1 试计算燃烧温度分别为 538℃、649℃和 760℃时，去除废气中 99.9%的苯所需的时间。

解：假设燃烧反应为一级，即 n=1，对式（10-6）积分，得

$$\frac{c}{c_0}=\exp[-k(t-t_0)] \tag{10-9}$$

当 T=538℃时，由表 10-8 得 k=0.000 11/s，代入式（10-9），得

$$t=\frac{1}{k}\ln\frac{c_0}{c}=\frac{1}{0.000\,11}\ln\frac{1}{0.001}=62\,800\ \text{s}=17.4\ \text{h}$$

同理可求得 T=649℃、760℃时所需的燃烧时间分别为 49 s、0.2 s。该例题证明，当燃烧温度低于 538℃时，所需燃烧时间太长，实际上是不可行的；随着温度的升高，完全燃烧所需的停留时间迅速减少，当温度达到 760℃时，所需燃烧时间从 17.4 h 减小为 0.2 s，燃烧方法可行。

3. 燃烧与爆炸

当混合气体中含有的氧和可燃组分在一定浓度范围内，某一点被燃着时产生的热量，可以继续引燃周围的混合气体，此浓度范围就是燃烧极限浓度范围。当燃烧在有限空间内迅速蔓延，则形成爆炸。因此，对于混合气体的组成浓度而言，可燃的混合气体就是爆炸性混合气体，燃烧极限范围，也就是爆炸极限浓度范围。

燃烧极限浓度范围=爆炸极限浓度范围

多种可燃气体与空气混合，爆炸极限由下式求出：

$$c_{\mathrm{m}}=\frac{100}{\dfrac{a}{c_1}+\dfrac{b}{c_2}+\cdots+\dfrac{m}{c_i}} \tag{10-10}$$

式中：c_m——混合气体的爆炸极限；

c_i——i 组分的爆炸极限；

a、b、m——各组分的百分含量。

二、燃烧工艺

目前在实际中使用的燃烧净化法有直接燃烧、热力燃烧和催化燃烧，低温等离子体技术是一项新技术。

1. 直接燃烧

1）适用于可燃有害组分浓度较高或热值较高的废气。

2）设备有燃烧炉、窑、锅炉。

3）温度在 1 100℃左右。

4）火炬燃烧会产生大量有害气体、烟尘和热辐射，应尽量避免。

2. 热力燃烧

1）适于低浓度废气的净化。

2）温度低，540～820℃。

3）必要条件为温度、停留时间、湍流混合。

表 10-5　废气燃烧净化所需要的温度、时间条件

废气净化范围	燃烧炉停留时间/s	反应温度/℃
碳氢化合物		
（HCl 消除 90%以上）	0.3～0.5	680～820①
碳氢化合物+CO		
（CH+CO 消除 90%以上）	0.3～0.5	680～820
臭味		
（消除 50%～90%）	0.3～0.5	540～650
（消除 90%～99%）	0.3～0.5	590～700
（消除 99%以上）	0.3～0.5	650～820
烟和缕烟		
白烟（雾滴缕烟消除）	0.3～0.5	430～540②
CH+CO 消除 90%以上	0.3～0.5	680～820
黑烟（炭粒和可燃粒）	0.7～1.0	760～1100

注：①如有甲烷、溶纤剂[$C_2H_5O(CH_3)_2OH$]及置换的甲苯等存在，则需 760～820℃；②缕烟消除一般是不实用的，往往因为氧化不完全又产生臭味问题。

3. 催化燃烧

催化燃烧实际上为完全的催化氧化，即在催化剂作用下，使废气中的有害可燃组分完全氧化为 CO_2 和 H_2O。催化燃烧法也是消除恶臭气体的有效手段（图 10-5 和图 10-6）。

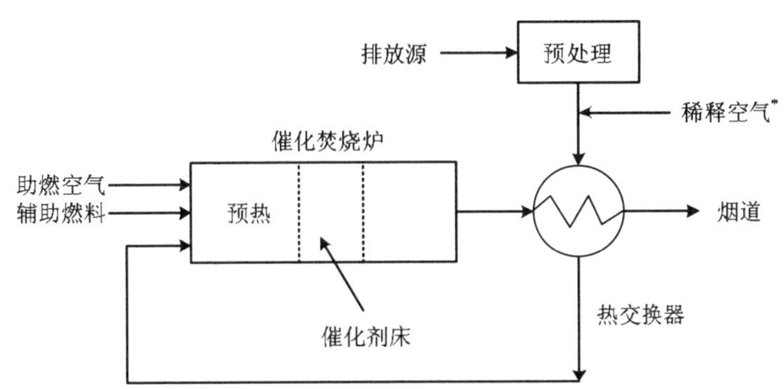

图 10-5 催化燃烧炉系统示意图（*视情况加入）

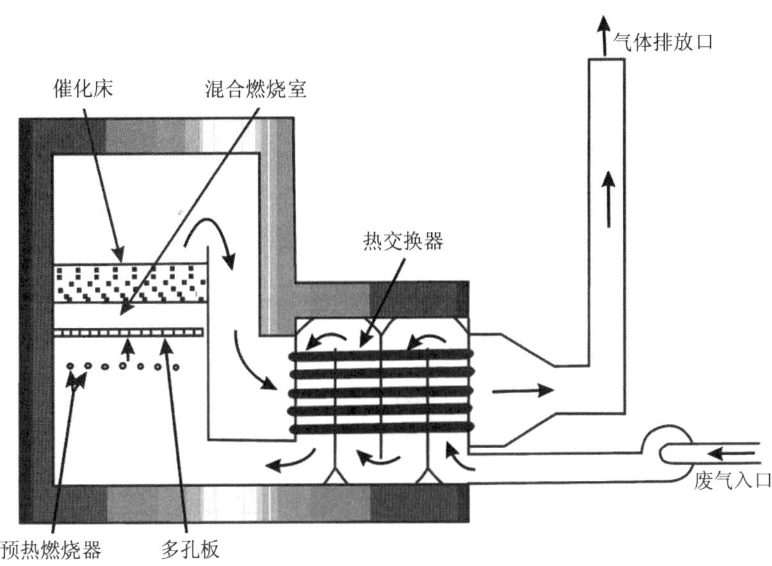

图 10-6 具有热回收装置的催化燃烧炉

图 10-7（实用新型）为一种催化燃烧有机废气的一体化处理装置，它是由风机、催化燃烧反应器、电气控制柜、热管换热器等组成的一体化装置；催化燃烧反应器内装有远红外电加热管及催化剂；催化燃烧反应器外装有空气循环管；风机为调速风机；热管换热器为双程且内装有翅片化热管，正常运行中，通过调速风机控制风量和热管换热器对热量的回收，催化燃烧反应无须加热而自动进行，其传热效率高，节约能源，并保证了该装置的稳定运行。

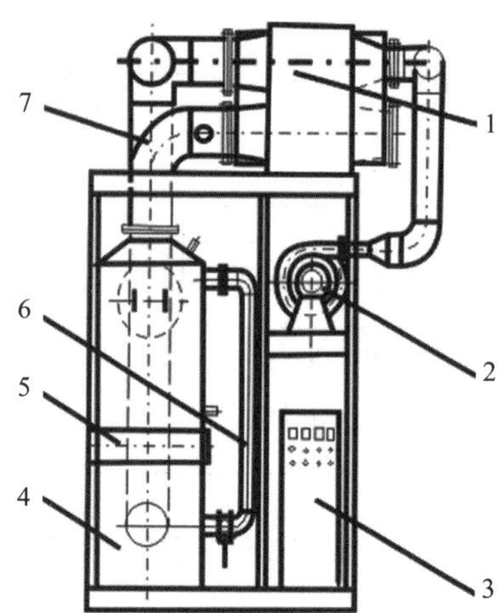

1—换热器；2—风机；3—电器控制柜；4—催化燃烧反应器；5—催化剂床层；6—空气循环管；7—风管

图 10-7 某种催化燃烧一体化装置

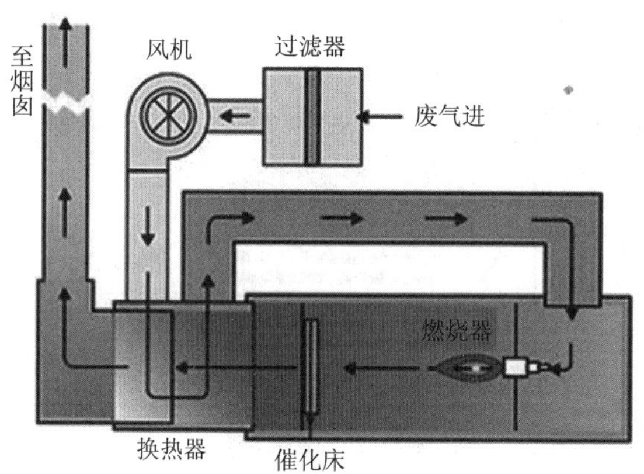

图 10-8 典型的催化燃烧工艺流程

催化燃烧具有以下优点：

①无火焰燃烧，安全性好；

②温度低：300～450℃，辅助燃料消耗少；

③对可燃组分浓度和热值限制少。

表 10-6 燃烧法处理 VOCs 运行性能

燃烧工艺	直接燃烧法	热力燃烧法	催化燃烧法
浓度范围/（mg/m^3）	＞5 000	＞5 000	＞5 000
处理效率/%	＞95	＞95	＞95
最终产物	CO_2、H_2O	CO_2、H_2O	CO_2、H_2O
投资	较低	低	高

燃烧工艺	直接燃烧法	热力燃烧法	催化燃烧法
运行费用	低	高	较低
燃烧温度/℃	＞1 100	100～870	300～450
其他	易爆炸、浪费热能且易产生二次污染	回收热能	VOCs 中如含重金属、尘粒等物质，则会引起催化剂中毒，预处理要求较严格

4. 低温等离子体技术

低温等离子体技术是一门集物理学、化学、生物学和环境科学于一体的交叉综合性技术，该技术的显著特点是对污染物兼具物理效应、化学效应和生物效应，且有能耗低、效率高、无二次污染等明显优点。

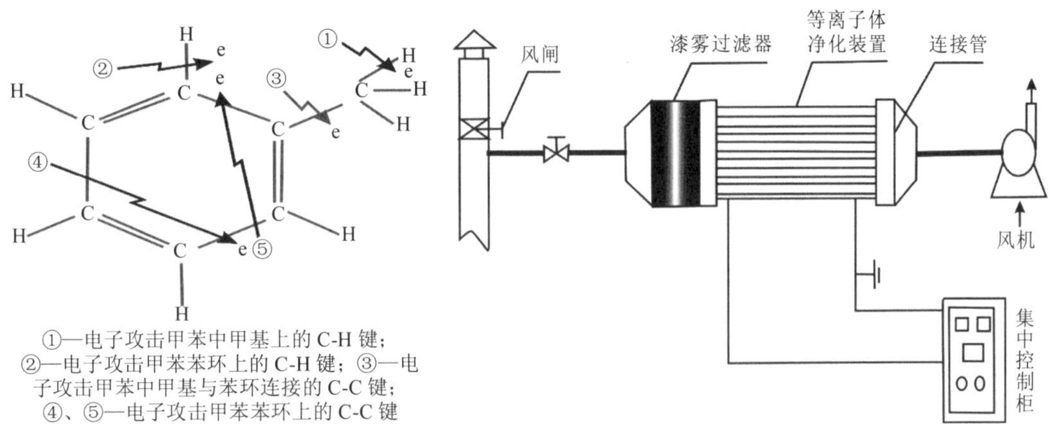

图 10-9 甲苯的电子碰撞离解过程

图 10-10 低温等离子体技术工艺流程

第四节 吸收（洗涤）法控制 VOCs 污染

溶液吸收法采用低挥发或不挥发性溶剂对 VOCs 进行吸收，再利用 VOCs 分子和吸收剂物理性质的差异进行分离。吸收的效果主要取决于吸收剂的吸收性能和吸收设备的结构特征。

一、吸收工艺及吸收剂

1. 吸收工艺

吸收法控制 VOCs 污染的典型工艺如图 10-11 所示。

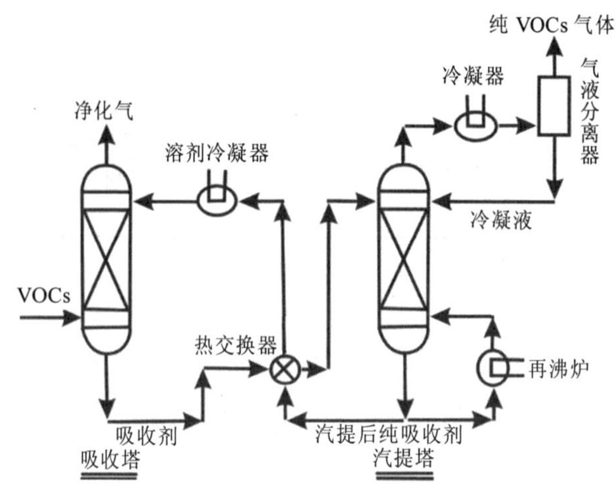

图 10-11　吸收法控制 VOCs 污染的典型工艺图

2．吸收剂

吸收剂的要求有：①对被去除的 VOCs 有较大的溶解性；②蒸气压低；③易解吸；④具有化学稳定性和无毒无害性；⑤分子量低。

二、吸收设备

目前工业上常用的气液吸收设备有喷射塔、填料塔、筛板塔、鼓泡塔等。最常用于吸收 VOCs 的设备是填料塔。

其主要设计指标为：

1）液气比；

2）塔径；

3）塔高。

第五节　冷凝法控制 VOCs 污染

冷凝法利用物质在不同温度下具有不同饱和蒸气压这一性质，采用降低温度、提高系统压力或者既降低温度又提高压力的方法，使处于蒸汽状态的污染物（如 VOCs）冷凝并与废气分离。该方法适用于废气体积分数在 10^{-2} 以上的有机蒸汽。常作为其他方法的前处理工艺。

一、冷凝原理

在一定压力下，某气体物质开始冷凝出现第一个液滴时的温度，即为露点温度。在恒压下加热液体，液体开始出现第一个气泡时的温度，简称泡点。冷凝温度处于露点和泡点温度之间。越接近泡点，净化程度越高。

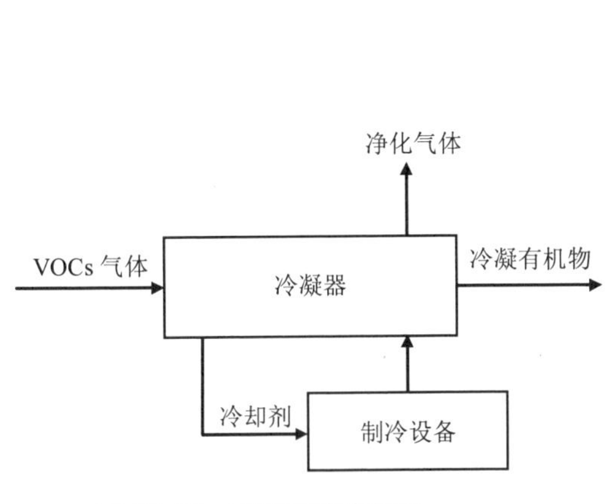

图 10-12　冷凝系统流程图

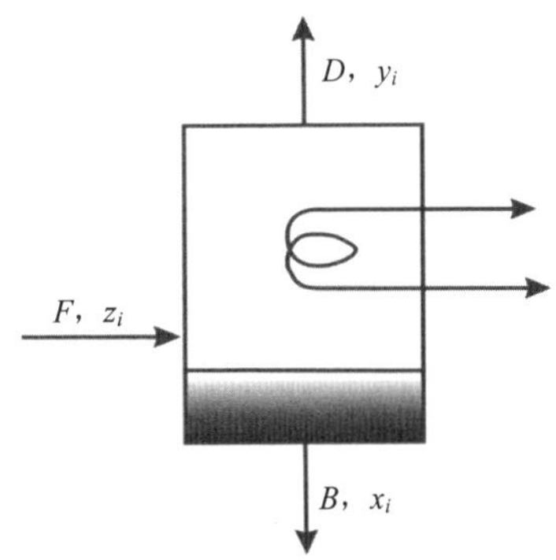

F—加入冷凝器的物料流率，kmol/s；
z_i—加入物料中 VOCs 的摩尔分数；
D—冷凝器排出的气体流率，kmol/s；
y_i—冷凝器排出的 VOCs 的摩尔分数；
B—冷凝器排出的液体流率，kmol/s；
x_i—冷凝器排出液体的 VOCs 的摩尔分数

图 10-13　物料守恒

二、气态污染物的冷凝分离

1. 相平衡常数

$$m=\frac{f_{i1}^{0}\Upsilon_{i1}}{f_{ig}^{0}\Upsilon_{ig}}=\frac{f_{i1}^{0}}{f_{ig}^{0}} \tag{10-11}$$

式中：f_{i1}^{0}，f_{ig}^{0}——分别为纯组分 i 在液相中的逸度和在指定温度和压力下的气相逸度。

Υ_{i1}，Υ_{ig}——分别为纯组分 i 在液相和气相的活性系数。

2. 露点和泡点温度的计算

假设系统压力为 p 时露点温度（或泡点温度）为 t，查表得各组分的平衡常数 K_1，K_2，…，K_n，与此气体混合物相平衡的液滴组成为 x_i（或 y_i）。

（1）露点温度的计算

当 $\frac{y_1}{K_1}+\frac{y_2}{K_2}+\cdots+\frac{y_n}{K_n}=1$ 时，对应的温度为露点温度。

式中：K——相平衡常数。

（2）泡点温度的计算

当 $K_1x_1+K_2x_2+\cdots+K_nx_n=1$ 时，对应的温度为泡点温度。

三、VOCs 的冷凝

压力为 p，温度 t，进料中 i 组分的摩尔分率为 z_i，计算液化率 f、冷凝后气液组成

x_i、y_i。

液化率：$$f = B/F \tag{10-12}$$

物料平衡：$$F = B + D \tag{10-13}$$

i 组分的物料平衡：$$F \cdot z_i = (1-f)F \cdot y_i + f \cdot F \cdot x_i \tag{10-14}$$

式中：B——冷凝液排出的摩尔流量，kmol/h；

F——进料 VOCs 的摩尔流量，kmol/h；

D——未凝气体中 VOCs 的排出摩尔流量，kmol/h。

气液平衡关系 $y_i = m_i \cdot x_i$，代入上式得

$$\begin{aligned} x_i &= \frac{z_i}{(1-f)m_i + f} = \frac{z_i}{m_i + (1+m_i)f} \\ y_i &= \frac{z_i}{(1-f) + f/m_i} = \frac{z_i m_i}{m_i(1-f) + f} \end{aligned} \tag{10-15}$$

由 $\sum_{i=1}^{n} x_i = \sum_{i=1}^{n} y_i = 1$ 和上式可得 f、x_i、y_i

冷凝热

$$Q_C = F\sum_{i=1}^{n} H_i z_i - D\sum_{i=1}^{n} H_i y_i - B\sum_{i=1}^{n} h_i x_i \tag{10-16}$$

式中：H_i——组分 i 的气相焓，kJ；

h_i——组分 i 的液相焓，kJ。

四、冷凝类型和设备

1. 接触冷凝

1）被冷凝气体与冷却介质直接接触，接触冷凝器所需移出热由式（10-16）计算。

2）冷凝设备包括喷射塔、喷淋塔、填料塔、筛板塔。

2. 表面冷凝

1）冷凝气体和冷却壁接触。

2）冷凝设备有列管式、翅管空冷、淋洒式、螺旋板。

传热方程：

$$Q = KA\Delta t_{\mathrm{m}} \tag{10-17}$$

式中：Q——总换热量，kJ/h；

K——总传热系数，kJ/（$\mathrm{m^2 \cdot h \cdot ℃}$）；

A——传热面积，$\mathrm{m^2}$；

Δt_{m}——对流平均温差，℃。

3. 冷凝系统的设计计算

针对单组分 VOCs 冷凝系统的设计步骤：

1）给定 VOCs 脱除效率和出口浓度，选定换热器类型。

2）计算冷凝器出口 VOCs 的分压。

$$p_{out}=760\times c_{in,g}\times 10^{-6}\{(1-0.01\eta)/[1-(\eta\times 10^{-8}\times c_{in,g})]\} \tag{10-18}$$

式中：p_{out}——冷凝器出口 VOCs 的分压，mmHg；

$C_{in,g}$——冷凝器进口 VOCs 的体积分数，10^{-6}；

η——VOCs 去除效率，%。

3）由 VOCs 的出口分压确定冷凝温度（关键设计变量），查柯克斯气压图。

4）由冷凝温度选定冷凝剂类型。

5）通过热量恒算计算冷凝器的热负荷。

6）由热负荷和冷凝器的总传热系数计算冷凝器传热面积，确定其尺寸大小。

7）根据质量守恒计算冷却剂用量。

第六节 吸附法控制 VOCs 污染

含 VOCs 的气态混合物与多孔性固体物质接触时，利用固体表面存在的未平衡的分子吸引力或化学键力，把混合气体中 VOCs 组分吸附留在固体表面，这种分离过程称为吸附法控制 VOCs 污染。

一、吸附工艺

研究表明，活性炭吸附 VOCs 性能最佳，原因在于其他吸附剂（如硅胶、金属氧化物等）具有极性，在水蒸气共存条件下，水分子和吸附剂极性分子进行结合，从而降低了吸附剂吸附性能，而活性炭分子不易与极性分子相结合，从而提高了吸附 VOCs 能力。也有部分 VOCs 不易解吸。

表 10-7 难以从活性炭中除去的 VOCs

丙烯酸	丙烯酸乙酯	谷阮醛	皮考琳
丙烯酸丁醋	2-乙基己醇	异佛尔酮	丙酸
丁酸	丙烯酸二乙基酯	甲基乙基吡啶	二异氰酸甲苯酯
丁二胺	丙烯酸异丁酯	甲基丙烯酸甲酯	三亚乙基四胺
二乙酸三胺	丙烯酸异癸1酯	苯酚	戊酸

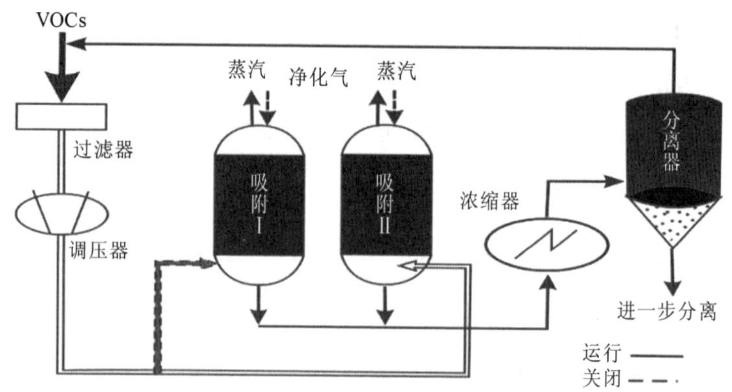

图 10-14 活性炭吸附 VOCs 工艺

二、吸附容量

对工程而言，吸附容量直接决定了吸附质在吸附床中的停留时间和吸附设备的规模。通过吸附实验可得到吸附质在指定吸附剂中的吸附容量曲线。可利用波拉尼曲线估算。

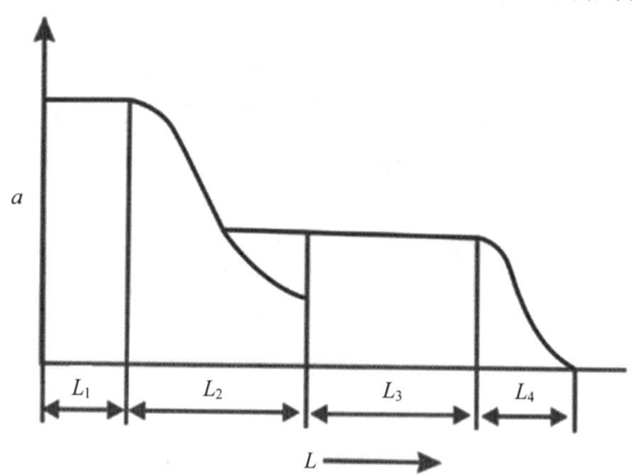

a—吸附容量，g/kg；L—吸附剂层长度，m；L_1、L_2、L_3、L_4—分别表示不同吸附容量变化阶段的吸附剂层长度，m

图 10-15 吸附容量沿吸附层长度的分布

三、多组分吸附

多组分吸附过程：

①各组分均等吸附于活性炭上；

②挥发性强的物质被弱的物质取代。

四、活性炭的吸附热

吸附热=凝缩热+润湿热

估算式：

$$q=m\cdot a^{n} \tag{10-19}$$

式中：q——吸附热，kJ/kg 炭；

a——已吸附蒸汽量，m^3/kg 炭；

m、n——常数。

五、沸石转轮吸附浓缩工艺

沸石是含水碱金属或碱土金属的铝硅酸矿物总称，独特的内部结构和结晶化学性质使其具有较强的吸附性，被广泛用作工业吸附剂。可有效去除烃类、脂肪酸类、硫醇类、酚类、有机氯化物、丙酮、醇类、醛类等有机废气。

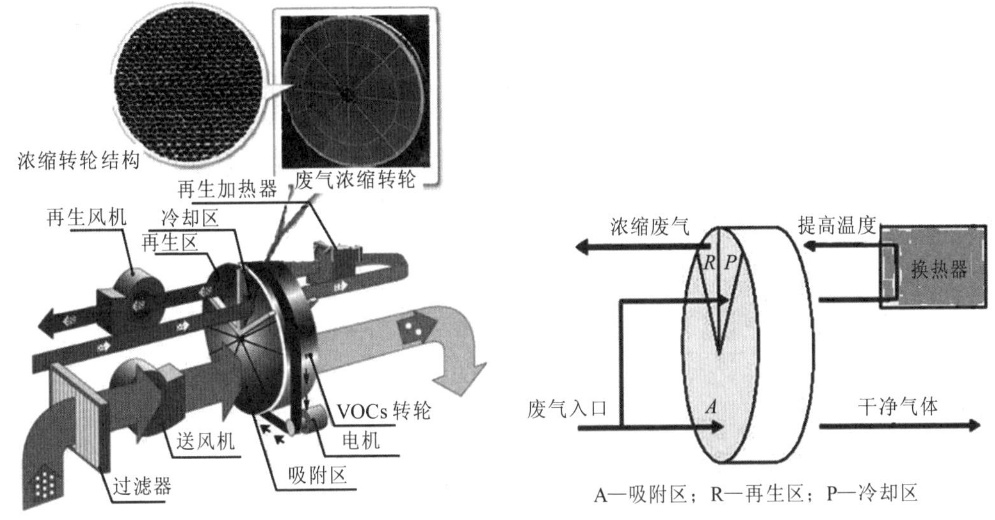

图 10-16　沸石吸附转轮示意图

工艺原理：以瓷纤维为基材加工成蜂窝状的轮盘，轮盘表面涂覆疏水性沸石做吸附剂。整个轮盘分为吸附区、再生区和吹冷区 3 个区域，以齿轮带动旋转。废气由风机送入转轮吸附区，废气中的 VOCs 大部分被转轮上的沸石吸附，干净气体排出；当转轮吸附饱和后，转入再生区，通过换热器加热，使被吸附的 VOCs 脱附出来；经再生后的吸附区转入吹冷区，降温后继续进行吸附操作。而被脱附出来的有机废气，可以达到 20～60 倍的浓缩比。

工艺参数条件：

①转轮转速：2～5 r/h；

②脱附温度：250～1 700℃。

工艺特点：

与活性炭吸附相比，沸石轮转技术为动态吸附和解析，不存在吸附剂饱和问题。适合处理高流量、低污染物浓度及多物种的 VOCs 废气。

应用领域：影印、涂装、半导体、制药等的废气治理。

第七节　生物法控制 VOCs 污染

生物法控制 VOCs 污染是近年发展起来的空气污染控制技术，该技术已在德国、荷兰得到规模化应用，有机物去除率大多在 90%以上。与常规方法相比，生物法具有设备简单、运行费用低、较少形成二次污染等优点，尤其在处理低浓度、生物降解性好的气态污染物时更显其经济性。

一、生物法控制 VOCs 污染的原理

VOCs 生物净化过程实际是附着在滤料介质中的微生物在适宜的环境条件下，利用废气中的有机物成分作为碳源和能源，维持其生命活动，并将有机物分解为 CO_2、H_2O 的过程。气相主体中 VOCs 首先经历由气相到固/液相的传质过程，然后才在固/液相中被微生物降解。

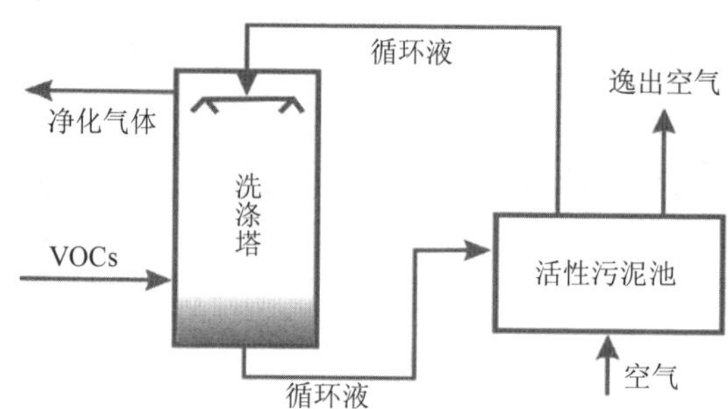

图 10-17　生物洗涤塔工艺流程

二、生物法处理 VOCs 工艺

表 10-8　生物法处理 VOCs 工艺系统分类

微生物利用形式	液相分布	
	连续相	非连续相
悬浮生长	生物洗涤塔	
附着生长	生物滴滤塔	生物过滤塔

1．生物洗涤塔（悬浮生长系统）

生物洗涤器由传质洗涤器及生物降解反应器组成，洗涤器内存在呈悬浮状态的微生物群，生物相和水相均以循环方式流动。生物洗涤处理 VOCs 工艺流程如图 10-18 所示。

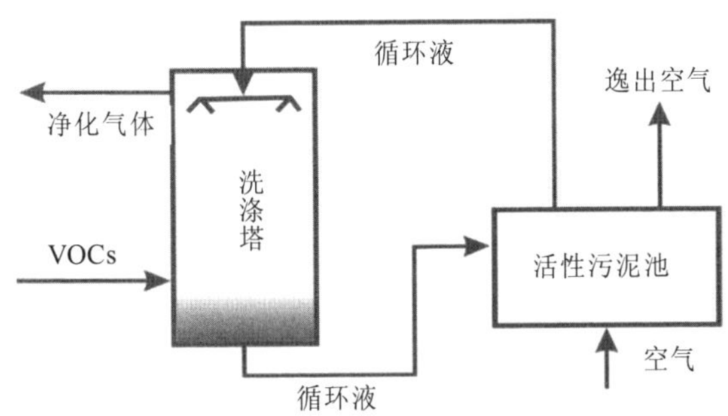

图 10-18　生物洗涤塔工艺流程

常用的洗涤悬浮液是活性污泥，处理废气后再生需要一定的时间。该工艺操作条件易控制，生物填料不易堵塞；但处理气量小，因其亨利系数小于 0.01，处理化合物浓度小于 5 000 mg/m^3，不适于处理难溶性废气。

2．生物滴滤塔（附着生长系统）

滴滤塔生物膜内降解的数学模型：

微元物料平衡

$$\frac{\mathrm{d}N}{\mathrm{d}y}+ra=0 \tag{10-20}$$

式中：

费克定律+米-门公式

$$D_{\mathrm{e}}\frac{\mathrm{d}^2c}{\mathrm{d}y^2}-\frac{\alpha ac}{K+c}=0$$

液膜内传递的数学模型

$$D\frac{\partial^2 c}{\partial y^2}=r_{\mathrm{s}}\left[1-\frac{(\delta-\mathrm{y})^2}{\delta^2}\right]\frac{\partial c}{\partial z}$$

VOCs 降解简化模型

$$\begin{gathered}c_{\mathrm{g}}=c_{\mathrm{gi}}\exp\left[-\frac{fLk_0K_hW_z}{Q+JK_h}\right]\\ [\mathrm{CO_2}]-[\mathrm{CO_2}]_{\mathrm{i}}=R_{\mathrm{c}}c_{\mathrm{gi}}\left[1-\exp\left(-\frac{fLk_0K_{\mathrm{h}}W_z}{Q+JK_{\mathrm{h}}}\right)\right]\end{gathered} \tag{10-21}$$

式中：c_{g}、c_{gi}——分别为 VOCs 的出气和进气浓度，mg/m^3；

Q、L——分别为气体和液体流量，m^3/s；

k_0、K_h——分别为气相和液相传质系数，m^2/s；

W_z——填料表面微生物量；g/m^2；

J——生物膜转化系数；

f——经验常数，取 0.1～0.5；

R_c——VOCs 生物转化率。

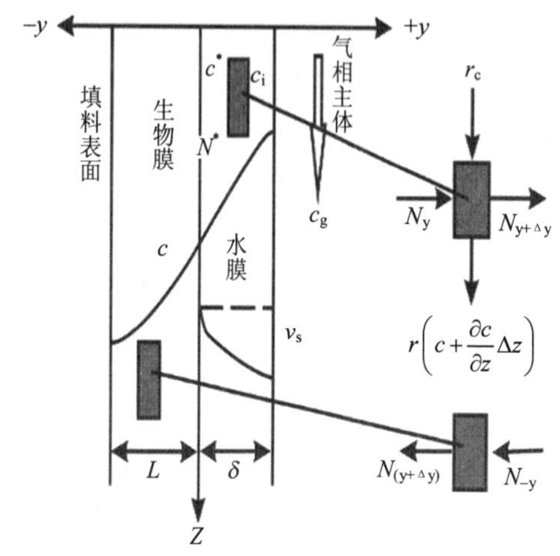

图 10-19 生物滴滤塔工艺流程

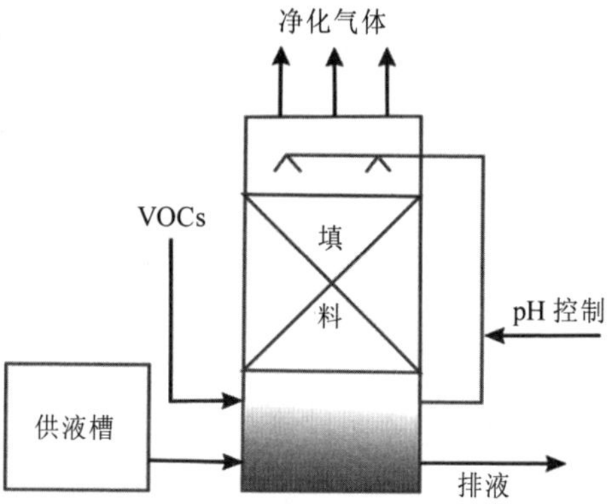

净化气体
VOCs
填
料
pH 控制
供液槽
排液

图 10-20 生物滴滤塔降解模型

3. 生物过滤塔（附着生长系统）

传质模型+生物降解模型→VOCs 降解模型。

$$\begin{aligned} &\frac{\rho_{1-n}}{1-n}-\frac{\rho_i^{1-n}}{1-n}=-\frac{bK_m K_h^{n-1}z}{v} \quad (n\neq 1,n\neq 0) \\ &\ln\rho-\ln\rho_i=-\frac{bK_m z}{v} \quad (n=1) \\ &\rho-\rho_i=-\frac{bK_m z}{vK_h} \quad (n=0) \end{aligned} \tag{10-22}$$

式中：ρ、ρ_i——分别为 VOCs 的出气和进气浓度，mg/m^3；

K_h——液相传质系数，m^2/s；

K_m——液相最大降解速率常数，s^{-1}；

z——生物膜厚度，m；

v——气流速度，m/s；

b——床层比表面积，m^2/m^3；

n——微生物降解指数，n=1 或 n=0。

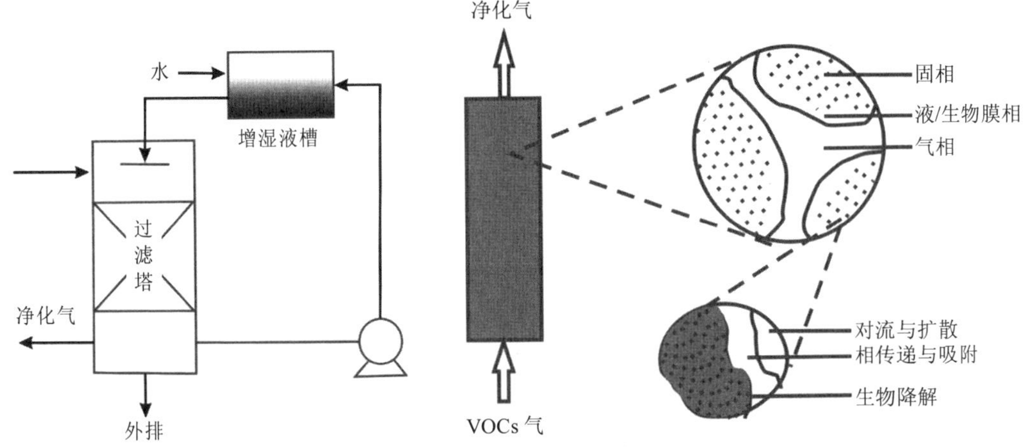

图 10-21 生物过滤塔工艺流程

图 10-22 过滤塔生物塔降解膜

表 10-9 生物法工艺性能比较

工艺	系统类别	适用条件	运行特性	备注
生物洗涤塔	悬浮生长系统	气量小、浓度高、易溶、生物代谢速率较低的 VOCs	系统压降较大、菌种易随连续相流失	对较难溶气体可采用鼓泡塔、多孔筛板塔等气液接触时间长的吸收设备
生物滴滤塔	附着生长系统	气量大、浓度低、有机负荷较高以及降解过程中产酸的 VOCs	处理能力强，工况易调节，不易堵塞，但操作要求较高，不适合处理入口浓度高和气量波动大的 VOCs	菌种易随流动相流失
生物过滤塔	附着生长系统	气量大、浓度低的 VOCs	处理能力强，操作方便，工艺简单，能耗少，运行费用低，对混合型 VOCs 的去除率较高，具有较强的缓冲能力，无二次污染	菌种繁殖代谢快，不会随流动相流失，从而大大提高了去除效率

习 题

1 简述挥发性有机物的定义及其排放源。

2 查阅有关资料，绘制 CO_2 蒸汽压随温度的变化曲线，结合 CO_2 物理变化特征对曲线进行分析说明。

3 估算室温（35℃）时，苯与甲苯的混合液体在密闭容器中同空气达到平衡时，气相中苯和甲苯的摩尔分数。已知混合液中苯和甲苯的摩尔分数分别为 40%和 60%。

4 计算 20℃时，置于一金属平板上 1 mm 厚的润滑油蒸发完毕所需要的时间。已知润滑油的密度为 1 g/cm^3，分子量为 400 g/mol，蒸汽压约为 10^{-4} Pa，蒸发速率为 $\left(0.5\dfrac{\mathrm{mol}}{\mathrm{m^2\cdot s}}\right)\dfrac{p}{P_0}$。

5 试述预防 VOCs 排放的措施。

6 利用溶剂吸收法处理甲苯废气。已知甲苯体积分数为 5×10^{-3}，气体在标准状态下的流量为 20 000 m^3/min，处理后甲苯体积分数为 8.5×10^{-5}，试选择合适的吸收剂，计算吸收剂的用量、吸收塔的高度和塔径。

7 采用活性炭吸附法处理含苯废气。废气排放条件为 298 K、1 atm，废气量 40 000 m^3/h，废气中含有苯的体积分数为 3.5×10^{-3}，要求回收率为 99.5%。已知活性炭的吸附容量为 0.18 kg（苯）/kg（活性炭），活性炭的密度为 580 kg/m^3，操作周期为吸附 4 h，再生 3 h，备用 1 h。试计算活性炭的用量。

8 利用冷凝-生物过滤法处理含丁酮和甲苯混合废气。废气排放条件为 388 K、1 atm，废气量为 35 000 m^3/h，废气中甲苯和丁酮的体积分数分别为 2×10^{-3} 和 3×10^{-3}，要求丁酮回收率大于 85%，甲苯和丁酮出口体积分数分别小于 3×10^{-5} 和 1×10^{-4}，出口气体中的相对湿度为 80%，出口温度低于 40℃，冷凝介质为工业用水，入口温度为 20℃，出口温度为 30℃，滤料丁酮和甲苯的降解速率分别为 0.3 kg/（$m^3\cdot d$）和 1.2 kg/（$m^3\cdot d$），阻力为 150 mmH_2O/m。比选设计直接冷凝-生物过滤工艺和间接冷凝-生物过滤工艺，要求投资和运行费用最少。

9 当丙烷充分燃烧时，要供入的空气量为理论量的 135%，反应式为

$$C_3H_8 + 5O_2 \rightarrow 3CO_2 + 4H_2O$$

问燃烧 100 mol 丙烷需要多少摩尔空气？

10 分析 VOCs 控制工艺，从技术、经济等方面比较各工艺的优劣，并给出各工艺的最佳使用条件和适用范围。

第十一章　城市机动车污染控制

世界性的大规模城市化进程使得许多城市交通严重依赖汽车，然而，这些城市也付出了越来越大的代价。这些代价包括高昂的道路修建和维护费用，道路拥挤给经济生产带来的损害，大量的能源消耗和温室气体的排放，以及严重的城市空气污染和噪声污染。近年来，随着经济的快速发展，我国汽车保有量连年快速增长。汽车单车排放因子高，机动车污染物排放总量大，城市机动车污染分担率高，严重影响城市大气环境质量。

第一节　机动化交通的环境影响

一、机动车保有量的持续增长

2011—2020 年，全国机动车保有量迅速增加，平均增长速度约为 14%。重点大城市保有量增长更快，北京市 1992 年以来机动车保有量平均增长速度超过 20%。机动车收入弹性系数研究表明：收入增长 1%，机动车保有量增长 1.02%～1.94%。我国经济发展水平决定城市机动车保有量将会在一定时期内保持迅速增长。

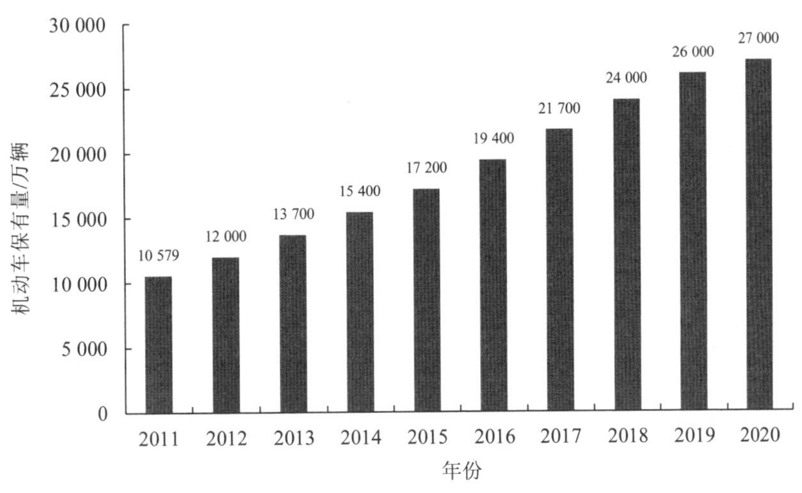

图 11-1　我国机动车保有量增长情况

二、交通源对城市空气污染的影响

1. 能源消耗与污染物排放

城市交通运输需要大量的能源。在全世界所生产的全部能源中，20%以上用于交通运输。这些能源消耗导致城市、区域和全球性的空气污染。全球因燃烧矿物燃料而产生的CO、HC和NO_x排放量，将近50%来自汽油机和柴油机。

在发达国家的城市中，机动车排放成为空气污染的最主要来源。

2. 机动车排放控制的历程

机动车排放控制的发展可分为三个时期：

1）第一时期（相当于美国20世纪70年代）：这一时期污染物降低的比例一般为40%～60%，因此，采用的控制技术主要是发动机改造，包括燃烧系统的改进以及化油器的改进。

2）第二时期（相当于美国20世纪80年代到90年代初），这一阶段是汽车排放控制技术发展最快、大气质量改善效果最为明显的时期，CO、HC、NO_x排放限值为实施前的1/10左右。先进的三效催化剂和电子燃油喷射技术的发展就是处于这一时期。

3）第三时期（相当于美国20世纪90年代中到21世纪初），即低排放车时期，这一时期的第一阶段限值要求CO、HC、NO_x的排放量降低30%～60%，第二阶段的限值要求比第一阶段再降低50%，几乎达到零排放，要达到这一时期的排放限值，不仅需要车辆技术的改进，而且要考虑燃料的同步改善。

第二节　汽油发动机污染物的形成与控制

一、汽油机的工作原理与污染来源

1. 汽油机的工作原理

汽缸内装有活塞，活塞通过活塞销、连杆与曲轴相连接。活塞在汽缸内做往复运动，通过连杆推动曲轴转动。为了吸入新鲜气体和排出废气，设有进气门和排气门。

四冲程汽油发动机经过进气、压缩、燃烧做功、排气4个行程，完成一个工作循环。在此期间活塞在上、下止点间往复移动了4个行程，相应地曲轴旋转了两周（图11-2）。汽缸总体积V_a与燃烧室容积V_c之比，称为汽油机ε（压缩比）：

$$\varepsilon = V_a/V_c$$

一般汽油机ε=6～10，而柴油机ε=16～24。

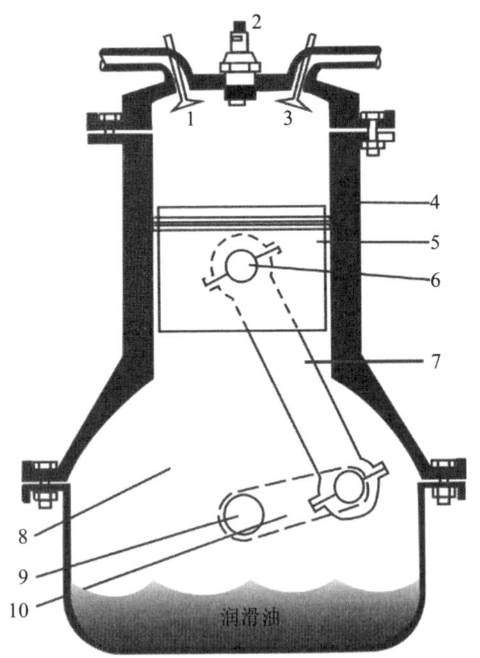

1—进气门；2—火花塞；3—排气门；4—缸体；5—活塞；6—活塞销；
7—连杆；8—曲轴箱；9—曲轴；10—曲轴柄

图 11-2　四冲程汽油机机构示意图

2. 汽油机的污染来源

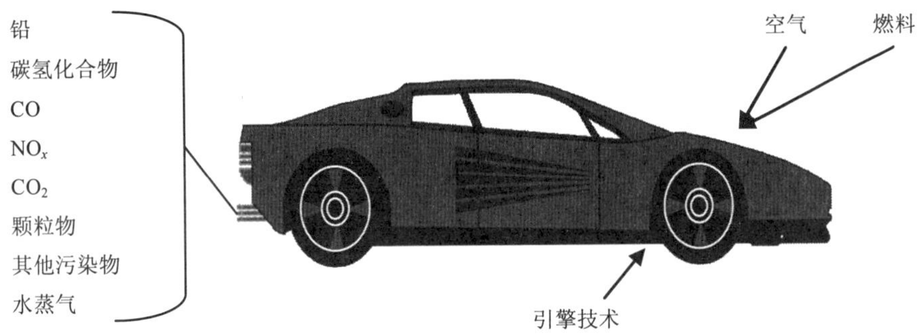

图 11-3　汽油机污染的来源

二、燃烧过程中污染物的形成

1. 一氧化碳的形成

汽油（C_8H_{17}）理论空燃比约为 14.7，燃烧局部不均匀，残余 HC 生成 CO。

2. HC 化合物的形成

形成原因有：①不完全燃烧；②壁面淬熄。所谓壁面淬熄效应是指温度较低的燃烧室壁面对火焰的迅速冷却，使活化分子的能量被吸收，燃烧链反应中断，在壁面形成厚度为0.1～0.2 mm 的不完全燃烧的火焰淬熄层，产生大量的 HC；③油膜吸附。

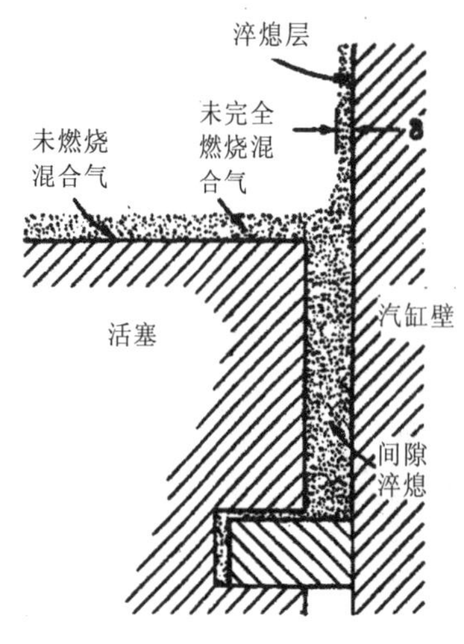

图 11-4 燃烧过程中的淬熄层

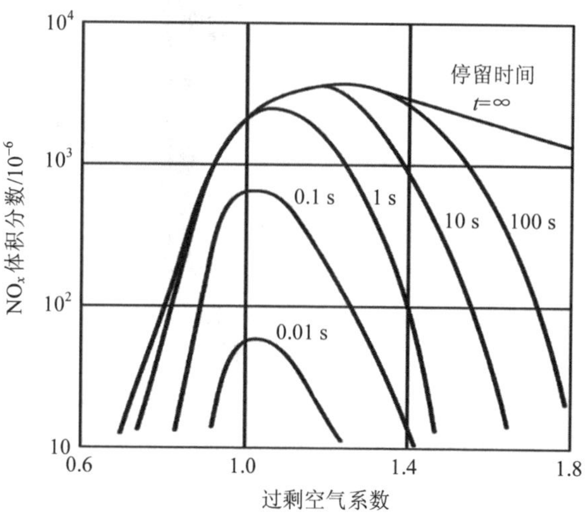

图 11-5 NO_x浓度与过剩空气系数和停留时间的关系

3. NO_x 的生成

汽油车怠速、减速时 CO、HC 排放高，浓度约为：

①CO：1.0%～6%；HC：400～3 000×10^{-6}；

②NO_x：（10～100）× 10^{-6}。

加速、定速时 NO_x 排放高，浓度约为：

①NO_x：（1 000～4 000）× 10^{-6}；

②CO：0.5%～3.0%；HC：（200～600）× 10^{-6}；

加速时，碳烟约为 0.005 g/m^3。

三、主要控制技术

1）前处理：采用无铅汽油（含铅 0.013 g/L 以下）、低硫汽油（含硫量为 50×10^{-6} 以下）和柴油（含硫量为 2 000×10^{-6} 以下）。

2）机内控制：发动机设计。废气再循环（EGR）：20%循环，降低 NO_x 约 60%，但油耗增加 3%；闭环电子控制汽油喷射技术，通过在排气管道上安装氧气传感器（氧化锆），反馈的氧浓度信号，闭环控制系统可以精确控制发动机空燃比在理论空燃比±1%的范围内，减少了燃料燃烧污染物的产生。

3）机外控制技术：热反应器，催化反应器（氧化型、还原型、三效催化转化型）等。其中三效催化净化技术是1978年美国Engelhard公司研制成功的一种能够同时催化净化CO、NO 和 HC 催化技术。典型的催化剂采用多孔蜂窝陶瓷载体，表面涂附活性氧化铝，负载铂（Pt）、钯（Pd）、铑（Rh）等贵金属催化剂。

第三节　柴油发动机污染物的形成与控制

一、四冲程柴油发动机的工作原理

1. 汽油与柴油发动机的区别

1）汽油发动机燃烧为预混火焰，柴油发动机燃烧为扩散火焰；

2）柴油发动机压缩比高，热效率高 30%～50%；

3）柴油发动机以喷油雾化方式燃烧，产生碳烟较多；

4）柴油车经济性好，马力大，最先实现每 100 公里 3 L 油耗；

5）汽油车加速性好，正在开发缸内直喷发动机技术。

2. 柴油机的燃烧过程

1）进气冲程。第一冲程——进气，它的任务是使汽缸内充满新鲜空气。当进气冲程开始时，活塞位于上止点，汽缸内的燃烧室中还留有一些废气。

2）压缩冲程。压缩时活塞从下止点向上止点运动。

3）燃烧膨胀冲程。在冲程开始时，大部分喷入燃烧室内的燃料都燃烧了。燃烧时放出大量的热量，因此气体的压力和温度急剧升高，活塞在高温高压气体作用下向下运动，并通过连杆使曲轴转动，对外做功。

4）排气冲程。排气冲程的功用是把膨胀后的废气排出去，以便充填新鲜空气，为下一个循环的进气作准备。

3. 柴油机排放污染物的来源

与汽油发动机相比，柴油发动机通常在较高的空燃比下运行，HC 和 CO 可以得到比较完全的燃烧。直接将液体柴油喷入汽缸中，避免器壁淬熄和间隙淬熄的现象，所以 HC 的排出量通常较低。柴油发动机排放的 HC、CO 一般只有汽油发动机的几十分之一，但其 NO_x 排放量，在中小负荷时远低于汽油机，大负荷时与汽油机大致处于同一数量级甚至更高。柴油机的颗粒物排放量相当高，为汽油机的 30～80 倍。

二、柴油机污染物的形成机理

柴油机燃烧过程中 CO 和 NO_x 的产生机理与汽油机基本相同。这里介绍柴油机中 HC 和碳烟的形成机理。

1. 柴油机中 HC 的生成机理

一般认为柴油机燃烧过程中 HC 的产生主要有两种途径：

①由于混合气过稀以致在燃烧室内不能满足自燃及扩散火焰传播的条件；

②混合气过浓而不能着火及燃烧。

在超出着火界限的过浓或过稀的混合气区域，会产生局部失火。如靠近喷油射束中心区域会形成过浓混合气，而喷油射束的周边区域会混合产生过稀混合气。

2. 颗粒物及碳烟的生成机理

（1）颗粒物的成分

表 11-1 柴油机微粒的组成

成分	质量分数/%
干碳烟（dry soot，DS）	40～50
可溶性有机成分（soluble organic fraction，SOF）	35～45
硫酸盐	5～10

（2）颗粒物及碳烟的生成机理

碳烟是烃类燃料在高温缺氧条件下裂解而形成的，其详细过程和机理，即从燃油分子到生成碳烟颗粒整个过程中的化学动力学及微粒变化过程尚不清楚。一般认为，当燃油喷射到高温的空气中时，轻质烃很快就蒸发气化，而重质烃会以液态暂时存在。这些小的重质烃液滴在高温缺氧条件下，直接脱氧碳化，成为焦炭状的液相析出型碳粒，粒度一般比较大。而蒸发气化了的轻质烃，经过一系列复杂途径，产生气相析出型碳粒，粒度相对较小（图 11-6）。

（3）碳烟（微粒）与 NO_x 的平衡（trade-off）关系

碳烟与 NO_x 的平衡关系如图 11-7 所示。

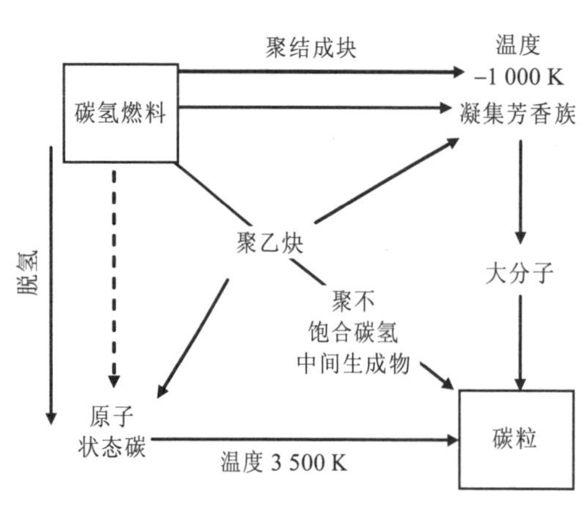

图 11-6 碳烟生成途径

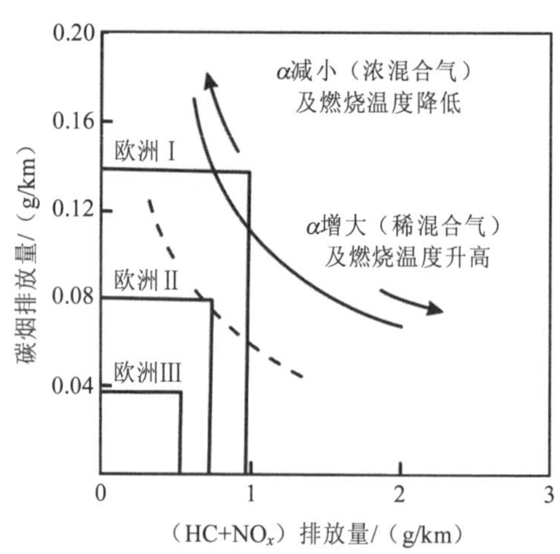

图 11-7 碳烟与 NO_x 的平衡关系

（图中α为空气过剩系数）

3. 空燃比对柴油机排放的影响

过剩空气系数对柴油机排放的影响见图 11-8。

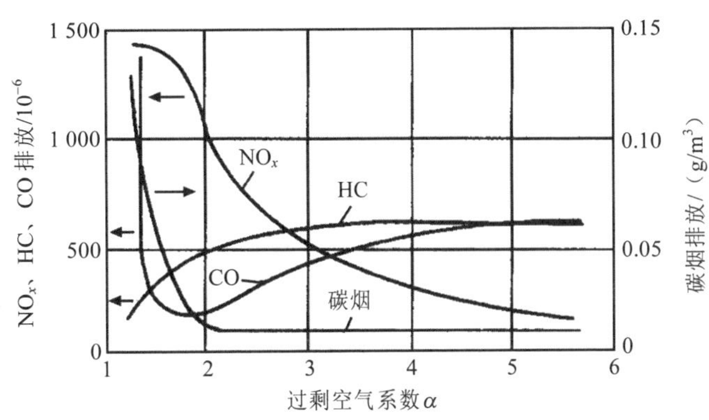

图 11-8　过剩空气系数对柴油机排放的影响

4. 柴油车行驶工况与排放

①CO 总是很低，约 0.1%。

②减速、怠速时 HC 相对较高，浓度约为 400×10^{-6}；此时 NO_x 较低，为 30×10^{-6}～70×10^{-6}。

③加速、定速时 NO_x 高，浓度为：NO_x：800×10^{-6}～$2\ 500\times10^{-6}$；HC：90×10^{-6}～200×10^{-6}。

④加速时碳烟最高，约为 0.30 g/m³。

三、控制柴油机污染物排放的发动机技术

1. 废气再循环

废气再循环（EGR）系统用于降低废气中的 NO_x 的排出量。氮和氧只有在高温高压条件下才会发生化学反应，发动机燃烧室内的温度和压力满足了上述条件，在强制加速期间更是如此。

2. 改进供油系统

改进供油系统的关键技术有：高压喷射，喷油结构规律及结构参数优化，预喷射，多段喷射，缩小喷油嘴孔径并增加孔数，以及推迟喷油提前角等。

3. 采用增压和中冷技术

增压和中冷技术是提高柴油机功率、燃油经济性以及降低污染物排放量的最有效措施之一。增压技术最常见的是废气涡轮增压。

4. 采用分隔式燃烧室

柴油机按燃烧室形式可分为两类，即直喷式（DI）柴油机和非直喷式（IDI）柴油机。DI 柴油机是将燃油直接喷入统一的燃烧室空间；而 IDI 柴油机首先将油喷入副燃烧室，进行一次混合燃烧，然后冲入主燃烧室进行二次混合燃烧。

5. 电控柴油喷射

柴油电控技术是柴油汽车各系统利用电脑控制的一项高科技项目，也是柴油发动机技术的一项重大变革，使发动机的动力性、经济性、排放性等综合性能得到很大的提高。

四、柴油车排气后处理技术

1. 催化氧化剂

柴油机催化氧化剂能氧化尾气排放颗粒物中大部分可溶性有机物、气态的 HC 和 CO、臭味气体和其他一些有毒有机物（如 PAHs、醛类等）。因为不捕集固态的颗粒物，催化氧化剂不需要再生，可以长期连续使用。这类催化氧化剂已成功应用于轻型柴油车，并被看好可移植到重型柴油车上。在不影响燃料消耗和 NO_x 排放的情况下，净化挥发性 HC 和 CO 的效率可达 80%，对可溶性有机物（SOF）的去除率也能达到 70%左右，因此可在一定程度上减少柴油车的颗粒物排放。

2. 颗粒捕集器

颗粒捕集器是高效净化柴油机排气颗粒物的一种过滤技术，它利用一种内部孔隙微小、能捕获微粒物的过滤介质来捕集排气中的微粒，捕集到的绝大部分是干的或吸附着可溶性有机成分的碳粒。然后采取不同的方法来燃烧（氧化）/清除过滤器中收集的颗粒物，使颗粒捕集器再生后循环使用。

过滤效率随过滤介质的不同略有差异，一般对碳烟的过滤效率可达 60%～90%。但它对 HC 等可溶性有机成分的过滤效率较低。从过滤效果、工作可靠性及再生情况考虑，较优越的也是应用最广泛的过滤介质是有陶瓷泡沫体和壁流式陶瓷蜂窝体两种（图 11-9），金属丝过滤材料也要少量的应用。

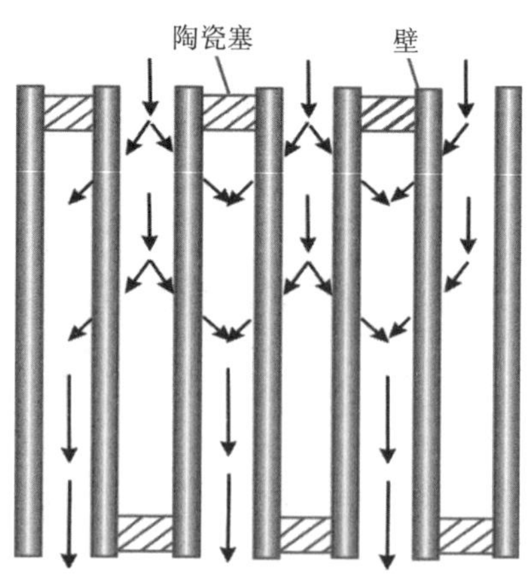

图 11-9 整体式过滤器滤芯示意图

3. 柴油机稀燃氮氧化物催化剂

柴油机排气对催化净化技术的要求很苛刻，开发难度相当大。目前利用尾气中未燃尽 HC

为还原剂的 NO_x 净化催化剂，获得了 20%的净化效率。为了获得更高的还原效率，必须考虑从外部添加还原剂。虽然选择性非催化还原、选择性催化还原、非选择性催化还原、吸附催化还原四种技术路线都在研究，但从目前来看，选择性催化还原方法成功的概率更大一些。

五、未来汽车技术

1）稀燃缸内直喷汽油发动机；

2）柴油车 PM 及 NO_x 机外净化技术；

3）替代燃料技术及混合动力技术；

4）燃料电池汽车技术。燃料电池是将氢和氧转化为电能的装置，由燃料（氢、煤气、天然气等）、氧化剂（氧气、空气、氯气等）、电极（镍电极、银电极等）组成。其优势是可以解决行驶受限问题。但还存在空间受限、成本较高等问题要解决，燃料电池汽车还未能大规模应用。

习　题

1　设某汽车行驶速度为 75 km/h，4 缸发动机的转速为 2 000 r/min，已知该条件下汽车的油耗为 8 L/100 km，请计算每次燃烧过程喷入发动机汽缸的汽油量。

2　在冬季 CO 超标地区，要求汽油中有一定的含氧量，假设全部添加 MTBE（$CH_3OC_4H_9$）；要达到汽油（C_8H_{17}）中重量比 2.7%的含氧要求，需要添加多少百分比的 MTBE？假设两者密度均为 0.75 g/cm^3；含氧汽油的理论空燃比是多少？

3　简述 HC 化合物的形成原因。

4　试解释污染物形成与空燃比关系图中 NO_x 为何成圆拱状？

5（1）估算发动机的排气温度（大约在上止点 TDC 之后 90℃）；（2）实际排气温度比上述计算值要低，在怠速情况下，虽然其空燃比与满负荷时基本相同，但排气温度却低很多，为什么？

6　由燃油蒸发控制装置控制的两个 HC 排放源是下列哪项？（1）燃油泵和化油器；（2）化油器和空气滤清器；（3）空气滤清器和燃油箱；（4）燃油箱和化油器。

7　在汽油喷射系统中，汽油喷进空气是在哪个部位？

8　减少发动机燃烧室表面积有何作用？

9　简述城市交通规划的方法，并根据你所在的城市特征，分析出可持续性最高的 3 项交通规划与管理措施，并给出简要的依据。

10　减少空气污染的交通管理措施有哪些？结合当地的城市特点，提出相关减少空气污染的措施。

第十二章　脱碳工艺及其应用案例

第一节　温室气体与气候变化

一、全球气候变暖

全球气候变暖的特征包括：①近百年来，全球气温呈上升趋势，平均升温为 0.6℃；②全球气温的变化不呈直进式，而是呈现冷暖交替的波动。

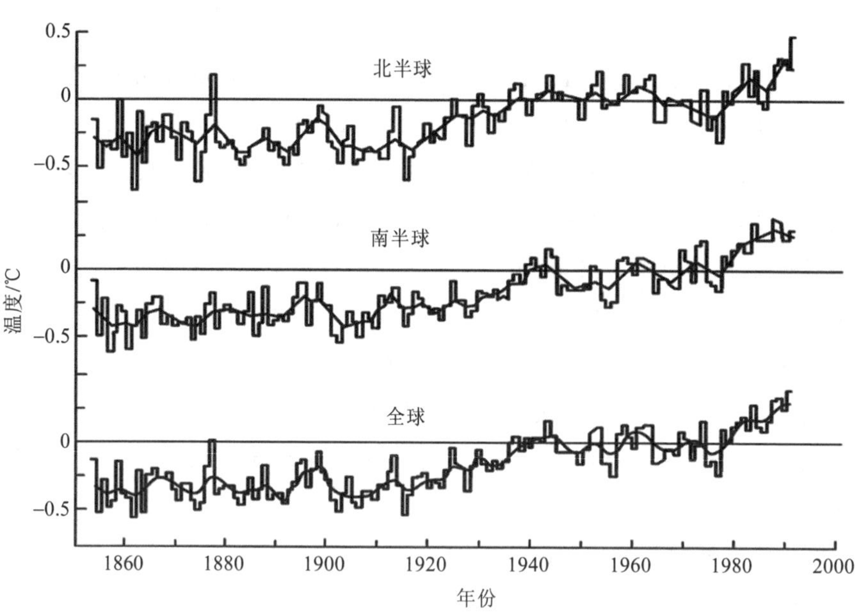

图 12-1　近代南北半球及全球平均气温的变化

表 12-1　大气中 CO_2 含量

年份	含量
1750 年以前	$280×10^{-6}$
目前（2015—2017 年）	$403×10^{-6}$
预计 21 世纪中叶	$540×10^{-6}$～$970×10^{-6}$

气温：20 世纪增加了（0.6±0.2）℃。

海平面：20 世纪上升了 10～20 cm。

二、温室效应机理

温室效应是大气保温效应的俗称。大气能使太阳短波辐射到达地面，但地表向外放出的长波热辐射线却被大气吸收，这样就使地表与低层大气温度增高，因其作用类似于栽培农作物的温室，故名温室效应。

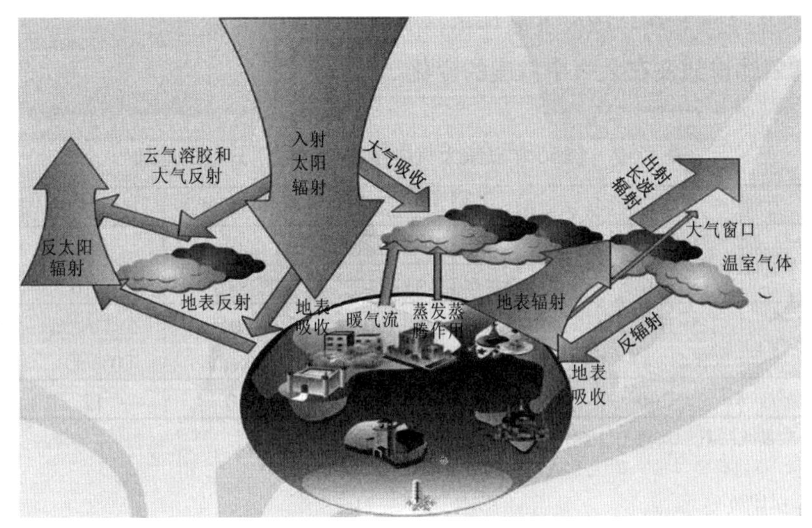

图 12-2　温室效应的机理

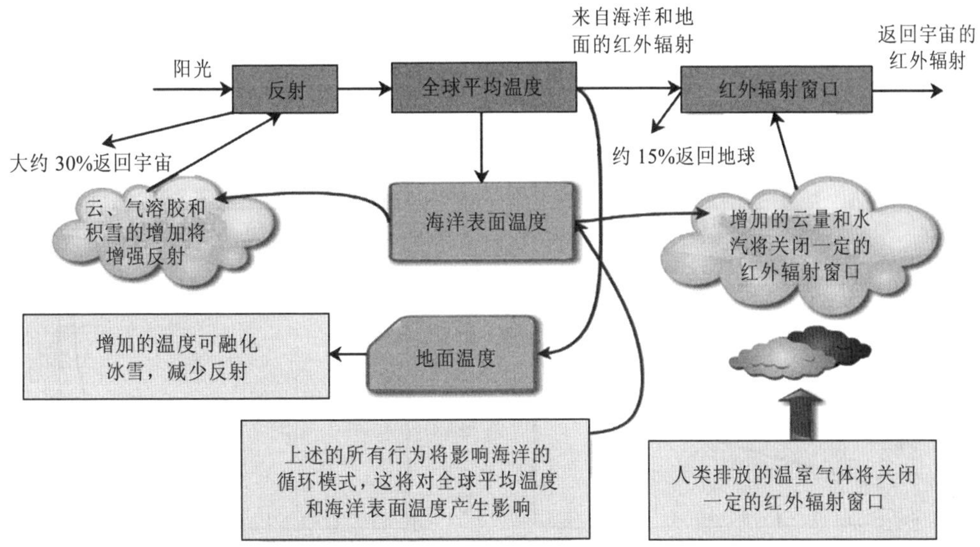

图 12-3　大气层中各种作用对温室效应的影响

三、温室气体

温室气体主要指二氧化碳、臭氧、甲烷、氟利昂、一氧化碳等。对地球辐射热量的收支平衡起重要作用。本章主要探讨 CO_2。

1. CO_2 的主要来源

①石油、天然气、煤等化石燃料的使用；

②水泥的生产；

③不合理的土地利用、改变并破坏植被所引发的 CO_2 自然排放。

2. 温室气体排放及在大气中浓度的变化

表 12-2　1850 年以来大气中温室气体体积分数的增加

	CO_2	CH_4	N_2O	CFC-11	HCFC-22	CF_4
工业化前	$\sim 280\times10^{-6}$	$\sim 700\times10^{-9}$	$\sim 275\times10^{-9}$	0	0	0
1994 年	358×10^{-6}	$1\,720\times10^{-9}$	312×10^{-9}	268×10^{-12}	110×10^{-12}	72×10^{-12}
最近的变化率	1.5×10^{-6}/a（0.4%/a）	10×10^{-9}/a（0.6%/a）	0.8×10^{-9}/a（0.25%/a）	0×10^{-9}/a（0%/a）	5×10^{-12}/a（0%/a）	1.2×10^{-12}/a（2%/a）
大气中的寿命*/a	50～200**	12	120	50	12	50 000

注：* 以指数形式衰减到其初始值的 1/e=0.368 所需的时间。

** 对于 CO_2，不能确定其唯一的大气寿命。因为不同的汇，其吸收速率不同。

资料来源：IPCC，1996。

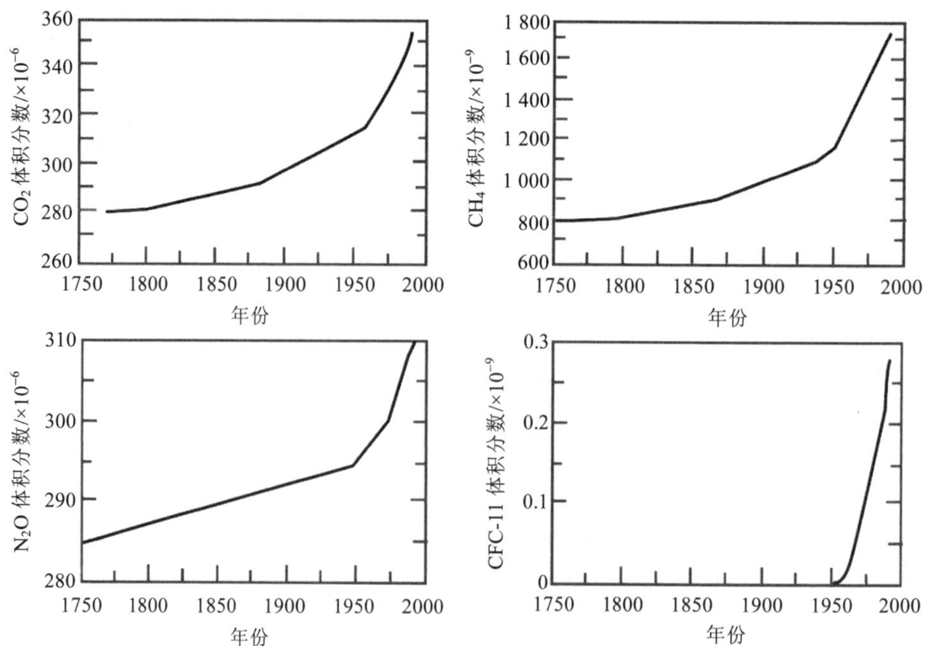

图 12-4　大气中 CO_2、CH_4、N_2O 和 CFC-11 的体积分数变化趋势

表 12-3 主要温室气体的年排放量

温室气体	排放量/（Mt/a）	
	全世界	美国
二氧化碳（CO_2）	29 800	5 300
甲烷（CH_4）	375	31
一氧化二氮（N_2O）	5.7	0.5
CFC-11，CFC-12，CFC-113	0.7	0.1
HCFC-22	0.2	0.1
HFCs，PFCs，SF_6	NA	0.034

3. 全球变暖对自然界和人类的影响

（1）雪盖和冰川面积减少

雪盖：20 世纪 60 年代以来减少 10%。

冰川：20 世纪 50 年代以来减少 10%～15%。

（2）海平面上升

过去 100 年，上升 10～20 cm。

预计 1990—2100 年，上升 8～9 cm。

（3）影响人体健康

影响农业生产和生态系统，进而影响人体健康。

四、主要温室气体特征及其对大气温升的贡献

1980—1990 年人为源排放的温室气体对大气中波长 8～12 μm 光线的透射率产生影响，对流层臭氧可能也起到一定的作用，但程度难以确定。预计到 2030 年全球气温大约平均升高 3℃。

表 12-4 主要温室气体及其特征

气体	大气中体积分数/10^{-6}	年增长率/%	生存期/a	温室效应（CO_2=1）	现有贡献率/%	主要来源
CO_2	355	0.4	50～200	1	50～60	煤、石油、天然气、森林砍伐
CFC	0.000 85	2.2	50～102	3 400～15 000	12～20	发泡剂、气溶胶、制冷剂、清洗剂
CH_4	1.7	0.8	12～17	11	15	湿地、稻田、化石、燃料、牲畜
N_2O	0.31	0.25	120	270	6	化石燃料、化肥、森林砍伐
O_3	0.01～0.05	0.5	数周	4	8	光化学反应

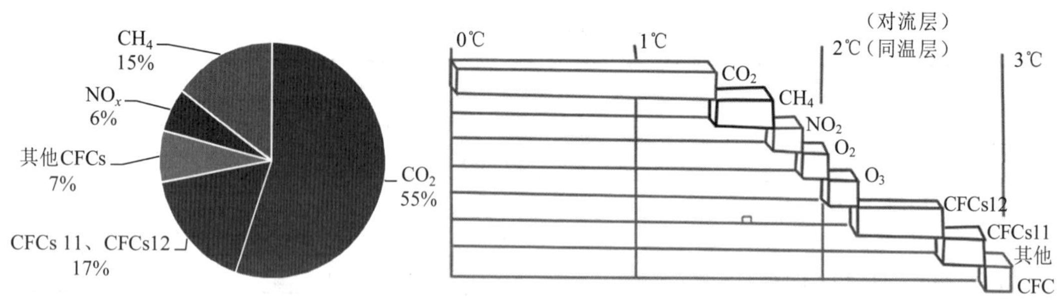

图 12-5 影响大气变暖的大气成分

图 12-6 温室气体对气温上升的贡献

由图 12-5 和图 12-6 可以看出：

①CO_2 在大气温室气体中浓度最高，是最主要的温室气体；

②全球大气温度变化是所有组分温室气体联合贡献的结果。

五、主要温室气体 CO_2 的减排与回收

尽管随着能源结构不断优化调整，我国的煤炭消费比例已有所降低，但全世界最大的能源消耗国和碳排放量最大国这一现状在短期内很难改变。我国已承诺，力争 2030 年使 CO_2 排放量达到峰值，单位国内生产总值 CO_2 排放较 2005 年下降 60%～65%。燃煤发电厂作为长期稳定且大型集中的 CO_2 排放点，对其烟气中 CO_2 的捕集和回收是碳减排的一项重要措施，这对中国早日实现绿色发展具有重要意义。

碳捕获和封存（carbon capture and storage，CCS）是指有选择性地捕集 CO_2，将其压缩至超临界状态进行运输和固存的技术，这是一项有望实现工厂烟气中 CO_2 近零排放的工艺手段。CCS 技术通常包括地质和海洋储存、化学和物理吸收剂装载以及生物固定。目前，可以应用在燃煤电厂中 CO_2 捕集的方法主要包括燃烧前捕获（pre combustion）、燃烧后捕集（post combustion）及富氧燃烧技术（oxyfuel）（图 12-7）。

燃烧前捕获是指化石燃料与 O_2（或空气）反应生成 CO 和 H_2 合成气（也称燃料气），得到的 CO 在催化反应器中进一步生成 CO_2 和更多的 H_2，最后通过低温蒸馏技术或化学吸收等过程分离出 CO_2，获得一种富氢燃料。相较于燃烧后捕集，该方法能获得更高浓度的 CO_2 以降低碳回收成本和能源消耗，但目前气化发电技术尚不成熟，需要投入大量资金与能源进行大规模设备改造。

富氧燃烧法是利用 O_2 取代空气作为化石燃料燃烧中的助燃剂，使燃烧产物主要为 CO_2 和 H_2O，最后通过冷凝技术将高浓度的 CO_2 分离出来。富氧燃烧技术的显著优点是能够大量减少废气中的 NO_x，但纯氧的高额成本限制了这种方法的实际使用率。此外，废气中随之产生的高浓度 SO_2 可能会加速设备的腐蚀。

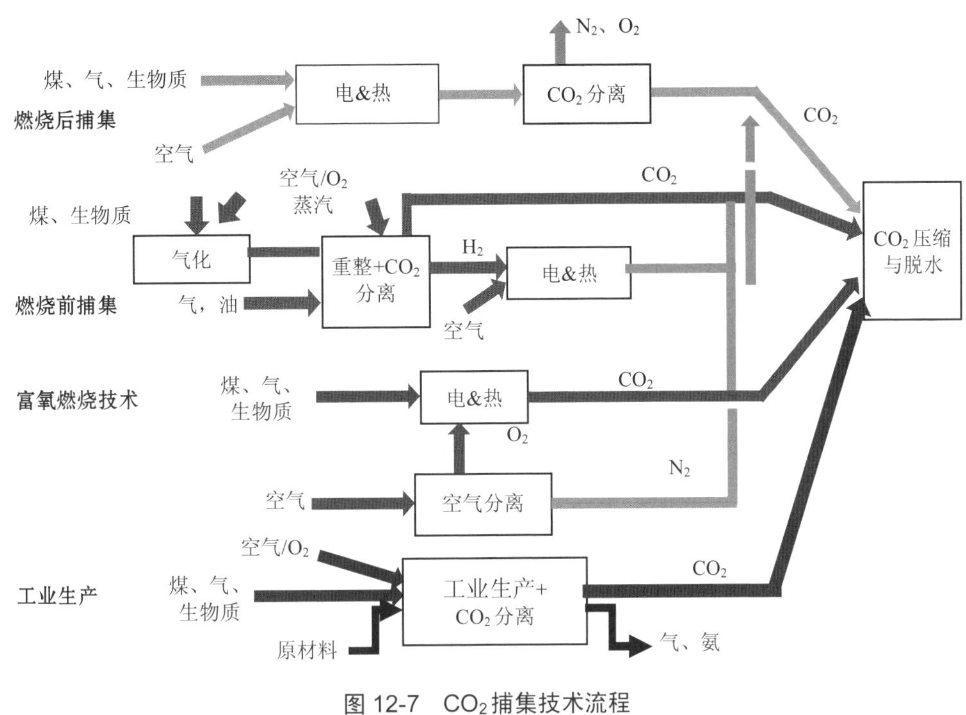

图 12-7 CO_2捕集技术流程

燃烧后捕获是指利用各种吸收吸附技术对化石燃料燃烧后烟道气中的 CO_2 进行分离回收。该方法操作灵活，可以就现有的燃煤电厂直接进行捕集装置改造，但烟气中 CO_2 分压较低，N_2、Ar 和 H_2O 等杂质气体会对回收效果产生不利影响。燃烧后碳捕获技术是目前最为成熟的 CO_2 回收工艺，常见的捕集分离方法包括醇胺溶剂吸收技术、低温蒸馏技术、膜分离技术和固体吸附剂吸附技术等。

六、CO_2 回收技术

1. 醇胺溶剂吸收技术

在已被开发的各项技术中，醇胺溶剂洗涤吸收 CO_2 是目前商业上唯一被利用的技术，也是 CO_2 分离最成熟的技术。较为典型的醇胺吸收剂有单乙醇胺（MEA）、二乙醇胺（DEA）等。近年来，其他的一些液体吸收剂如哌嗪、甲基二乙醇胺（MDEA）、混合胺、非水胺基溶剂和两相溶剂等得到研究学者的广泛关注。醇胺吸收技术具有较高的 CO_2 吸收效率（>90%），但是选择性差、腐蚀设备，对环境造成污染，特别是再生溶剂所需的高能量是这项技术难以避免的缺点。

2. 低温蒸馏技术

低温蒸馏是一种在低温高压条件下，根据混合气体沸点的不同，有选择性地分离 CO_2 的过程，该技术可以达到 90%～95%的回收率，获得高纯度的液态 CO_2。低温分离过程无须化学试剂，可以避免二次污染。但分离条件的高要求导致该技术具有一定的使用局限性，大多用于采油回收以及沼气、天然气的净化。

3. 膜分离技术

膜分离技术是一种根据渗透性分离混合烟气中 CO_2 的工艺方法。目前已被研发的膜材料包括无机材料如金属有机骨架膜、沸石基质膜、陶瓷纤维膜等，有机材料如聚乙烯醇膜、甘氨酸钠-聚酰胺-聚环氧乙烯膜、壳聚糖-聚烯丙胺膜等，以及功能化离子液体膜。膜分离 CO_2 法具有操作简便、能耗较低及成本效益高等优点，但低浓度和压力等烟气条件会对膜性能产生强烈影响，这成为该技术应用的主要障碍。

4. 固体吸附剂吸附技术

利用固体吸附剂分离 CO_2 被认为是最具发展前景的 CCS 技术，该方法主要依靠范德华力的物理吸附，以及负载官能团与 CO_2 反应的化学吸附达到脱除 CO_2 的目的。吸附技术有变压吸附（PSA）、变温吸附（TSA）和变湿吸附（MSA）等。固体吸附法具有过程可逆、吸附剂可循环再生、吸附效率高以及成本低等优点，因此得到研究学者的广泛关注。

根据吸附温度的不同，固体 CO_2 吸附材料可分为三种类型：低温固体吸附剂（＜200℃）、中温固体吸附剂（200～400℃）和高温固体吸附剂（＞400℃）。其中低温固体 CO_2 吸附剂适用于低温烟气、整体煤气化联合循环发电系统（Integrated Gasification Combined Cycle，IGCC）中的碳捕集分离。常见吸附剂包括活性炭材料（activated carbon，AC）、金属有机骨架材料（metal-organic frameworks，MOFs）、分子筛等。

具有孔隙体积大、稳定性高、不易受水分影响等优点的活性炭材料被认为是最有发展前景的吸附剂之一。为兼顾成本效益和可持续发展，由葵花籽壳、蟹壳、棕榈核壳、废蔗渣、椰子壳和稻壳灰等生物质以及废离子交换树脂为原料制备活性炭吸附 CO_2 得到了广泛关注。作为一种物理吸附剂，活性炭对 CO_2 的选择性相对较差，通过对其进行金属氧化物负载、胺功能化及活化剂改性可以改善活性炭材料的吸附性能。

MOFs 是一类结构独特，比表面积、化学可调性和稳定性相对较高的新型多孔材料。对 MOFs 材料进行修饰或功能化可以改变其骨架结构，提高吸附选择性。

分子筛是一种孔道结构规则、化学酸性可调及选择性优异的结晶型硅酸铝盐。根据孔径分布范围，包括微孔分子筛（＜2 nm）、介孔分子筛（2～50 nm）和大孔分子筛（＞50 nm）。作为吸附剂的分子筛主要包括 A 型、X 型、Y 型、Beta 型、ZSM 系列、MCM 系列、KIT 系列及 SBA 系列等。

七、醇胺溶剂吸收技术案例

醇胺溶剂化学吸收法有两个显著的优点：能产生相对纯净的 CO_2 气流；技术已经成熟，已实现商业化。采用化学吸收法进行燃烧后捕获技术将增加 70%的发电成本。化学吸收剂能减少能量损失，并能降低化学吸收过程的成本。因此，本章仅介绍化学吸收法技术案例。

化学吸收法是利用 CO_2 的酸性特点，采用碱性溶液进行酸碱化学反应吸收，然后借助逆反应实现溶剂的再生。一般使用有机胺类化合物作为吸收剂，利用吸收塔和再生塔组成系统对 CO_2 进行捕集，吸收后的液体加热到 100℃左右，放出高浓度的 CO_2 后再生利用。

反应式为

$$R-NH_2+H_2O+CO_2 \leftrightarrow R-NH_3CO_2 \tag{12-1}$$

化学吸收法是使原料气和化学溶剂在吸收塔内发生化学反应，二氧化碳进入溶剂形成富液，富液进入再生塔（解吸塔、汽提塔）加热分解出二氧化碳，吸收与解吸交替进行，从而实现二氧化碳的分离回收。其关键是控制好吸收塔和解吸塔的操作温度和操作压力。

化学吸收工艺流程如图 12-8 所示。烟气进入系统，化学吸收剂和 CO_2 分别进入吸收器中，发生化学反应后形成松散的中间化合物。中间化合物的形态为液体，然后被单独输送至再生容器中，通过加热分解成吸收剂和 CO_2。CO_2 被冷凝并经过脱水、压缩，最后被储存，用于商业应用或封存。

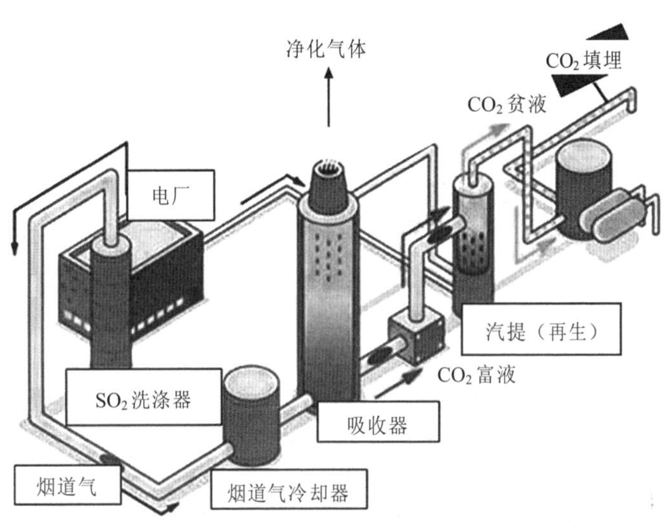

图 12-8　化学吸收工艺流程

影响化学吸收效率的参数包括废气流速、废气中 CO_2 的含量、CO_2 的去除率、溶剂流速、所需的能量等。

图 12-9 和图 12-10 分别是壳牌公司的化学吸收回收 CO_2 案例照片和美国得克萨斯州的化学吸收回收 CO_2 案例照片。

图 12-9 壳牌公司的醇胺溶液吸收 CO_2 装置

图 12-10 美国得克萨斯州的 NRG/JX Petra Nova 项目采用醇胺吸收法捕集燃煤电厂烟气 CO_2（大约 13%）
（左边矩形高塔为醇胺溶液吸收捕集装置，右边圆柱形矮塔为再生器或汽提塔）

第二节　臭氧层破坏问题

一、大气臭氧层的主要特征和臭氧层破坏现象

大气臭氧层在距离地面 20～30 km 的平流层中，占当地空气含量的 1/105，厚度单位是多布森（Dobson unit，DU）——在 273 K、1 atm 下，10^{-3} cm 厚的 O_3 层称为一个 DU。

$$1\ DU=10^{-3}\ atm\cdot cm=2.69\times10^{16}\ molecules$$

1. 臭氧层变化与臭氧洞

臭氧层的作用：平流层中的臭氧吸收紫外线；对流层中的臭氧为温室气体。

臭氧洞：出现时间为每年 9－11 月。

表现：臭氧层出现浓度减少区域，对紫外线的抵挡功能削弱。

臭氧洞发生地区：1984 年南极上空首次出现；1989 年北极上空首次出现；其他地区也有类似情况出现。

2. 臭氧层破坏的原因

①平流大气层中的活性催化物质如 HO_x（H、OH、H_2O）对 O_3 的催化分解作用消减臭氧浓度；

②来自飞机排放到平流大气层的 NO_x（NO、NO_2）对 O_3 的催化分解作用消减臭氧浓度；

③人类生产的氟氯烃（CFCs）和含溴氟氯烃（halons）经大气对流运动进入平流大气层，在强烈短波辐射作用下释放出 Cl、Br 等自由基，剧烈消耗 O_3 分子。

三者共同作用使臭氧层中 O_3 被迅速消减，浓度快速降低，局部区域出现臭氧层“空洞”现象。

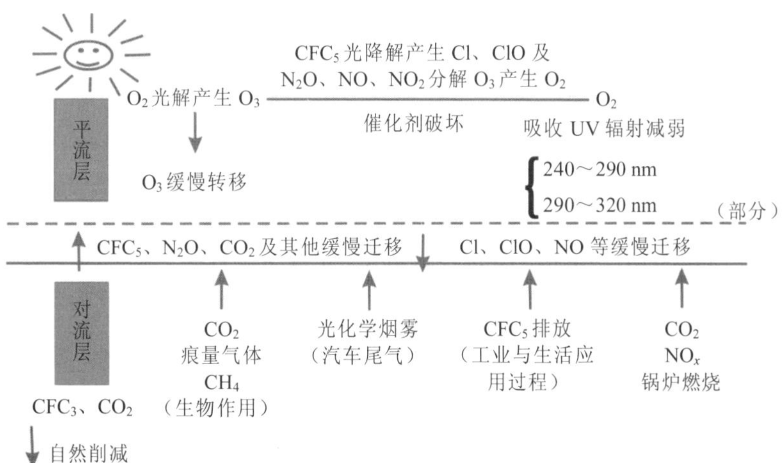

图 12-11　影响臭氧浓度的物理化学作用

3．臭氧层的分布

大气中两个最低层，大部分大气质量都集中在对流层，但是臭氧却主要集中在平流层。

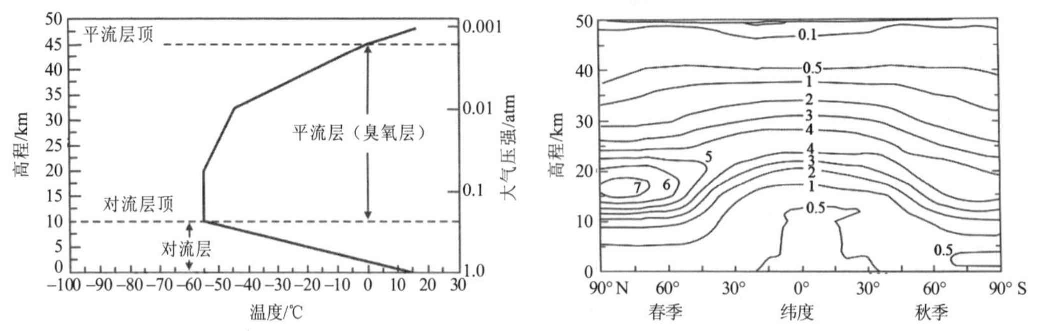

图 12-12　臭氧的浓度分布

4．臭氧层的作用

平流层大气中臭氧层的 O_3 能够大量吸收来自太阳的紫外辐射，从而使太阳辐射到地表的紫外光得以减少到非常低的水平，保护地表生物免受紫外线的伤害，如图 12-13 所示。

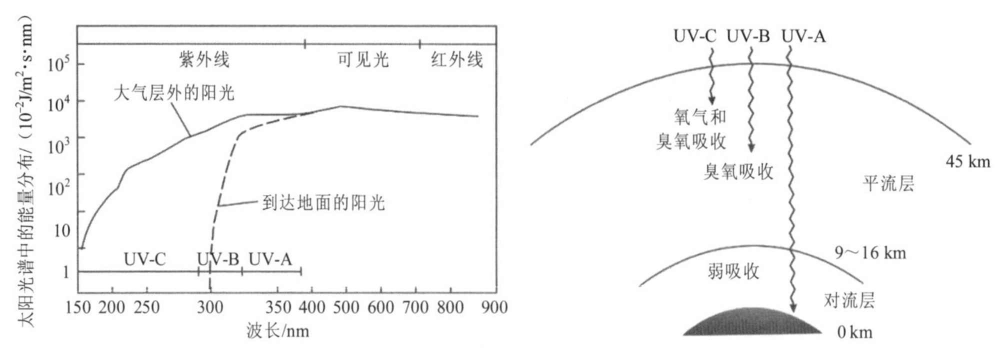

图 12-13　臭氧的作用

5．臭氧层破坏现象

从图 12-14 可以看出，1955—1995 年，每年 10 月南极臭氧浓度由平均 325 DU 快速降到 125 DU。

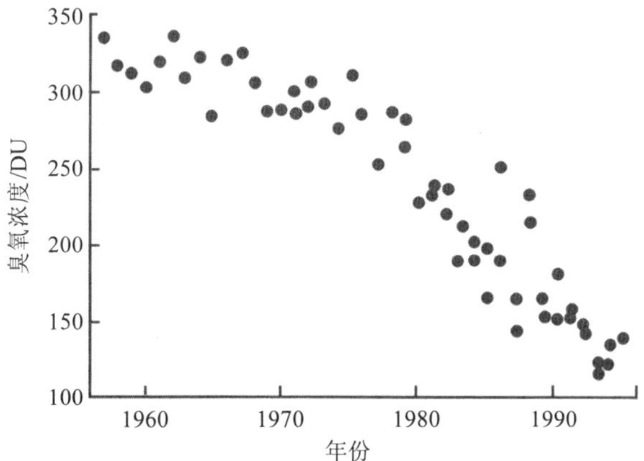

图 12-14 1955—1995 年每年 10 月南极臭氧浓度变化

二、平流层臭氧形成和破坏机理

1. 纯氧理论（chapman mechanism）

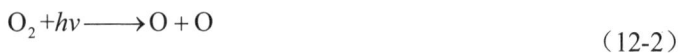

$$\begin{aligned} & O_2+hv \longrightarrow O+O \\ & O+O_2+M \longrightarrow O_3+M \end{aligned} \tag{12-2}$$

臭氧吸收紫外线的反应：

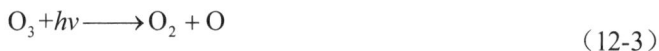

$$\begin{aligned} & O_3+hv \longrightarrow O_2+O \\ & O_3+O \longrightarrow O_2+O_2 \end{aligned} \tag{12-3}$$

2. 催化清除理论

20 世纪 70 年代建立；活性催化物质的链式反应：

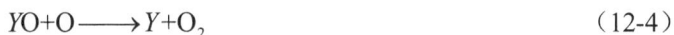

$$\begin{aligned} & Y+O_3 \longrightarrow YO+O_2 \\ & YO+O \longrightarrow Y+O_2 \\ & \text{总反应：} O_3+O \longrightarrow 2O_2 \end{aligned} \tag{12-4}$$

Y 为活性物种，包括奇氢 HO_x、奇氮 NO_x、奇卤 XO_x 三大家族。

三大家族的来源：

①奇氢 HO_x：大气中 H_2O 与激活 O 原子反应。

②奇氮 NO_x：宇宙射线分解 N_2；飞机等人类活动排放。

③奇卤 XO_x：人类活动产生的 CFCs 和含溴氟烷（哈龙，Halons）。

三、消耗臭氧层的物质

ODSs（消耗臭氧层的物质）包括：①CFCs、哈龙；②CCl_4、甲基氯仿（1,1,1-三氯乙烷）、溴甲烷；③部分取代的氯氟烃。

ODSs 的破坏能力：

①消耗臭氧潜能（Ozone Depletion Potential，ODP），是描述物质对平流层臭氧破坏能力的一种量值。

②全球变暖潜势（Global Warming Potential，GWP），是用来表示和比较消耗臭氧层的物质对全球变暖影响力的大小的一种量值。

一个 Cl 自由基可以消耗数十万个 O_3。

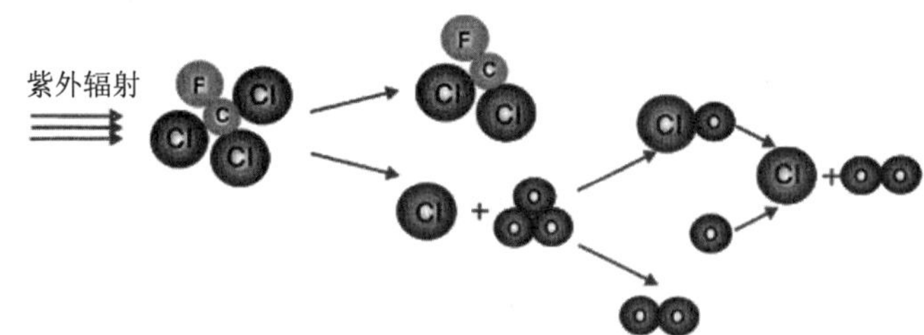

图 12-15 CFC-11 在平流层内损耗臭氧图示

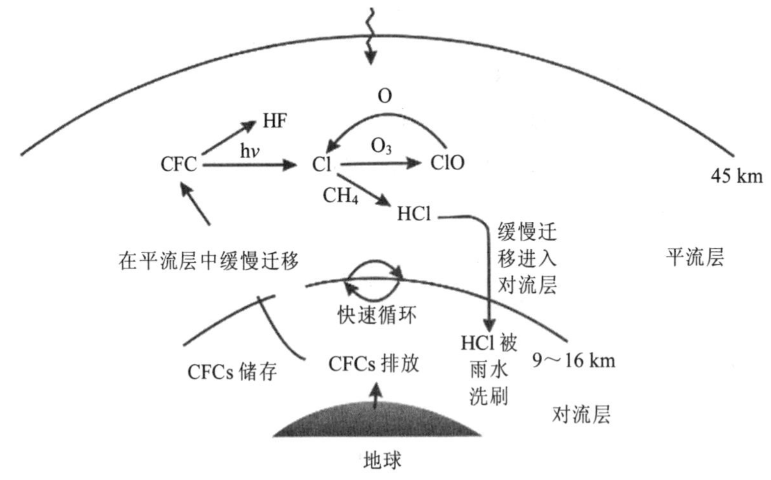

图 12-16 大气中 CFCs 分子的变化图

表 12-5 ODSs 在大气中的寿命、ODP 和 GWP 值

代号	大气中的寿命/a	ODP	GWP
CFC-11	50±10	1	3 400
CFC-12	110±10	1	7 100
CFC-113	85±5	0.8	4 500
CFC-114	250±50	0.7	7 000
CFC-115	＞500	0.4	7 000
HFC-134a	16	0	1 200
HFC-152a	2	0	150
Halon-1211	18	3.0～4.0	—
Halon-1301	＞50	10.0～16.0	2.4
Halon-2402	2.3	6.0～7.0	—
CCl_4	40	1.11	0.35

四、臭氧层破坏的危害

臭氧含量每减少 1%，地面紫外线增加 2%～3%。

其危害包括：

①损害人体健康——皮肤癌、白内障；

②破坏陆生生态系统——植物质量下降；

③破坏水生生态系统——水面附近生物减少；

④损害城市空气和建筑材料——光化学烟雾，材料老化；

⑤破坏大气结构——辐射收支变化，气候变化。

五、臭氧层破坏的控制策略

①开发消耗臭氧层物质的替代技术，无氟利昂制冷设备。

②制定淘汰消耗臭氧层物质的措施：环境管理手段+经济手段。

③国际行动：1985 年，签订《保护臭氧层维也纳公约》；1987 年，签订《关于消耗臭氧层物质的蒙特利尔议定书》。

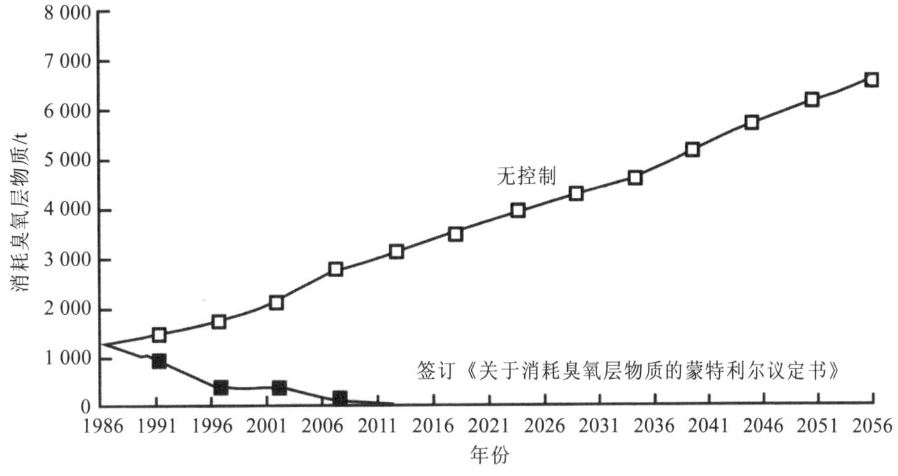

图 12-17　消耗臭氧物质消费趋势

第三节　致酸前体物与酸雨

一、酸雨问题

酸雨为 pH 小于 5.6 的降水，广义上的酸雨包括酸性物质的干湿沉降。

1．地理分布

①几乎整个欧洲；

②美国和加拿大东部；

③东亚，中国南方地区。

2．酸雨的起因

由燃料燃烧和天然排放的 SO_2 和 NO_x 所造成。

3．酸雨的危害

①使淡水湖泊、河流酸化，水生生物减少甚至绝迹；

②影响土壤特性，使土壤贫瘠化；

③破坏森林的生长；

④腐蚀建筑材料及金属结构；

⑤危害人体健康——角膜和呼吸道刺激。

二、致酸前体物

①SO_2：自然源——微生物、火山、森林火灾、海水飞沫；人为源——燃料燃烧，化工。

②NO_x：自然源——闪电、林火、火山，占总量的 50%；人为源——燃烧、机动车，占总量的 50%。

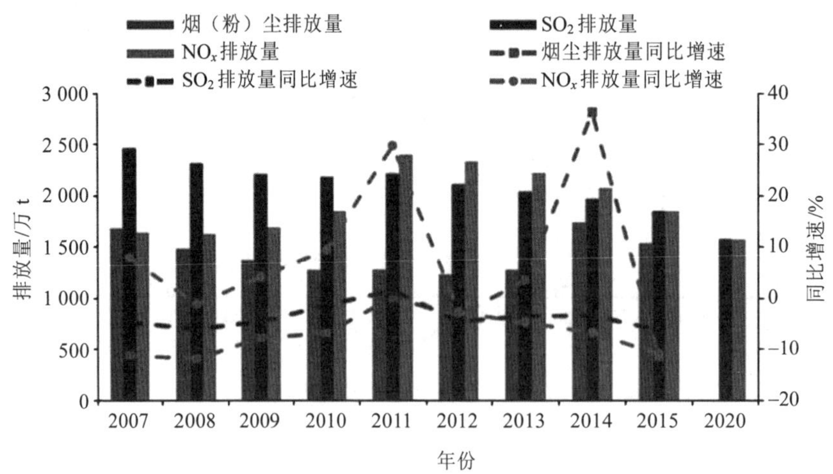

图 12-18　2007—2020 年我国粉尘、SO_2 和 NO_x 排放量

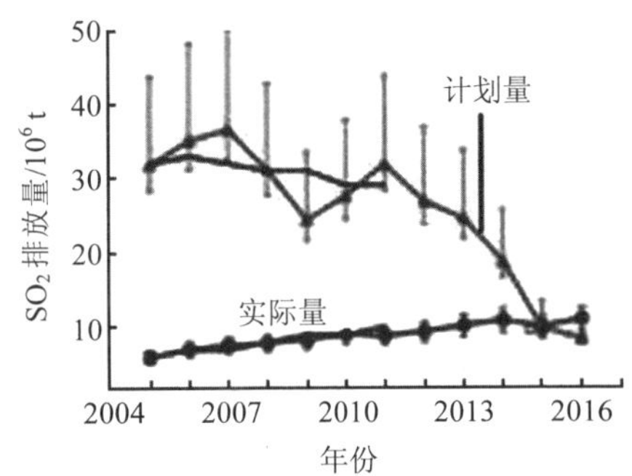

图 12-19 2004—2016 年世界排放的二氧化硫

三、控制措施与策略

针对酸沉降前体物质：①洗煤；②开发低硫燃料；③改进燃烧技术；④烟气脱硫；⑤机动车净化。

国际行动：

①1972 年，联合国人类环境会议，首次提出酸雨问题；

②1979 年，33 个国家签订《长距离跨国大气污染公约》（LRTAP）；

③1985 年，欧洲 20 个国家签订《硫排放控制协定》；

④2015 年在巴黎气候变化大会上通过、2016 年 4 月 22 日在纽约签署的《巴黎协定》，为 2020 年后全球应对气候变化行动作出安排。

习 题

1 影响气候变化的大气成分有哪些？各自的危害是什么？

2 简述平流臭氧层被破坏的机理。

3 简述臭氧层破坏的危害与应对臭氧层破坏的措施与策略。

4 减少煤炭燃烧所排放的 CO_2 的一种方法是净化尾气、去除 SO_2，但必须使用碱性足够强的溶液，以便在去除 SO_2 的同时去除 CO_2。

（1）大量地净化这种尾气应该选用什么反应剂？

（2）电力工业估算了这一方法的成本，发现成本非常高，由此建议通过植树造林、发展农业或者其他农作物来吸收大气中的 CO_2，该方法去除单位的 CO_2 比用化学试剂吸收 CO_2 的成本低。请分析这一建议的优缺点。

5 能被我们眼睛感觉到的可见光，是波长在 0.3 ~ 0.7 μm 的电磁辐射，它刚好对应于太阳辐射强度的最大值，请大致解释这一现象。

6 地球上海洋的平均深度为 3.8 km，大部分深海的平均温度为 4℃左右，海水的热膨胀系数为 0。但是，海洋的表层 1 km 范围平均温度为 4℃左右，这层海水的热膨胀系数为 0.000 12℃。请估算，当表层 1 km 范围内的海水温度升高 1℃时，海平面将上升多少？

7　某热电厂拟通过购买大片雨林去除空气中的 CO_2，经计算若购买 8 000 hm^2 的雨林，可在 40 年的时间里减少 520×10^4 tCO_2 的排放。

（1）估算每年每公顷雨林将减少多少吨 CO_2 的排放。

（2）假设绿化工作已完成，那么每年每公顷将产多少吨木材（干基）？这里假设木材中碳的质量分数为 50%（干基）。

（3）假设每公顷地能种植 26 棵树，估算每年每一棵树能够提供多少吨的木材（干基）。

8　用于冰箱中压缩膨胀过程的理想制冷剂应具备如下特性：在一次循环中所有温度范围内蒸汽压力大小适中；在最低的蒸汽压力下有很大的蒸气密度；凝固点低于最低温度；低的液相比热容，高的气相比热容；很好的液膜压缩系数。

（1）对最广泛使用的 CFC-12 与其他可能的代替物在上述特征方面进行比较。

（2）在不可燃、无毒的代替物中，哪种替代物将可能用于家用冰箱制冷剂？

9　酸雨治理的方法之一是向湖泊投石灰石，石灰石投入湖泊中能够中和酸雨的影响。假如某湖泊面积为 20 km^2，每年降水量为 1.5 m。为将 pH 为 4.5 的酸沉降转变为 pH 为 6.5 的沉降，需向湖泊中投加多少石灰石（$CaCO_3$）？

10　请简述大气棕色云是如何影响气候变化的。

第十三章　集气罩

空气污染物在车间的扩散机理是污染物依附于气流运动而扩散的，局部排风通风方式是控制车间空气污染最常用、最有效的方法。本章重点介绍集气罩的集气机理及设计方法。

第一节　净化系统的组成及系统设计的基本内容

一、局部排气净化系统的组成

1）集气罩：集气罩是用来捕集污染空气的，其性能对净化系统的技术经济指标有直接的影响。由于污染源设备结构和生产操作工艺的不同，集气罩的形式是多种多样的。

2）风管：在净化系统中用于输送气流的管道称为风管，通过风管使系统的设备和部件连成一个整体。

3）净化设备：为了防止大气污染，当排气中污染物含量超过排放标准时，必须采用净化设备进行处理，达到排放标准后才能排入大气。

4）通风机：通风机是系统中气体流动的动力。为了防止通风机的磨损和腐蚀，通常把风机设在净化装备的后面。

5）烟囱：烟囱是净化系统的排气装置。由于净化后的烟气中仍含有一定量的污染物。这些污染物在大气中扩散、稀释，并最终沉降到地面。

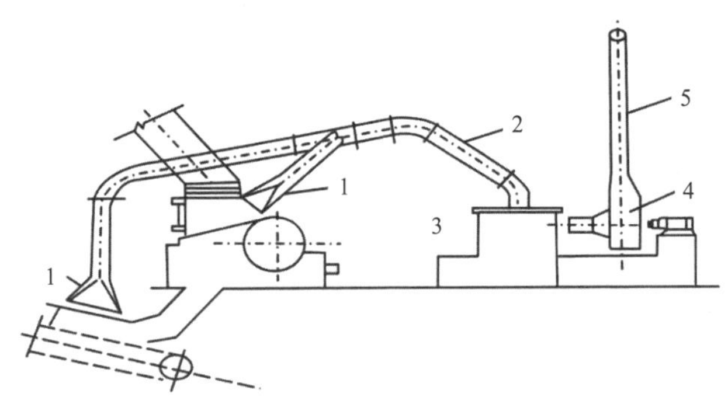

1—集气罩；2—排风管；3—净化设备；4—风；5—烟囱

图 13-1　局部排气净化系统示意图

二、局部排气净化系统设计的基本内容

1. 捕集装置设计

污染物的捕集装置通常称为集气罩，其设计内容主要包括集气罩的结构形式、安装位置以及性能参数确定等内容。

2. 净化系统的选择或设计

①选择依据：污染物的种类与性质，处理量，净化效率，净化系统的环境、经济及社会效益。

②一般程序：工程调查；确定净化程度；选择合理的净化工艺；选择适当的净化装置，确定合理的净化系统配置；确定净化系统运行参数和技术经济指标。

③除尘系统与装置的选择。

④吸收系统与装置的选择。

⑤吸附系统与吸附装置的选择。

⑥净化装置的费用：设备投资费，运行费用，总费用。

3. 管道系统的设计

管道系统设计包括管道布置、管道内气体流速确定、管径选择、压力损失计算、风机选型以及各种管件确定等内容。

4. 排放烟囱设计

排气烟囱设计包括结构尺寸及工艺参数（如烟囱高度、出口直径、排烟速度等）的设计。

第二节　集气罩的集气机理

集气罩汇集污染物，是一种流体动力学捕集，因此要对集气罩进行合理设计，必须要了解吸气罩罩口的气流流动规律。

集气罩口气流流动方式有两种：

①吸气口气流的吸入流动；

②吹气口气流的吹出流动。

一、吸入气流

一个敞开的管口是最简单的吸气口。当吸气管吸气时，在吸气管口附近形成负压，周围空气从四面八方流向吸气口。当吸气口面积较小时，可视为“点汇”。假定流动没有阻力，在吸气口外气流流动的流线是以吸气口为中心的径向线，等速面是以吸气点为球心的球面。

1. 外部吸气罩罩口气流流动规律，速度分布，等速面的形式确定其分布规律

将吸气口近似视为一个点汇，等速面是以该点为中心的球面（图 13-2a），假设点汇吸风量为 Q，等速面的半径为 r_1、r_2，相应气流速度为 u_1、u_2，由于通过每个等速面的风量相等，则有

$$Q=4\pi r_1^2u_1=4\pi r_2^2u_2 \tag{13-1}$$

于是：

$$u_1/u_2=(r_2/r_1)^2 \tag{13-2}$$

表明吸气口外气流速度衰减很快，应尽量减少罩口至污染源的距离。

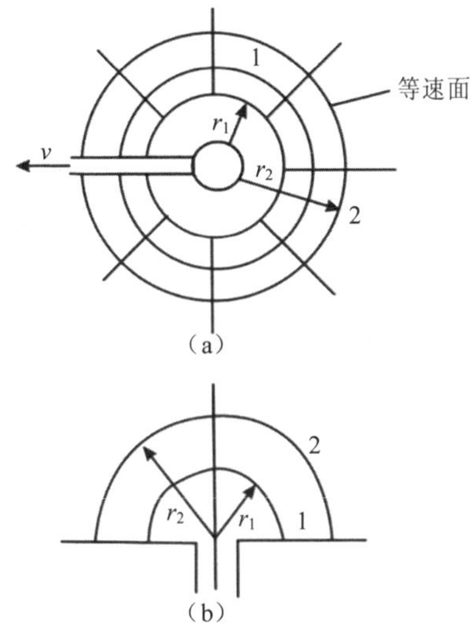

图 13-2 点汇气流流动情况

2. 罩口的设置位置对气流分布的影响

如果吸气口设在墙上，吸气范围减少一半，其等速面为半球面，则吸气口的吸气量为

$$Q=2\pi r_1^2u_1=2\pi r_2^2u_2 \tag{13-3}$$

比较式（13-1）和式（13-3），可见：

当吸气速度相同时，同一距离上 Q（悬空设置的吸气口）= $2Q$（一面阻挡的吸气）；

当吸风量相同时，同一距离上 u（有一面阻挡的吸气口）= $2u$（悬空设置的吸气口）。

3. 吸风罩的形式对气流速度分布的影响

有边的吸风口比无边的吸风口流速衰减慢，实际等速面为椭圆形。

二、吹出气流

空气从管口喷出，在空间形成的一股气流称为吹出气流或射流。①按孔口形状可将射流分为圆射流、矩形射流和扁射流（条缝射流）；②按空间界壁对射流的约束条件，分为自由射流（吹向无限空间）或受限制流（吹向有限空间）；③按射流温度与周围空气分为机械射流和热射流。

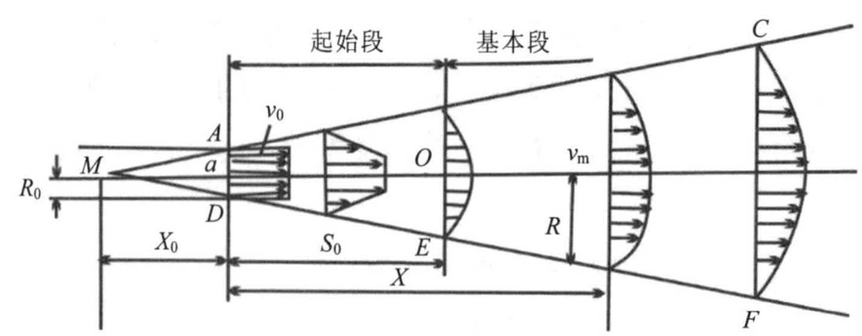

M—射流聚焦点；AD—射流起始阶段；OE—射流抛物面形成阶段；CF—射流抛物面成熟阶段；a、O—射流面中心；R_0—起始射流面半径，m；R—射流距离为 X 时，射流抛物面的半径，m；X_0—焦点到射流起始面的距离，m；S_0—射流起始面到射流抛物面形成的射流距离，m；v_0—射流起始流速，m/s；v_m—射流抛物面形成时，中心最低速度，m/s

图 13-3　射流结构示意图

自由圆射流的一般特性为：

①射流边缘有卷吸周围空气的作用，这主要是由湍流动量交换引起的。

②由于射流边缘的卷吸作用，射流断面不断扩大，其扩散角 α 为 15°～20°，射流流量随射流流量增加而增加。

③射流核心段呈锥形不断缩小。

④核心段后，射流速度逐渐下降。

⑤射流中的静压与周围静止空气的压强相同。

⑥射流各断面动能相等。

三、吸入气流与吹出气流的差别

1）吹出气流由于卷吸作用，沿射流方向流量不断增加，射流呈锥形；吸入气流的等速面为椭球面，通过各等速面的流量相等，并等于吸入口的流量。

2）射流线上的速度基本上与射程成反比，而吸气区内气流速度与距吸气口的距离的平方成反比。所以，吸气口能量衰减很快，其作用范围较小。

四、吹吸气流

吹吸气流是两股气流组合而成的合成气流。在集气罩设计中，利用吹出气流与吸入气流联合作用来提高所需“控制风速”的形成，称为吸入式集气罩。

第三节　集气罩的基本类型

集气罩是烟气净化系统污染源的收集装置，可将粉尘及气体污染源导入净化系统，同时防止其向生产车间及大气扩散，造成污染。

集气罩的基本类型有：

①按罩口气流流动方式分为吸气式和吹吸式。

②按集气罩与污染源的相对位置及适用范围，吸气式集气罩分为密闭罩、排气柜、外部集气罩、接受式集气罩、吹吸式集气罩等。

一、密闭罩

定义：将污染源的局部或整体密闭起来，在罩内保持一定负压，可防止污染物的任意扩散。

特点：所需排风量最小，控制效果最好，且不受室内气流干扰，设计中应优先选用。

结构形式：局部密闭罩、整体密闭罩、大容积密闭罩。

1. 局部密闭罩

特点：体积小，材料消耗少，操作与检修方便。

适用：产尘点固定、产尘气流速度较小且连续产尘的地点。

2. 整体密闭罩

特点：容积大，密闭性好。

适用：多点尘源、携气流速大或有振动的产尘设备。

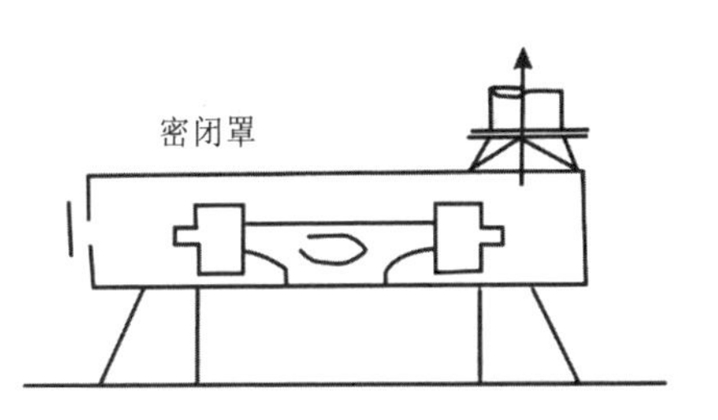

图 13-4 局部密封罩

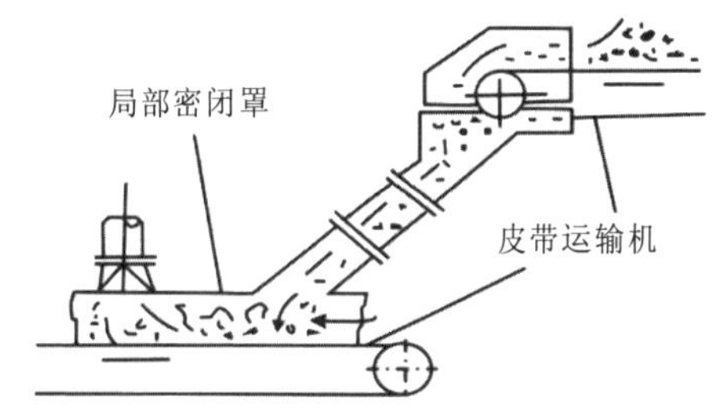

图 13-5 整体密封罩

3. 大容积密闭罩

特点：容积大，可缓冲产尘气流，减少局部正压，设备检修可在罩内进行。

适用：多点源、阵发性、气流速度大的设备和污染源。

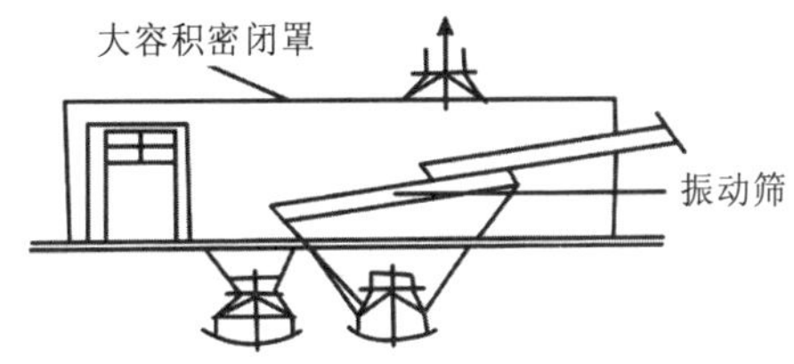

图 13-6 大容积密闭罩

二、排气柜

1. 结构形式

①排气口在操作口对面，操作口气流分布较均匀，有害气体外逸的可能性较小；②排气口设在柜顶，操作口上部形成较大进气流速，而下部进气流速较小，气柜内易形成涡流，可能造成有害气体外逸；③在对面和顶部同时设置排气口。

2. 布置要求

尽量避开门窗和其他进风口。

三、外部集气罩

定义：通过罩的抽吸作用，在污染源附近将污染物全部吸收起来的集气罩。

特点：结构简单，制造方便；但所需排风量较大，且易受室内横向气流的干扰，捕集效率较低。常见形式有上部集气罩、下部集气罩、侧吸罩和槽边集气罩（图 13-7）。

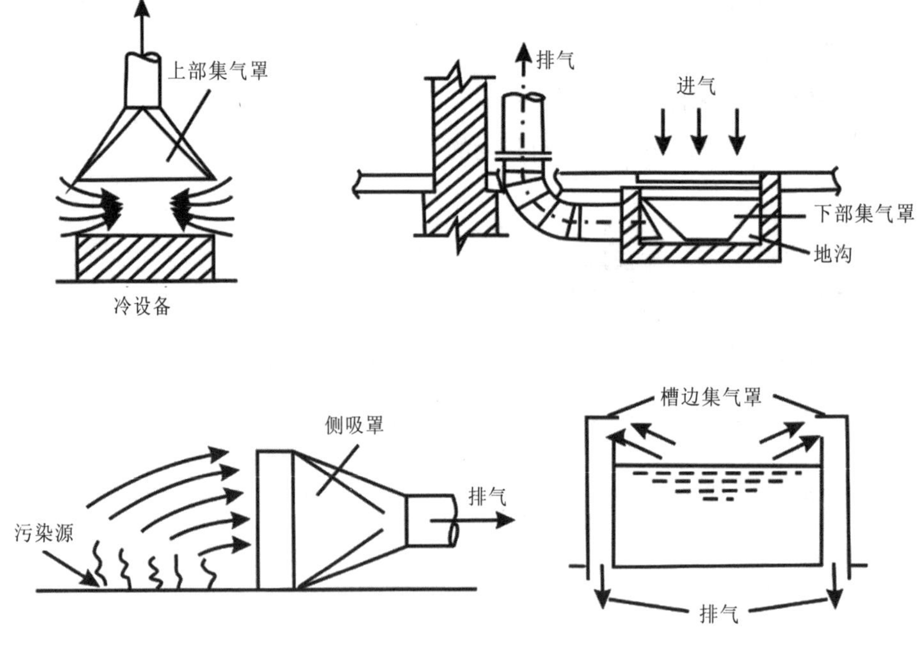

图 13-7　外部集气罩

四、接受式集气罩

定义：接受由生产过程（如热过程、机械运动过程）中产生或诱导出来的污染气流的一种排气罩。

特点：罩口外的气流运动不是由于罩子的抽吸作用，而是由生产本身过程产生（图 13-8）。

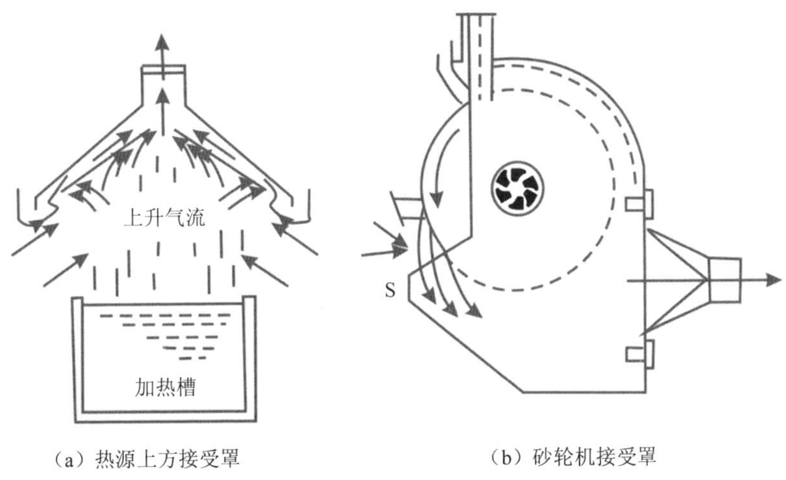

（a）热源上方接受罩　　（b）砂轮机接受罩

图 13-8　接受式集气罩（图中 S 表示左侧进气）

五、吹吸式集气罩

工作原理：当外部吸气罩与污染源的距离较大时，可以在外部吸气罩的对面设置一吸气口，从而形成一层空气幕阻止污染物的散逸，同时也诱导污染气流一起向排气罩流动。

特点：采用气幕抑制污染物扩散，具有气量小、抗干扰能力强、不影响工艺操作、效果好的特点（图 13-9）。

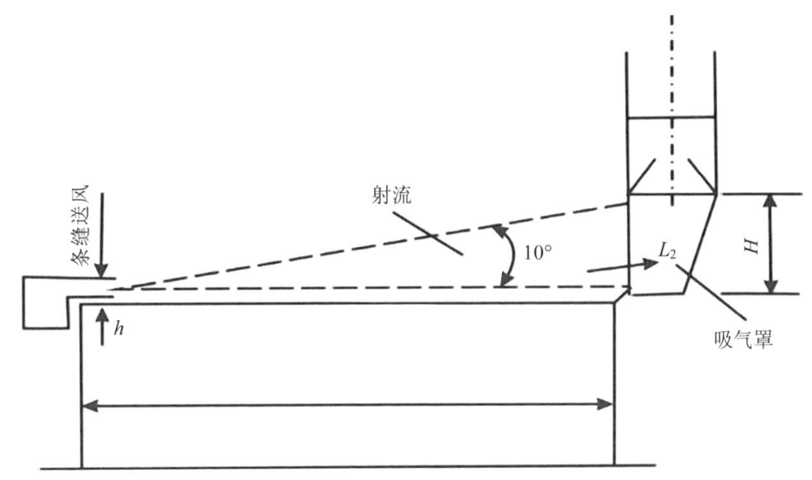

h—吸气口高度，m；L_2—吸气口到吸气罩的水平距离，m；H—吸气罩进气口的安装高度，m

图 13-9　吹吸式集气罩

第四节　集气罩性能参数及计算

一、排风量的确定

1. 排风量的测定方法

集气罩排风量 Q（m^3/s）可通过实测罩口的平均吸气速度 v_0（m/s）和罩口面积 A_0（m^2）确定。

$$Q = v_0 A_0 \tag{13-4}$$

也可通过实测连接罩口上的平均吸气速度 v（m/s）、气流动压 P_d（Pa）或静压 P_S（Pa）及其管道断面积 A（m^2）按下式确定：

$$Q = vA = A[(2/\rho)P_d]^{1/2} \tag{13-5}$$

$$Q = \varphi A[(2/\rho)P_S]^{1/2} \tag{13-6}$$

式中：ρ——气体密度，kg/m^3；

φ——集气罩的流量系数。

2. 排风量的计算

①控制速度法。

②流量比法。

把集气罩排风量 Q_3 看作污染气流量 Q_1 和从罩口周围吸入室内空气量 Q_2 之和，即

$$Q_3=Q_1+Q_2=Q_1(1+Q_2/Q_1)=Q_1(1+K_v) \tag{13-7}$$

$$K_v=Q_2/Q_1 \tag{13-8}$$

式中：K_v——流量比。

K_v 由实验求出，与污染物发生量无关，只与污染源和集气罩的相对尺寸有关。

二、压力损失的确定

$$\Delta p=\xi \frac{\rho \upsilon^2}{2} \tag{13-9}$$

由于集气罩罩口处于大气中，所以该处的全压等于零。因而集气罩的压力损失为

$$\Delta P=-(P_d-P_s)=|P_s|-P_d \tag{13-10}$$

$$\varphi=(P_d/|P_s|)^{1/2} \tag{13-11}$$

$$\varphi=1/(1+\xi)^{1/2} \tag{13-12}$$

式中：φ——流量系数；

ξ——压力损失系数。

第五节　集气罩的设计方法

设计时应注意以下几点：

1）集气罩应尽可能将污染源包围起来，或靠近污染源，使污染物的扩散限制在最小的范围内，防止或减少横向气流的干扰，以便在获得足够的集气速度情况下减少集气量。

2）集气罩的集气方向应尽可能与污染气流的运动方向一致，充分利用污染气流的动能。

3）在保证控制污染的条件下，尽量减少集气罩的开口面积，使其集气量最小。

4）外部集气罩的轴线应与污染物散发的轴线相重合；罩口面积与风管断面积之比最大为 16∶1；喇叭罩长度宜取风管直径的 3 倍，以保证罩口均匀集气。如不能均匀集气，可设多个集气口，或在集气罩内设分隔板、挡板等。

5）不允许集气罩的气流先经过人的呼吸区再进入罩内。气流流程不应有障碍物。

6）集气罩的结构应不妨碍工人操作和设备检修。

集气罩的设计程序一般是：先确定集气罩的结构尺寸和安装位置，再确定集气量，最后计算压力损失。

一、密闭罩的设计

1. 结构形式

包括局部密闭罩、整体密闭罩、大容积密闭罩。

2. 布置要求

①设置必要的观察窗、操作门和检修门。

②罩内应保持一定的均衡副压。

③尽量避开扬尘中心，防止大量物料随气流带至罩口被吸走。

④处理热物料时，应考虑热压对气流运动的影响，通常适当加大密闭罩容积，吸风点设于罩子顶部最高点。

3. 密闭罩的排气量计算

罩内风量 Q 实际中常根据经验数据和有关手册来确定。

二、排气柜的设计

排气柜的排气量可按下式计算：

$$Q=u_0A_0\beta \tag{13-13}$$

式中：Q——排气量，m^3/s；

u_0——操作口的平均吸气速度，一般选用 0.5～1.5 m/s，对危害性大的烟气，取较大值；

A_0——操作口的面积；

β——安全系数，一般情况下为 1.05～1.10。

三、外部集气罩的设计

外部集气罩罩口为圆形或矩形（宽长比 $B/L\geqslant0.2$），沿罩子轴线的气流速度衰减公式为

$$\frac{u_0}{u_k}=\frac{C(10x^2+A_0)}{A_0} \tag{13-14}$$

于是：

$$u_0=\frac{C(10x^2+A_0)}{A_0}u_x \tag{13-15}$$

式中：u_0——罩口气流速度，m/s；

u_x——控制点的控制速度，m/s；

x——罩口到控制点的距离，m；

A_0——罩口面积，m^2；

C——集气罩的流量系数，取 1.1～1.2。

外部集气罩吸风量公式：

$$Q=u_0A_0$$

于是：

$$Q=C(10x^2+A_0) \tag{13-16}$$

也可采用下述吸风量公式

$$Q=u_xA_x \tag{13-17}$$

式中：u_x——最不利控制点的吸捕速度，吸捕速度取决于尘化情况和二次气流强；

A_x——最不利控制点的等速面积，等速面积取决于罩口形式。

四、接受式集气罩的设计

接受罩悬挂越高，横向气流对热射流的影响越大。因接受罩罩口面积需适当放大，相应地排气量应大于热射流量。

1. 类型

包括低悬罩（罩口高度<1.5*A*/2）和高悬罩（罩口高度>1.5*A*/2）。

2. 设计计算

①热射流计算；

②排气量计算。

五、吹吸式集气罩的设计

适用：在槽、台宽度较大（≥2 m）的工作槽上，采用此类排气罩控制污染物的扩散，效果较佳。

设计时应注意：

①防止吹气射流产生弯曲；

②条缝口宽度速度；

③吹气罩排气量；

④吹气口高度。

习　题

1　简述局部排气净化系统的组成及其系统设计的基本内容。

2　试分析吸入气流与吹出气流的差异及其在集气罩设计中的应用。

3　简述集气罩的基本形式，并说明各类集气罩设计的基本要求。

4　在多分支管道系统的设计中，为什么必须进行并联分支管节点压力平衡计算？简述节点压力平衡调整的常用技术措施。

5　简述用流速控制法进行管道计算的基本步骤。

6　管道计算选择风机时，为什么必须对样本所给的风机压头进行风机标定状态和运行工况的换算？简述常用的换算方法。

7　简述管道系统布置的基本要求。

8　试说明管道系统保温的必要性以及保温设计的主要内容。

9　简述高温烟气管道常用的防腐涂料及防腐材料。

10　简述管道系统发生爆炸的条件及常用防爆措施。

11　假设有一金属熔化炉，其水平截面尺寸为 550 mm×550 mm，炉内温度为 550℃，室温为 20℃，若在炉口上部 750 mm 处设一接受式集气罩，室内横向气流速度为 0.5 m/s。试确定该集气罩罩口尺寸及其排风量。

12 有一浸漆槽槽面尺寸为 0.6 m×1.0 m，为排出有机溶剂蒸气，在槽上方设排风罩，罩口距槽面距离为 H=0.4 m，试分别计算下列情况下的排风量：

（1）排风罩不设固定挡板；

（2）排风罩的长边设有一个固定挡板。

13 一矩形管道长 16 m，断面为 0.4 m×0.3 m，管内气流的绝对压力为 10 132 Pa，温度为 25℃，当量绝对粗糙度为 K=0.15 mm、设管内流速为 v=14 m/s 时，试用流速当量直径计算法计算流速当量直径、比压损和压力损失。

第十四章　案例剖析

如何对大气污染控制工程的基本理论有较系统、较深入的理解，能基本掌握各种控制方法的应用范围和条件。我们针对一个标准的成功案例进行全面的剖析。

第一节　罗斯托克电厂

1990 年，在西德和东德重新统一后，罗斯托克市附近的 Greifswald 电厂完全停止运行后被拆除，因而非常有必要建造一新电厂并且选在靠近罗斯托克港口的一个地方。1994 年建成了拥有一台锅炉和 500 MW 机组的电厂并进入试运行阶段。煤是从罗斯托克港口通过一个 1.2 km 长加顶的带式运输机运输的。电厂配备了一个冷却塔用来冷却水，新鲜的冷却水是从波罗的海获得的。

燃料采用无烟煤，大部分的煤是由南非、波兰和俄罗斯供应的，为了节约采用了各国的煤炭资源。

锅炉为本生式锅炉，由德国巴布科克鲁奇 Lentjes 公司制造，FGD 系统为湿法石灰石石膏工艺。根据 LCP-条例，电厂最初设计了 ESP、DENOX 和 FGD 系统。供应商如表 14-1 所示。

表 14-1　电厂设备及供应商

锅炉	德国巴布科克/Lentjes
涡轮机	ABB
ESP	ABB/Fläkt
DENOX	Lentjes/德国巴布科克
FGD	Lentjes Energie & Entsrgng（原来的 Gttfried ischff）

电厂原先设计为供暖的中等负荷的电厂。运行时间大约每年为 4 000 h。1994 年开始试运转。从最开始就配有 FGD 系统。除了输出电能，电厂还将供暖 300 MW。

图 14-1 罗斯托克电厂

图 14-2 罗斯托克电厂远景图

一旦需满负荷的供暖，电能就只有 450 MW。如果仅仅发电，效率为 42.5%。如既供电又供暖，效率可达 62.5%。

选取现在的地址主要是考虑到世界各国的煤可经罗斯托克港口运输。运行排放标准是以 LCP-条例为依据的，而审批部门要求采用最佳实用技术来达到排放限度。

SO_x 的排放限值为 200 mg/m³（标态），粉尘的排放限值为 200 mg/m³（标态）。除了这个排放标准外，电厂还必须无一例外地遵循 LCP-条例的所有要求。

第二节　FGD 系统

一、概述

所采用的 FGD 技术是湿法石灰石石膏工艺。利用 $CaCO_3$ 进行烟气脱硫，而且产生适于销售的石膏。吸收装置是无填料的空喷淋塔，并在吸收池现场进行强制氧化。

吸收装置是靠内部浆液循环运作来实现的，并且被设计为酸净化系统。吸收池内的 pH 控制在 4.5～5.5。在吸收池中贮存一定量的石膏晶体，作为生成新石膏晶体的晶核，另一部分石膏排放出来进行脱水。

石膏脱水后的滤出液又返回到吸收装置再利用。新鲜的补给水由除雾冲洗系统（液滴分离器，与吸收塔一体）补充或者直接加入吸收池。除雾器用地表水和雨水冲洗。

由于使用俄罗斯的煤（氯含量很低），循环中不能获得所需的氯的含量。因此，在处理过程中将无废水外排。额外的氯利用海水作为补给水获得。准备用的碳酸钙粉运送到电站。碳酸钙粉贮存在库中。碳酸钙干粉通过气力运输和喷射系统直接送入吸收池。

除了大的吸收循环泵，所有的泵都为一用一备。一旦出现故障自动控制系统就会转向备用的系统。在停运后，所有运输石膏和石灰乳的管道和泵将会自动得到冲洗和排干。

在维护时期，设计为能容纳系统（吸收塔、管道、冲洗水）全部液体的废水罐能容纳石膏浆。在重新启动之前，浆液将被打回吸收塔，在再次试运转后，包含的石膏晶体将立即变为晶核。这样避免了堵塞和堵漏的运行问题。

烟气进入吸收塔时大约 120℃，不需另外的冷却装置。由于烟气经冷却塔排放不需蓄热式换热器。

引风机设计为能克服从锅炉到冷却塔的压力损失。FGD 系统没有单独的增压鼓风机。引风机安装在吸收塔的后面。理论上，这是最经济的位置，然而对材料选择的高要求和维修工作的困难，目前不赞成把风机安装在这个位置。

二、吸收塔

吸收塔是“空喷淋塔”，例如没有强化气液传质的内部填料。吸收浆液由泵从吸收池打入到喷嘴，然后逆流喷射。为了限制液滴带入净化气体中，在吸收塔出口之前安装除雾器。

为了防止吸收塔腐蚀，内表面用内衬橡胶。为避免固态石膏和其他组分的沉淀，吸收塔的底部被特别设计为倒锥形。这种底部不需要额外的搅动与底部融为一体的是强制氧化系统。

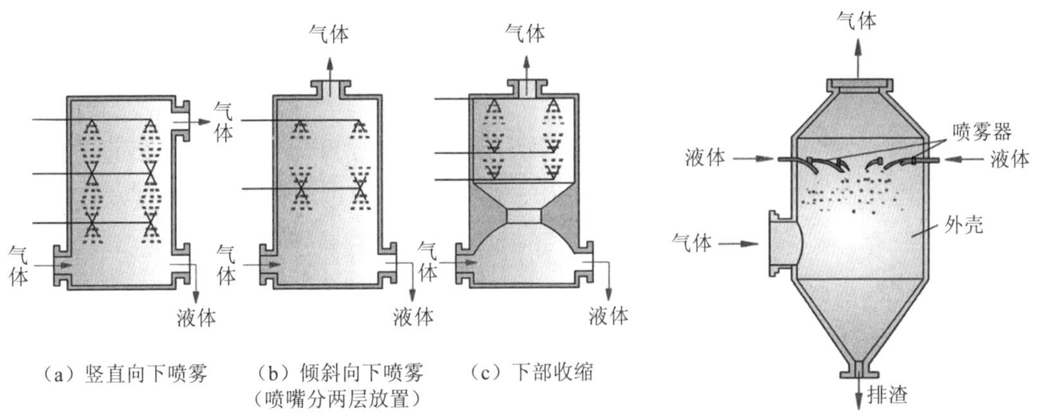

图 14-3　空心喷洒吸收器中喷嘴的组合方式

图 14-4　空喷淋塔内部结构示意图

表 14-2　吸收塔参数

吸收塔数量	1 个
塔径	14.8 m
塔高	55.5 m
材料	St 37，内衬橡胶，4 mm
空气氧化系数	空气过剩系数 1.453 9
喷淋装置（水管）	St 37，内衬橡胶/FRp
喷嘴	SiC
除雾器	PPH

三、吸收剂系统

脱硫工艺的添加剂是碳酸钙。准备用的碳酸钙粉用卡车运送。中间石灰贮存库放在两个送料斗出口之间。每个送料斗配备一风力输送系统。每个系统按满负荷设计。碳酸钙粉分批加入，每批加入 700 kg，两个系统交替运行（图 14-5）。

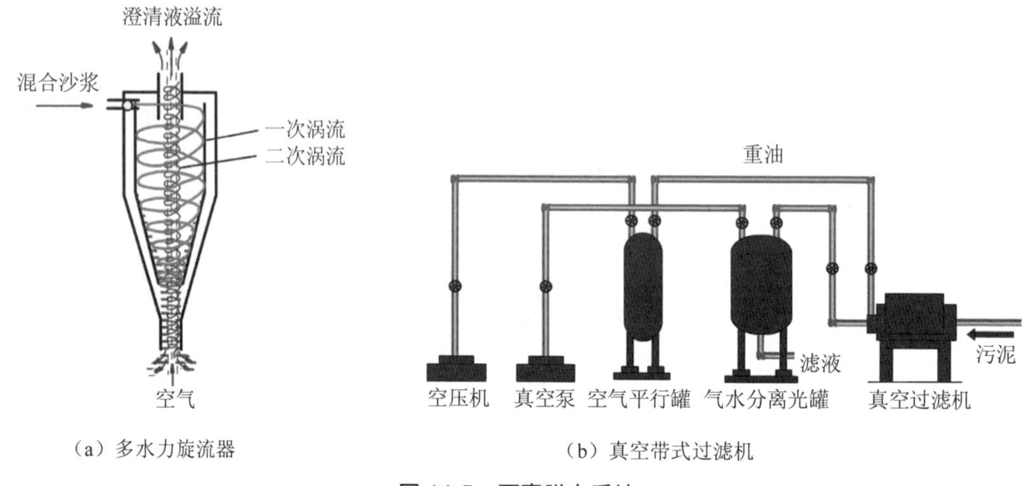

（a）多水力旋流器　　（b）真空带式过滤机

图 14-5　石膏脱水系统

四、石膏脱水系统

脱水系统安装在石膏库的上面。一台多水力旋流器进行预脱水。由于真空带式过滤机运行的高度可靠性，没有配备备用系统。万一需要维修，通过增加浆液的浓度，石膏以吸收浆的方式贮存。

传送带把脱水后的石膏运送到石膏库入口。脱水后的石膏含湿量可达到大约 10%。通常一部分滤出液排入废水处理系统。通过吸收循环液中的氯的浓度来控制废水的质量。氯含量将不得超过 $20\ 000\times10^{-6}$，以免腐蚀。

第三节　技术参数

一、一般设计参数

FGD 以含硫量为 1.5%的煤设计。工作状况下 SO_x 入口浓度（标态）为 3 500 mg/m^3。审批部门的要求除 NO_x、CO 等，也对 SO_x 和粉尘的最大排放量作了要求：

粉尘 20 mg/m^3（标态）、SO_x 200 mg/m^3（标态）。

要求在烟囱中采用连续的排放测量法。此测量法必须配备单独的计算机，以便把所测数据换算为标态值。要求对所有排放数据进行连续的记录。测量的参数如下：

⇒ 粉尘

⇒ SO_2

⇒ NO_x

⇒ O_2

⇒ 温度

⇒ 压力

对烟气温度没有要求。烟气经过冷却塔后排放是被允许的。大量的调查表明，烟气经冷却塔后排放有极好的分散性。

烟气以大约 50℃进入冷却塔（饱和温度 45～48℃+在引风机内增加的温度），然后由于较高温度的冷却塔空气，烟气将获得额外的升力。这时，冷却塔运行在再冷却模式，例如从涡轮冷凝器来的冷却水将被再循环。仅仅蒸发的冷却水必须用从波罗的海的新鲜海水补给（图 14-6）。

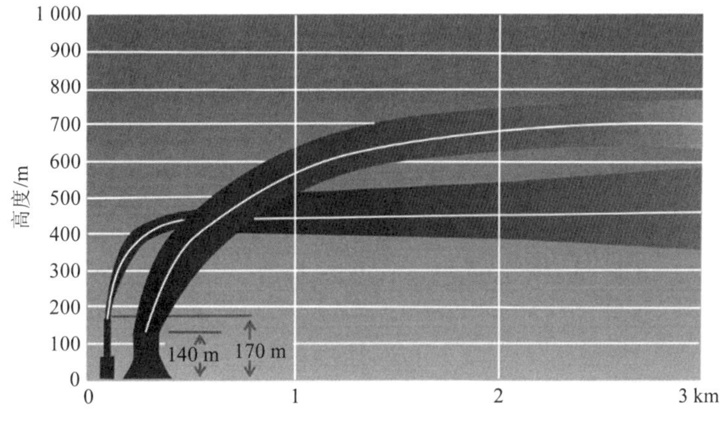

图 14-6　烟气排放的比较

二、吸收塔系统

吸收塔的主要组成部分，包含内部结构的塔体本身循环泵和氧化系统。

表 14-3　吸收塔的主要组成部分

流量	1 772 000 m³/h（标态）
SO_x	入口浓度 3 500 mg/m³（标态）
SO_x	出口浓度 200 mg/m³（标态）
吸收剂	碳酸钙（$CaCO_3$）
效率	95%

表 14-4 喷淋系统

喷淋层/层	6
喷嘴数量/个	180
每个喷嘴的流量	122 m^3/h

表 14-5 除雾器

厂商	Alpha Laval
类型	钩形
数量	2 个（预除雾器+精细-除雾器）
横截面	86.0 m^2
气体流速	5.5 m/s

表 14-6 循环泵

数量	3 个
类型	离心泵
流量	7 350 m^3/h
压头	根据到喷嘴的距离有所不同
功率损耗	1 250 kW（最大）
泵身材料	1.451 7 t
叶轮材料	1.442 4 t

表 14-7 曝气鼓风机

数量	2×100%
流量	7 350 m^3/h
压头	80 000 Pa
出口温度	100℃
熄火温度	50℃
功率损耗	219 kW

三、吸收剂系统

料库配备两个出口送料斗，且每个送料斗都要配备流化措施确保添加剂连续流动。碳酸钙粉的量通过一个慢行程定量给料系统控制。碳酸钙粉根据处理 SO_x 的量分批供给。吸收池容量 2 500 m^3；风力运输为 2×100%。

四、石膏脱水

石膏脱水系统安装在石膏库的上面，用多水力旋流器进行预脱水，然后通过一台真空带式过滤器进行过滤，分别都按满负荷设计。由于锅炉所用煤和负荷不同，这个系统通常分批运行。

表 14-8　石膏脱水系统

石膏库容量	3 000 t
类型	后进先出（Eurosilo）
真空带式过滤器数量	1×100%
石膏含水率	<10%

五、占地

由于主要的设备都布设在一条线上，没有任何多余的空地，与电厂所有的别的设备相比，FGD 是唯一占地较少的。FGD 的占地不到整个电厂所需用地的 5%～6%（图 14-7）。

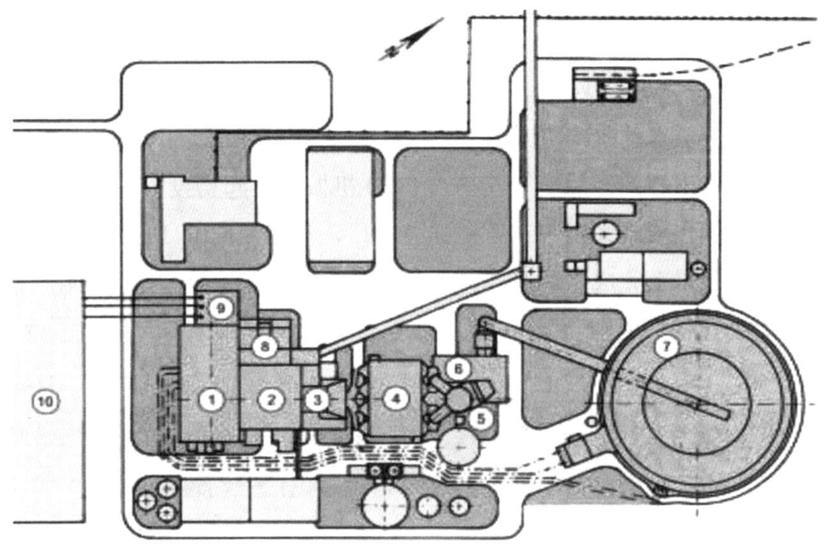

1—涡轮机房；2—锅炉房；3—DENOX；4—ESP；5—FGD；6—循环泵和引风机；7—冷却塔；8—主控制室；9—变压器；10—380 kV 开关设备

图 14-7　电厂平面图

第四节　投资成本和运行费用

对于一个完全配齐所有的环境保护设施的新建电厂。装设 FGD 的投资成本占全部投资成本的 7%～9%。这个数字包括所有的工程费用，也包含土建所必需的费用。

图 14-8 占地实景图

与罗斯托克电厂类似的一个 FGD 系统将需要消耗电厂所发的电能的 1.7%～2.0%。每年用于维修更换和备用零部件的费用几乎占 FGD 机械装备起初投资的 1.7%～2.0%。人力需求依电厂本身的操作要求而定。在罗斯托克电厂，没有专门的 FGD 的操作人员。整个电厂的操作人员都可以在完成本职工作外来控制 FGD 系统。整个电厂可由一个工人在控制室里控制（不包括维修工作）。

第五节 运行经验

罗斯托克电厂自 1994 年试运行以来（到 2003 年 4 月）共运行了 67 000 h。在 1994—2000 年共启动/关闭系统约 1 100 次。

高度的自动化使电厂一直能处于高效运行状态。由于 FGD 有时出现故障，这种高效性也不是总能得到保证。然而，LCP-条例允许电厂无 FGD 运行的时间每年最多 240 h。一个操作员在中心控制室能完成所有必需的操作。

含湿量大的净化气体使引风机需要更高质量的材料，并且使维修工作比原来预料得更多。

添加剂的供给和石膏的运输完全由各个运输公司负责。卡车司机必须独立完成装卸工作，而不需要电厂其他工作人员的帮助。一段时间后，这种组织结构成功地得到实施。

生产的石膏质量好，在水泥行业中用作缓凝剂。FGD 系统没有安装旁路和备用设施。万一 FGD 运行出现故障，锅炉必须关停。

图 14-9 罗斯托克电厂近景

第六节 环境影响

在电厂试运行两年前，即 1992 年，建了一个排放测量室来收集排放数据。这些数据是电厂试运行后的污染物排放情况作比较的基础。

自电厂投入运行以来，排放数据基本正常。整个烟气处理系统（DENOX、ESP、FGD）均避免了任何的不良环境影响。

为了把测量结果向市民公布，在市中心建了一个布告板。来自不同排放测量点的测量数据都被公布出来。运行一年后，即 1995 年，当地政府确认电厂排放符合标准。

图 14-10 罗斯托克电厂近照

参考文献

[1] 郝吉明，马广大，王书肖．大气污染控制工程[M]．第四版．北京：高等教育出版社，2021.

[2] 李连山．大气污染控制工程[M]．武汉：武汉理工大学出版社，2003.

[3] 刘齐天，黄小林，刑连壁，等．“三废”处理工程技术手册．废气卷[M]．北京：化学工业出版社，1999.

[4] 马广大．湿气体密度和体积的计算[J]．建筑技术通讯（暖通空调版），1980（04）：15-20.

[5] 吴方正，等．大气污染概论[M]．北京：中国农业出版社，1990.

[6] 方至．环境气象学[M]．长沙：湖南农业大学出版社，1992.

[7] 李宗恺，等．空气污染气象学原理及应用[M]．北京：气象出版社，1985.

[8] 林肇信．大气污染控制工程[M]．北京：高等教育出版社，1991 .

[9] 胡满银，赵毅，刘忠．除尘技术[M]．北京：化学工业出版社，2006.

[10] 姜成春．大气污染控制技术[M]．北京：中国环境科学出版社，2009.

[11] 许仲麟．空气洁净技术原理[M]．上海：同济大学出版社，1998.

[12] 童志权，陈焕钦．工业废气污染控制与利用[M]．北京：化学工业出版社，1989.

[13] 苏汝维．工厂防尘技术[M]．北京：劳动人事出版社，1986.

[14] 姚玉英．化工原理（上、下册）[M]．天津：天津大学出版社，2000.

[15] 李广超．大气污染控制技术[M]．北京：化学工业出版社，2008.

[16] 吴忠标．实用环境工程手册：大气污染控制工程[M]．北京：化学工业出版社，1992.

[17] 童志权．工业废气进化与利用[M]．北京：化学工业出版社，2001.

[18] 鹿政理．大气污染控制设备[M]．北京：化学工业出版社，2002.

[19] 周兴求，叶代启．环保设备技术手册——大气污染控制设备[M]．北京：化学工业出版社，2004.

[20] 罗辉．环保设备设计与应用[M]．北京：高等教育出版社，1997.

[21] 沈伯雄，鞠美庭．大气污染控制工程[M]．北京：化学工业出版社，2007.

[22] 张殿印，张学义．除尘技术手册[M]．北京：冶金工业出版社，2002 .

[23] 柴振洪，等．环境污染控制[M]．北京：中国环境科学出版社，1993.

[24] 陈安琪．采用袋式除尘器净化燃煤锅炉烟气[J]．中国环保产业，2000（6）：24-26，28.

[25] 严长勇，沈恒根．袋式除尘器在我国的发展及其在燃煤电厂中的应用[J]．中国环保产业，2005（5）：34-36.

[26] 曾抗美，李正山，等．工业生产与污染控制[M]．北京：化学工业出版社，2005.

[27] 赵卫东．电除尘器运行中遇到的问题及对策[J]．电力科技与保护，2006（3）：46-48.

[28] 季学李，羌宁．空气污染控制工程[M]．北京：化学工业出版社，2005.

[29] 蒋维楣，孙鉴泞，曹文俊，等．空气污染气象学教程[M]．北京：气象出版社，2004.

[30] 朱波，罗孟飞，袁贤鑫，等．选择性催化还原 NO 反应的研究进展[J]．环境科学进展，1996，4（5）：31-39.

[31] Buonicore A J，Davis W T. Air Pollution Engineering Manual[M]. New York：Van Nostrand Reinhold，1992.

[32] Buonicore A J，Theodore L. Industrial Control Equipment for Gaseous Pollutants[M]. CRC Press，Inc.，1975.

[33] Clean Air Act Amendments of 1990（Public Law 1012549）[R]. USA. November 15，1990.

[34] Japan Environment Agency. Air Pollution Japan[R]. Japan Environment Quarterly，2000.

[35] Verchueren K. Handbook of Environmental Data on Organic Chemicals[M]. Jhon Wiley&Sons Inc.，1996.

[36] Parker K R. Applied Electrostatic Precipition[M]. Blackie Academic & Professional，1997.

[37] Schnelle Karl B，Brown Charles A. Air Pollution Control Technology Handbook[M]. CRC Press LLC，2002.

[38] Theodore L，Buonicore A J. Air Pollution Control Equipment-selection，Design，Operation，and maintenance[M]. Prentice-Hall，Inc.，1982.

[39] Godish，T. Indoor Air Pollution Control[M]. Lewis Chelsea，MI，1990.

[40] Noel S A. Air Pollution Control Engineering[M]. McGraw-Hill，1955.

[41] Shedd S A. Air Pollution Engineering Manual[M]. New York：Van Nostrand Reinhold，1991.

[42] Mycock，Jhon C，et al. Handbook of Air Pollution Control Engineering and Technology[M]. CRC Press LLC，2002.

附　录

附录一　填料特性

填料类别及名义尺寸/mm	实际尺寸/mm（外径×高×厚）	比表面积 a/（m^2/m^3）	空隙率 δ/（m^3/m^3）	堆积密度 ρ_B/（kg/m^3）	填料因子 φ/m^{-1}
陶瓷拉西环（乱堆）					
15	15×15×2	330	0.7	690	1 020
25	25×25×2.5	190	0.78	505	450
40	40×40×4.5	126	0.75	577	350
50	50×50×4.5	93	0.81	457	205
陶瓷拉西环（整砌）					
50	50×50×4.5	124	0.72	673	
80	80×80×9.5	102	0.57	962	
100	100×100×13	65	0.72	930	
钢拉西环（乱堆）					
25	25×2.5×0.8	220	0.92	640	390
35	35×35×1	150	0.93	570	260
50	50×50×1	110	0.95	430	175
陶瓷鲍尔环（乱堆）					
25	25×25	220	0.76	505	300
50	50×50×4.5	110	0.81	457	130
钢鲍尔环（乱堆）					
25	25×25×0.6	209	0.94	480	160
38	38×38×0.8	130	0.95	379	92
50	50×50×0.9	103	0.95	355	66
塑料鲍尔环（乱堆）					
25		209	0.90	72.6	170
38		130	0.91	67.7	105
50		103	0.91	67.7	82
塑料阶梯环（乱堆）					
25	25×12.5×1.4	223	0.90	97.8	172
38	38.5×19×1.0	132.5	0.91	57.5	115
陶瓷弧鞍（乱堆）					
25		252	0.69	725	360
38		146	0.75	612	213
50		106	0.72	645	148

填料类别及名义尺寸/mm	实际尺寸/mm（外径×高×厚）	比表面积 a/（m^2/m^3）	空隙率 δ/（m^3/m^3）	堆积密度 ρ_B/（kg/m^3）	填料因子 φ/m^{-1}
陶瓷矩鞍（乱堆）	厚度				
25	3.3	258	0.775	548	320
38	5	197	0.81	483	170
50	7	120	0.79	532	130
钢环矩鞍（乱堆）					
25			0.967		135
40			0.973		89
50			0.978		59

附录二　部分气体在空气中的扩散系数（0℃，101.33 kPa）

扩散物质	扩散系数 D/（cm^2/s）	扩散物质	扩散系数 D/（cm^2/s）
H_2	0.611	H_2O	0.220
N_2	0.132	C_6H_6	0.077
O_2	0.178	C_7H_8	0.076
CO_2	0.138	CH_3OH	0.132
HCl	0.130	C_2H_5OH	0.102
SO_2	0.103	CS_2	0.089
SO_3	0.095	$C_2H_5OC_2H_5$	0.078
NH_3	0.17		

附录三　某些物质在水中的扩散系数（20℃，稀溶液）

扩散物质	扩散系数 D/（$\times10^9$ m^2/s）	扩散物质	扩散系数 D/（$\times10^9$ m^2/s）
O_2	1.8	C_2H_2	1.56
CO_2	1.5	CH_3COOH	0.88
N_2O	1.51	CH_3OH	1.28
NH_3	1.76	C_2H_5OH	1.00
Cl_2	1.22	C_3H_7OH	0.87
Br_2	1.2	C_4H_9OH	0.77
H_2	5.13	C_6H_5OH	0.84
N_2	1.64	$CH_2OH \cdot CHOH \cdot CH_2OH$（甘油）	0.72
HCl	2.64	NH_2CONH_2（尿素）	1.06
H_2S	1.41	$C_5H_{11}O_5CHO$（葡萄糖）	0.60
H_2SO_4	1.73	$C_{12}H_{22}O_{11}$（蔗糖）	0.45

扩散物质	扩散系数 D/（$\times10^9$ m²/s）	扩散物质	扩散系数 D/（$\times10^9$ m²/s）
HNO_3	2.6		
NaCl	1.35		
NaOH	1.51		

附录四　空气物理性质

空气温度 t/℃	1 m³干空气			饱和水蒸气压力/kPa	饱和时水蒸气的含量/g		
	质量/kg	自0℃换算成t℃时的体积值（1+αt）/m³	自t℃换算成0℃时的体积值 $\left(\frac{1}{1+\alpha t}\right)$/ m³		在1 m³湿空气中	在1 kg湿空气中	在1 kg干空气中
−20	1.396	0.927	1.079	0.123 6	1.1	0.8	0.8
−19	1.390	0.930	1.075	0.135 3	1.2	0.8	0.8
−18	1.385	0.934	1.071	0.148 8	1.3	0.9	0.9
−17	1.379	0.938	1.066	0.160 9	1.4	1.0	1.0
−16	1.374	0.941	1.062	0.174 4	1.5	1.1	1.1
−15	1.368	0.945	1.058	0.186 7	1.6	1.2	1.2
−14	1.363	0.949	1.054	0.206 5	1.7	1.3	1.3
−13	1.358	0.952	1.050	0.224 0	1.9	1.4	1.4
−12	1.353	0.956	1.046	0.264 2	2.0	1.6	1.6
−11	1.348	0.959	1.042	0.264 2	2.2	1.6	1.6
−10	1.342	0.963	1.038	0.279 0	2.3	1.7	1.7
−9	1.337	0.967	1.031	0.302 2	2.5	1.9	1.9
−8	1.332	0.971	1.030	0.327 3	2.7	2.0	2.0
−7	1.327	0.974	1.026	0.354 4	2.9	2.2	2.2
−6	1.322	0.978	1.023	0.383 4	3.1	2.4	2.4
−5	1.317	0.982	1.019	0.415 0	3.4	2.6	2.60
−4	1.312	0.985	1.015	0.449 0	3.6	2.8	2.80
−3	1.308	0.989	1.011	0.485 8	3.9	3.0	3.00
−2	1.303	0.993	1.007	0.525 4	4.2	3.2	3.20
−1	1.298	0.996	1.004	0.568 4	4.5	3.5	3.50
0	1.293	1.000	1.000	0.613 3	4.9	3.8	3.80
1	1.288	1.001	0.996	0.658 6	5.2	4.1	4.10
2	1.284	1.007	0.993	0.706 9	5.6	4.3	4.30
3	1.279	1.011	0.989	0.758 2	6.0	4.7	4.70
4	1.275	1.015	0.986	0.812 9	6.4	5.0	5.00
5	1.270	1.018	0.982	0.871 1	6.8	5.4	5.40
6	1.265	1.022	0.979	0.933 0	7.3	5.7	5.82
7	1.261	1.026	0.975	0.998 9	7.7	6.1	6.17

空气温度 t/℃	1 m³干空气			饱和水蒸气压力/kPa	饱和时水蒸气的含量/g		
	质量/kg	自0℃换算成t℃时的体积值（1+αt）/m³	自t℃换算成0℃时的体积值 $\left(\frac{1}{1+\alpha t}\right)$/ m³		在1 m³湿空气中	在1 kg湿空气中	在1 kg干空气中
8	1.256	1.029	0.972	1.068 8	8.3	6.6	6.69
9	1.252	1.033	0.968	1.143 1	8.8	7.0	7.12
10	1.248	1.037	0.965	1.221 9	9.4	7.5	7.64
11	1.243	1.040	0.961	1.301 5	9.9	8.0	8.07
12	1.239	1.044	0.958	1.394 2	10.6	8.6	8.69
13	1.235	1.048	0.955	1.488 2	11.3	9.2	9.30
14	1.230	1.051	0.951	1.587 6	12.0	9.8	9.91
15	1.226	1.055	0.948	1.693 1	12.8	10.5	10.62
16	1.222	1.059	0.945	1.804 7	13.6	11.2	11.33
17	1.217	1.062	0.941	1.922 7	14.4	11.9	12.10
18	1.213	1.066	0.938	2.047 5	15.3	12.7	12.93
19	1.209	1.070	0.935	2.181 7	16.2	13.5	13.75
20	1.205	1.073	0.932	2.318 6	17.2	14.4	14.61
21	1.201	1.077	0.929	2.465 8	18.2	15.3	15.60
22	1.197	1.081	0.925	2.621 0	19.3	16.3	16.60
23	1.193	1.084	0.922	2.784 9	20.4	17.3	17.68
24	1.189	1.088	0.919	2.957 7	21.6	18.4	18.81
25	1.185	1.092	0.916	3.139 8	22.9	19.5	19.95
26	1.181	1.095	0.913	3.331 5	24.2	20.7	21.20
27	1.177	1.099	0.910	3.533 7	25.6	22.0	22.55
28	1.173	1.103	0.907	3.746 5	27.0	23.1	21.00
29	1.169	1.106	0.904	3.970 6	28.5	24.8	25.47
30	1.165	1.110	0.901	4.206 1	30.1	26.3	27.03
31	1.161	1.111	0.898	4.453 8	31.8	27.8	28.65
32	1.157	1.117	0.895	4.714 2	33.5	29.5	30.41
33	1.154	1.121	0.892	4.987 8	35.4	31.2	32.29
34	1.150	1.125	0.889	5.275 0	37.3	33.1	34.23
35	1.146	1.128	0.886	5.576 5	39.3	35.0	36.37
36	1.142	1.132	0.884	5.893 0	41.4	37.0	38.58
37	1.139	1.136	0.881	6.225 0	43.6	39.2	40.90
38	1.135	1.139	0.878	6.573 1	45.9	41.1	43.35
39	1.132	1.113	0.875	6.938 0	48.3	43.8	45.93
40	1.128	1.117	0.872	7.320 3	50.8	46.3	48.64
41	1.124	1.150	0.869	7.720 8	53.8	48.9	51.20
42	1.121	1.154	0.867	8.140 1	56.1	51.6	54.25
43	1.117	1.158	0.864	8.578 8	58.9	54.5	57.56
44	1.114	1.161	0.861	9.038 0	61.0.9	57.5	61.04

空气温度 t/℃	1 m³干空气			饱和水蒸气压力/kPa	饱和时水蒸气的含量/g		
	质量/kg	自0℃换算成t℃时的体积值（$1+\alpha t$）/m³	自t℃换算成0℃时的体积值$\left(\frac{1}{1+\alpha t}\right)$/ m³		在1 m³湿空气中	在1 kg湿空气中	在1 kg干空气中
45	1.110	1.165	0.858	9.518 1	65.0	60.7	64.80
46	1.107	1.169	0.856	10.020 3	68.2	64.0	68.61
47	1.103	1.172	0.853	10.545 0	71.5	67.5	72.66
48	1.100	1.176	0.848	11.093 1	75.0	71.1	76.90
49	1.096	1.180	0.845	11.665 7	78.6	75.0	81.45
50	1.093	1.183	0.843	12.263 4	82.3	79.0	86.11
51	1.090	1.187	0.840	12.887 2	86.3	83.2	91.30
52	1.086	1.191	0.837	13.536 9	90.4	87.7	96.62
53	1.083	1.194	0.835	14.217 1	94.6	92.3	102.29
54	1.080	1.198	0.832	14.924 9	99.1	97.2	108.22
55	1.076	1.202	0.830	15.662 6	103.6	102.3	114.43
56	1.073	1.205	0.830	16.431 3	108.4	107.3	121.06
57	1.070	1.209	0.827	17.232 2	133.3	113.2	127.98
58	1.067	1.213	0.825	18.066 0	118.5	119.1	135.13
59	1.063	1.216	0.822	18.934 0	123.8	125.2	142.88
60	1.060	1.220	0.820	19.837 4	129.3	131.7	152.45
65	1.044	1.238	0.808	24.924 2	160.6	168.9	203.50
70	1.029	1.257	0.796	31.076 8	196.6	216.1	275.00
75	1.014	1.275	0.784	38.466 1	239.9	276.0	381.00
80	1.000	1.293	0.773	47.282 3	290.7	352.8	544.00
85	0.986	1.312	0.763	57.734 6	350.0	452.1	824.00
90	0.973	1.330	0.752	70.047 2	418.8	582.5	1 395.00
95	0.959	1.348	0.742	84.486 2	498.3	757.6	3 110.00
100	0.947	1.367	0.732	101.35	589.5	1 000.0	∞